物理学と核融合

菊池　満　著

京都大学学術出版会

まえがき

本書は，核融合の原理とプラズマ閉じ込めの最新の物理体系を概観することを目的として記述している．想定する読者は，核融合プラズマ分野の学生に限らず，広く物理教育を受けた大学院生を想定している．大学院教育の中で多くの物理学生は，専門的な研究に従事することで視野が狭くなってしまう傾向にあり，自らの職の選択範囲を狭めてしまいがちである．大学の物理教育を受けた学生が活躍できる分野は多岐にわたる．物理の力を持った学生は，いくつかの分野の物理大系を座右の書として目を通すことで，将来の活躍の場を拡げる努力をして頂きたいという思いで記述した．

本書の内容は，理工系の大学教程で量子力学や解析力学の基本を習得した学生であれば本書の短い導入でこれらを思い起こせば容易に読みこなせる内容としている．プラズマになじみのない方はF. F. Chen著「プラズマ物理入門」(内田岱二郎訳)を事前に読まれることを勧める．また他分野の研究者にとっても，研究開始から50年を経て体系化されつつある磁場プラズマ閉じ込めの原理の体系の中に科学としての共通性を見出して頂くことを期待している．

筆者は，核融合50年の歴史の中で後半25年間を世界最大級のプロジェクトJT-60で過ごしてきた．「プラズマ物理・核融合学」は「分野学」であり，世界的に核融合研究を通じて学術としての体系化が進んできた．縦糸はプロジェクトとしての「核融合」であり横糸は学術としての「基礎科学」である．本書の目的は現代的な横糸の積み重ねとして縦糸を記述することにある．

本書の序章では，日本初のノーベル賞学者である湯川秀樹と核融合への関わりを交えつつ物理と核融合の関わりについて述べた．

1–2章では，“核融合”が興味深いものであることを理解してもらうため，啓蒙的な記載を交えつつ宇宙の創成時になぜ核融合燃料となる水素が多く生まれたか，太陽の中心部で何が起こっているのか，地上に太陽を実現する努力の始まりと研究対象としてのプラズマ，そして核融合が起こるミクロな世界を支配する方程式と“地上の太陽”を実現するプレーヤである重水素，三重水素，中性子，ヘリウムの性質と核融合反応論を導入した．

3章以降は磁場プラズマ閉じ込めの原理に費やした．3章では磁場を用いる閉じ込め容器がトーラスである理由をトポロジーの性質から議論するとともに，トーラスを記述する座標を解析力学の手法を用いて議論し，磁気面の存在と力学系における可積分性 / 対称性との関係を論じた．

4 章では，磁場中のラーマ運動を平均化したガイド中心（案内中心）の軌道力学が相空間におけるリウビルの定理を満たしていなかったという重大な欠陥に気づくことで新しい変分原理が生まれ 1980 年代以降に急速な発展を見せた磁気面上の軌道力学をラグランジュ・ハミルトン力学の観点から論じた．また，揺動場中の荷電粒子の軌道力学を記述する上で欠かせないリー摂動論の基礎を記述した．

5 章ではプラズマの集団運動を記述する運動論について記述した．19 世紀末にボルツマンを中心に個別の力学法則と集団の運動論の間に横たわる可逆性と非可逆性の相克がポアンカレの再帰定理を交えて議論された．プラズマ物理で現れ似て非なる問題である“ランダウ減衰”を可逆な運動論方程式であるブラゾフ方程式から導く“連続スペクトルと位相混合”を論じた．さらに集団現象としてのクーロン衝突の力学を基礎から掘り起こしつつ，最先端の研究テーマであるプラズマ乱流を取り扱う現代的なジャイロ運動論に至る道筋を示した．

6 章では“安定性”を主テーマとしつつ，安定性の一般論からエルミート作用素である線形理想磁気流体方程式が生み出すプラズマの不安定性についてエネルギー原理とそれを極小化するオイラー方程式による安定判別を示すとともに，閉じ込めプラズマの安定性研究の最先端の研究テーマである散逸が起こす非線形のティアリングや流れが起こす非エルミート作用素について導入した．

7 章では，プラズマ中の波動の力学についてアイコナル方程式を用いた波動の伝搬と波のエネルギーの形式を導入し，磁場閉じ込めに実用上重要なアルベン共鳴とドリフト波の導入を行った．さらに，最先端のテーマであるプラズマ乱流研究の出発点となったドリフト波同士の非線形相互作用を記述する“長谷川—三間方程式”を導入した．

8 章では無衝突領域のトロイダルプラズマの衝突輸送を記述した．無衝突プラズマでは圧力勾配によって“自発電流”が流れ，トカマク方式の核融合炉の高効率定常運転では本質的に重要である．速度分布関数の歪みによって生まれる新古典粘性力が作り出す熱力学的な力によって一般化オームの法則に現れる自発電流（ブートストラップ電流）や磁場を横切る新古典輸送について論じた．

9 章では最先端でありかつ発展途上にあるプラズマの乱流輸送を論じている．有用と思われる力学系の基本概念を導入しつつ，複雑性科学で注目されている自己組織化臨界現象で説明できる低閉じ込め状態のプラズマの熱拡散とプラズマの乱流セルを引きちぎるフローシアによって局所的に自己組織化臨界現象が破れ輸送障壁が形成されるという基本的な描像を紹介する.

第10章では, 地球環境問題を踏まえてエネルギー開発としての核融合研究の意義を述べるとともに, 研究の現状と将来展望を述べた.

本書を書くにあたって内容をチェック頂き終始叱咤激励頂いた旧原子力研究所安積正史部長と基礎の面白さを教えて頂いた日本原子力研究開発機構徳田伸二グループ・リーダーに感謝したい. また, 東大の吉田善章教授には, その著作を通じて多くを学んだ. 最後に, 京大客員教授として拙著執筆のきっかけを作って頂いたエネルギー理工学研究所長崎百伸教授, 拙著に興味を持っていただき出版に尽力頂いた京都大学学術出版会鈴木哲也編集長に深謝したい. 最後に, 筆者がこの分野に入るにあたって教えを頂いた園田正明九州大学名誉教授, 内田岱二郎東京大学名誉教授, 故井上信幸東京大学名誉教授に感謝したい.

平成21年12月　　　　　　　　　　　　　　　　　　　　　菊池　満

目　次

Introductory Chapter　物理と核融合

目　次

核融合の研究は，長期的なエネルギー開発という目的を持った研究開発です．日本で最初のノーベル賞受賞者である湯川秀樹のイニシアチブによって日本の核融合研究は比較的早く開始され世界のトップレベルに達しました．プラズマ・核融合は，核融合エネルギーの利用を究極の目的として物理の１分野学として基礎科学の恩恵を受けながら発展を続けてきました．

20 世紀の科学は，対称性をキーワードの１つとして発展してきました．一方で，21 世紀は生命や気象，社会現象において見られるように様々な過程が複雑にからみあう中でその中に法則性を見いだす複雑系の科学の時代とも言われます．核融合燃焼を起こし自律的にその構造が決まる ITER プラズマは，対称性と複雑性を共に内包する新たな物質科学の素材となります．

0.1 湯川秀樹と日本の核融合研究

核融合研究は，IAEAが進める原子力の平和利用と深く係わっています．アイゼンハワー米国大統領の提唱で，1955年8月，ジュネーブで開催された第1回原子力平和利用国際会議で会議の議長を務めたインド原子力委員長の**H. J. バーバ博士**は，冒頭の開会演説で「―― 制御された状態で核融合エネルギーを開放させる方法が今後20年以内にみつかるであろうとあえて言っておきたい.」と述べました．一方で，専門家であり，水爆の生みの親である**エドワード・テラー博士**は，制御核融合は20世紀中には成功しないだろうと語っていました．一方，日本では原子力研究・開発・利用について審議・決定するために，1956年に原子力委員会が設置され翌1957年2月，第1回核融合反応懇談会が開かれました．10月の第2回懇談会では**湯川秀樹**会長を選出，翌1958年4月には核融合反応の研究方針を検討し，その具体的方針と研究体制を審議するために原子力委員会の下に核融合専門部会（湯川会長）が発足しました[0-1]．1958年9月には第2回原子力平和利用国際会議が開催され，それまで秘密裏に行われていた核融合研究が公開されました．日本の論文は宮本悟郎，早川幸男による2編で湯川秀樹，向坊隆，宮本悟郎，等が出席，世界11カ国から109論文が投稿され，後にノーベル賞を受賞した**ハンス・アルベン**博士やテラー博士が講演しています（図0–1a)）.

それから50年後，昨年2008年に開催された核融合研究の50周年を記念する第22回核融合エネルギー国際会議では，42カ国543編の論文中日本の論文は124編を占め国別では最大数となっています．このように世界の核融合研究で重きをなしている日本の核融合研究は発足当初から学・官・産の多くの先人が連携して振興にあたってきたことが大きく実を結んでいます.

日本の核融合研究は主要装置として，核融合エネルギー熱出力50万キロワットを目指すITERに採用された**トカマク方式**のJT–60（日本原子力研究開発機構：2009年現在改造のため休止中：図0.1b)，原理的に連続運転が可能な**ヘリカル方式**のLHD（自然科学研究機構：図0.1c)，高速点火**レーザー核融合**の激光XII号/FIREX（大阪大学：図0.1d）を持ち，それぞれの方式で，多くの世界最高性能を持っています．これらの設備は共同研究を通じて大学等に公開されており多くの大学研究者，大学院生が研究を行えるようになっています．これらを補完する形で，京都大学の**先進ヘリカル装置ヘリオトロンJ**，九州大学の**球状トカマクQUEST**，筑波大学の**開放端装置GAMMA-10**等が各大学に設置され研究の幅を拡げています.

図 0.1a)　第 2 回原子力平和利用国際会議（ジュネーブ，1958 年：中央に湯川秀樹 [0–2]（左図）とその 50 年後に開かれた 50 周年記念 IAEA 主催第 22 回核融合エネルギー国際会議に際して祝辞を寄せるエルバラダイ事務総長（右図）[0–3]

図 0.1b)　トカマク方式の JT–60（日本原子力研究開発機構）

図 0.1c）　ヘリカル方式の LHD（自然科学研究機構核融合科学研究所）[0-4]

図 0.1d）　高速点火レーザー核融合方式の GEKKO-XII号/FIREX（大阪大学）[0-5]

0.2　物理と核融合

学問には，純粋に知的好奇心として知りたい対象や面白い現象があってそのために研究分野ができあがる場合と，何か目的（もっと速い飛行機を飛ばす，台風の進路予測をしたい等）があってそこに内在する興味深い現象をもとに物理が発展する場合があります．物理と核融合の関わりは後者にあたります．

いずれにしても物理学は，興味深い現象がきっかけとなってある物理分野（**分野学**）を形成し，その中から要素還元されて他分野にも適用可能な**基礎物理学**として定着するという歴史をたどります．一方で，相対論における非ユークリッド幾何学のように数学分野の進展に助けられて新しい物理が開拓される場合もあれば，量子力学におけるデルタ関数の必要性が数学の超関数の理論に至ったように新しい物理が新しい数学分野を築く場合もあります．

プラズマ・核融合は，分野学としては比較的多くの基礎物理学を内包し，キーワードとしての**対称性**と**複雑性**を共に含んでいます．いうまでもなく，核融合エネルギーが生まれる基本原理は，アインシュタインの特殊相対性理論による質量とエネルギーの関係です．またその反応は量子力学のシュレディンガーの波動方程式によって記述されます．

プラズマの閉じ込めに磁場を用いる場合，その形がトーラスになることは数学の**トポロジー**の定理が教えます．わき出しの無いベクトル場である磁場の力線方程式

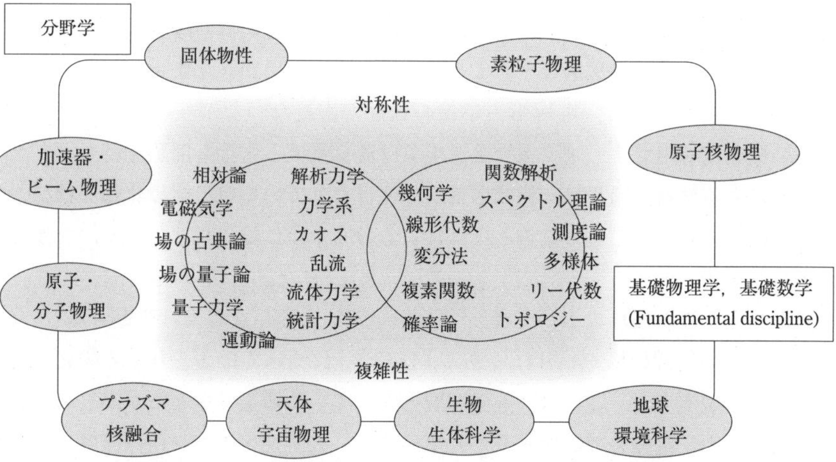

図 0.2a）　分野学と基礎科学（基礎物理学と基礎数学）の階層構造

は**ハミルトン方程式**で記述でき，解析力学的記述と変分原理に従います．そして，プラズマの力学平衡は**可積分**の概念と結びつき，系の中に何らかの対称性を含むことが帰結されます．そして，可積分となった磁場はエルゴート定理に従って面を稠密に覆うことになります．トーラスにおける磁力線構造を知る上では，微分幾何学が生かされます．一方，電磁場中の荷電粒子の運動も，解析力学における強力なツールである変分原理を用いて**ラグランジュ・ハミルトン力学**として記述されます．

プラズマは全体としては荷電中性を保ちながら集団現象を起こします．その基礎方程式は，ボルツマンによって作り出された運動論によって記述されますが，荷電粒子系では異なった特性を示すことになります．磁場中の速いジャイロ運動を平均化することで得られる**ジャイロ運動論方程式**を導くにあたって，**リー代数**が強力な手法となります．

さらに，プラズマが柔らかい磁気流体であることからその安定性が重要な課題となり，その線形安定性は**エルミート作用素**で記述できる場合には数学の**スペクトル理論**の恩恵にあずかることになります．一方で，散逸や流れがある場合には特異点近傍で興味深い挙動を示します．プラズマは非等方誘電媒質としての性質も示し，電子とイオンの様々な空間と時間スケールの豊富な波動現象を引き起こします．そこでは，光学近似を用いることが可能な場合が多く見られ，**アイコナル方程式**が強力なツールとなります．核融合プラズマが本質的に非均一プラズマであることから，空間のある場所で波の共鳴や遮断が生まれることになります．波は波や粒子との相互作用を通じて様々な線形・非線形過程を生み出します．プラズマ中のクーロン衝突は，運動論的に記述することができますが，衝突頻度が低い場合には速度分布関数の歪みが興味深い輸送過程をおこし，オームの法則に顕著な修正を起こします．

プラズマ中の乱れは，非線形力学系の概念と密接なつながりを持ち，**アトラクター**の概念は有用です．プラズマ乱流現象は流体乱流と密接な関係を持ち，プラズマ乱流による熱輸送過程は，複雑系科学で注目されている**自己組織化臨界状態**としての特徴を示し，閉じ込め改善とそれによる分布形成は臨界状態の局所的な破れと理解されます．

日本の大学教育現場においては，「基礎物理学」の簡単な導入は行われるものの，学生の将来の活躍の場（就職口）である「分野学」についてはあまり多く講義されていないのが現実です．これは，近年問題となっている博士号をとったあとの就職難とも併せて大学院教育の問題と言われています．大学院生の方々には，多くの分野学を学ばれ，将来の活躍の場の選択枝を広くしておかれることを勧めます．講義がない場合でも，各分野の標準書をそろえて広く一読し素養を高める努力をすることを勧めます．

0.3　21 世紀の物理研究対象としての燃焼プラズマ

核融合の次世代の研究は，ITER で代表される DT 燃焼によって発生するアルファ粒子加熱が主要なプラズマ入熱となる系の振る舞いになります．ITER の実験期には高度のプラズマ計測手段を駆使して，多くの物理データが生み出されることになります．その現象を理解するためには，多くの基礎科学の知識をもとに知恵を絞って考える必要が出てきます．そこに，基礎物理と基礎数学を習得した若い学生の挑戦の機会があります．

高温プラズマの閉じ込めは，対称性と複雑性がからみあっています．プラズマの乱れに係わる多くの現象は複雑系として知られている体系の多くの現象 / 用語を用いて整理することができます．図 0.3a）は，日本物理学会の ITER シンポジウム（2004

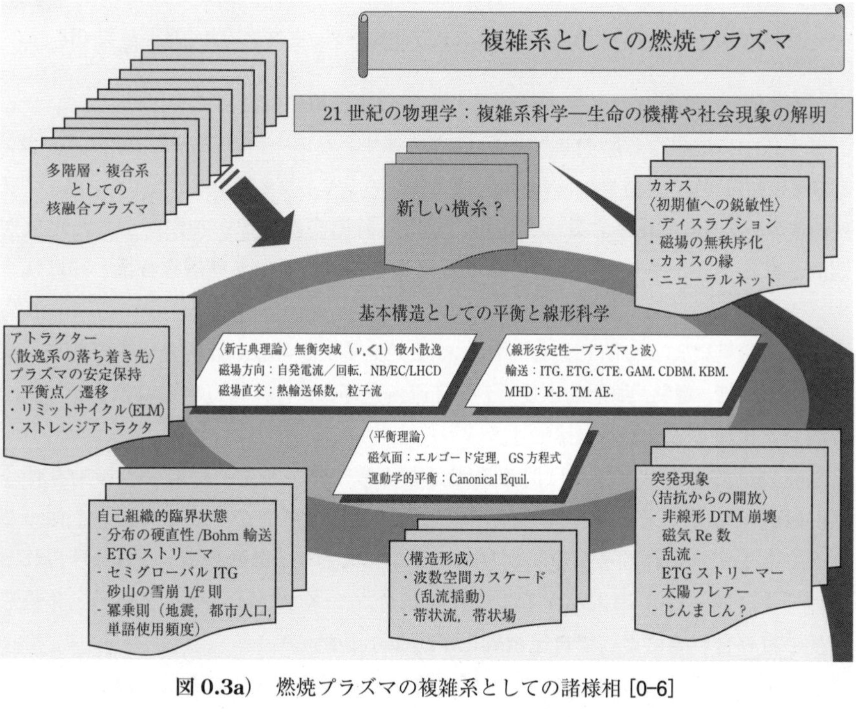

図 0.3a）　燃焼プラズマの複雑系としての諸様相 [0–6]

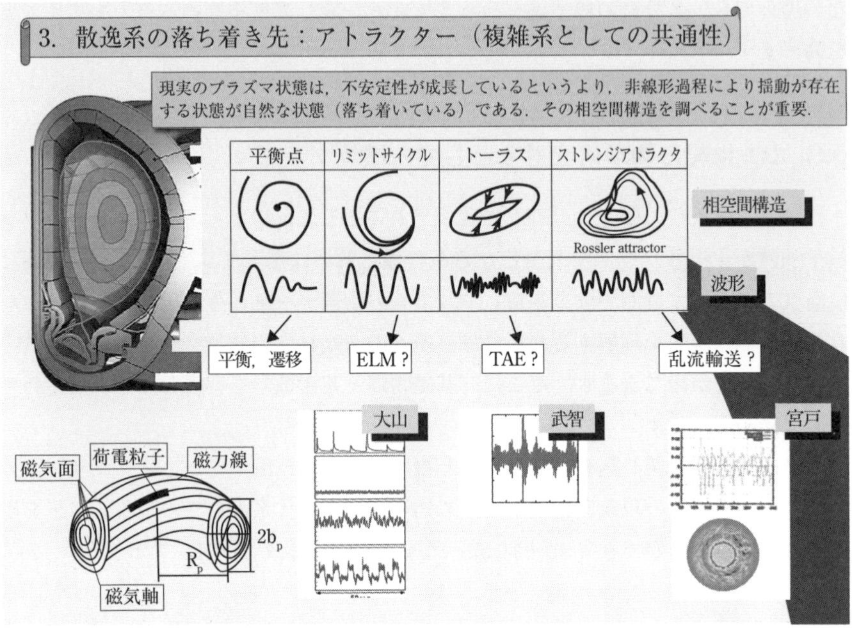

図 0.3b)　散逸系の落ち着き先としてのアトラクターとプラズマの諸現象 [0-6]

年）で紹介した燃焼プラズマの複雑系としての諸様相の概念図です．

プラズマには異なる時間スケール（電子とイオンのジャイロ周期や電子とイオンのプラズマ振動周期），空間スケール（電子とイオンのジャイロ半径や電子とイオン温度/密度のスケール長）が共存することから，異なる時間空間スケールが複合した現象が観測されることがあります．このような構造を持った系は**多階層複合系**と呼ばれます．

また，磁場によって閉じ込められた高温プラズマは非線形過程の宝庫であり，プラズマの平衡，遷移，周期的不安定性，乱流輸送等は，非線形力学系のアトラクターの概念で整理することが自然です．

さらに，核融合プラズマは閉鎖系ではなく常にエネルギーや粒子の移動を伴う「**開放系**」であることから，開放系の駆動力によって平衡から離れた状態を保つことができます．これは**イリヤ・プリゴージン**によって「**散逸構造**」と名付けられたものです．図 0-3c）に例示するように核融合プラズマでは，様々な線形・非線形過程の組み合わせによって**自己組織化**が起こります．

この本では，これら最先端のプラズマ研究を直接議論することは一部を除いてし

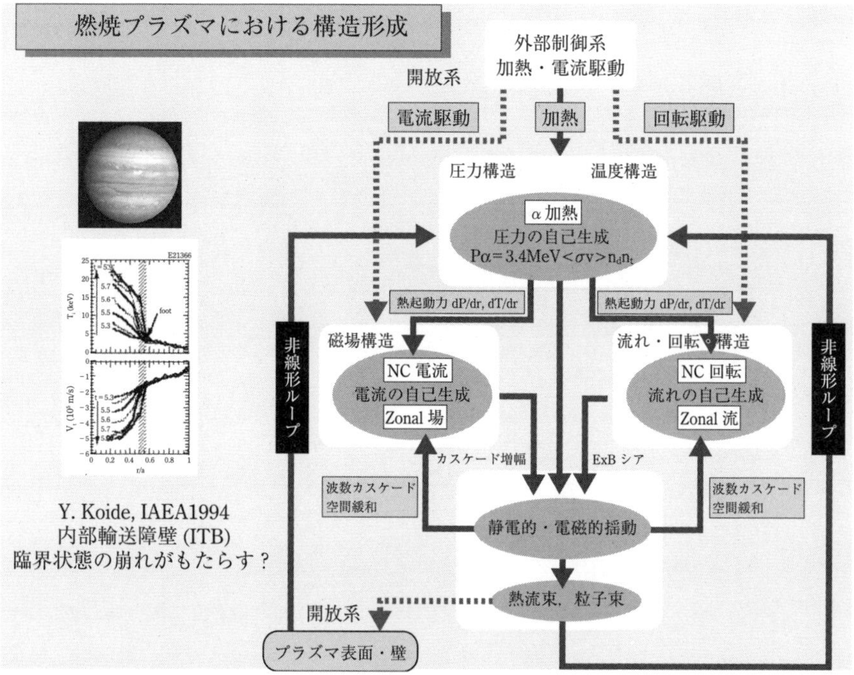

図 0.3c） 非平衡開放系としての燃焼プラズマの構造形成のループ構造 [0–6]

ません．むしろ，その基礎となる体系化された基礎を記述することに務めています．

序章　参考図書

[0–1] 山本賢三，「核融合の 40 年—日本が進めた巨大科学」ERC 出版 (1997).
[0–2] 京都大学基礎物理学研究所湯川記念館資料室，核融合科学研究所アーカイブ室の好意による.
[0–3] IAEA, "Fifty Years of Magnetic Confinement Fusion Research — A Retrospective" (2009).
[0–4] 核融合科学研究所，山田弘司研究総主幹の好意による.
[0–5] 大阪大学レーザーエネルギー学研究センター，疇地宏センター長の好意による.
[0–6] 菊池　満，吉田善章，図子秀樹，物理学会 2004 年シンポジウム，"ITER 燃焼プラズマ研究の新領域"，「ITER における科学研究」.

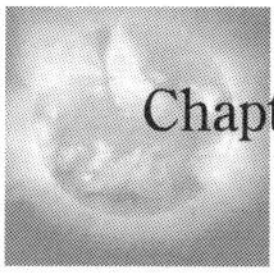

Chapter 1 地上の太陽：水素が生み出す無限のエネルギー

目　　次

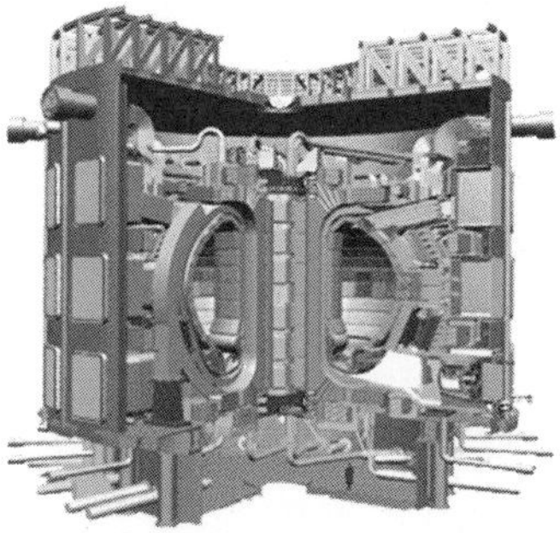

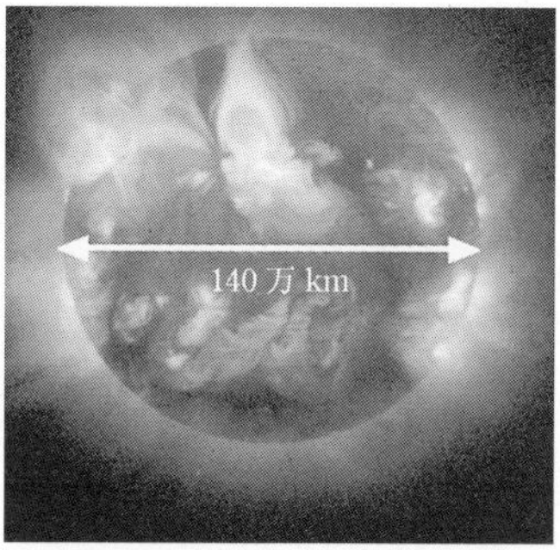

137億年前にビッグバンによって生み出された宇宙には，「水素」が満ちあふれ，水素同士の核融合反応によって美しい夜空がかたち作られています．ここで，核融合とは，水素のような軽い原子核同士を衝突・融合させてヘリウムのような原子核を生成させる原子核反応のことです．

太陽は，その巨大な質量がもたらす重力によって高密度・高温のプラズマを閉じ込め，核融合反応がもたらす巨大なエネルギーを光の形で太陽系に降り注いでいます．我が地球の生命は太陽エネルギーによって息づいているのです．

核融合反応によってエネルギーを生み出す“太陽”を地上に作り出すことはできないだろうか，物理を理解するだけでなくエネルギーを生み出す装置を作ることを目指して，20世紀の後半に多くの科学者がその夢に挑戦した結果，今，ITERという地上の太陽を実現しようとしています．

核融合反応を起こすためには数億度の温度が必要で，その時燃料である重水素と三重水素はプラズマ状態になります．プラズマは，様々な形で私たちのまわりに存在しています．このプラズマを理解し，制御することが核融合エネルギーを人類が手にするためには必要です．

1.1 “ビッグバン”：核融合燃料の産みの親

宇宙の物質の主要元素の質量で75%は水素といわれています．そして宇宙にふんだんにある水素が星を形作り核融合反応を起こすことで夜空は光に満ちています．なぜ星は水素でできているのでしょうか？ 私たちが住んでいる宇宙の大局的構造はドイツ生まれの物理学者**アルバート・アインシュタイン**（1879–1955）が1915年に導いた**一般相対性理論**の**重力場方程式**で支配されています [1–1]，[1–2]，[1–3]．

$$R_{\mu\nu} - \frac{1}{2} g_{\mu\nu} R = -8\pi G T_{\mu\nu} \qquad (1.1\text{–}1)$$

ここで $R_{\mu\nu}$，$g_{\mu\nu}$，R，$T_{\mu\nu}$，G はそれぞれ，リッチ・テンソル，計量テンソル（微小距離 $ds^2 = g_{\mu\nu} dx_\mu dx_\nu$ で与えられる），リッチスカラー，物質のエネルギー運動量テンソル，重力定数です [1–4]．重力はユークリッド幾何学の**平行線公理**が成り立たない曲がった空間を作り出してしまいます．宇宙のスケールを a とすると，アインシュタインの重力方程式から，

$$\frac{1}{2}\left(\frac{da}{dt}\right)^2 - \frac{GM(a)}{a} = -\frac{1}{2} Kc^2 \qquad (1.1\text{–}2)$$

という**フリードマン方程式**（フリードマンはロシアの物理学者で1922年にこの式を導いた）が得られます．ここで，G は万有引力定数，M（a）は宇宙のスケール a 内に存在する質量，c は光速，K は定数です．$K>0$ の場合全エネルギーは負になり閉じた宇宙になります．$K=0$ の場合は平坦な宇宙，$K<0$ の場合は全エネルギーが正になり開いた宇宙となります．いずれにしても，（1.1–1）から宇宙は膨張することが分ります．その始まりを“**ビッグバン**”と呼びます [1–5]，[1–6]．フリードマン方程式を採用すると宇宙初期の温度 T は時間 t の関数として一意に決まります．

$$T[k] = \frac{1.5 \times 10^{10}}{g^{1/4} \sqrt{t(s)}} \qquad (1.1\text{–}3)$$

ここで g は超相対論的な粒子数補正（$g = 1.68$（$T<60$ 億度），$g = 5.38$（60 億度$< T <$ 1 兆度））．ビッグバンの直後には，日本の林忠四郎によって指摘された弱い相互作用を通じて陽子から中性子への遷移と逆遷移が起こる平衡状態にあり陽子と中性子の存在比は，ボルツマンの関係式 $n_n/n_p = \exp(-Q_n/kT_r)$ で表される熱平衡状態にあ

ります．ここで，Q_n は陽子と中性子の質量差で 1.3MeV（温度にして 150 億度）です．$kT_r \gg Q_n$ の時は陽子と中性子はほぼ同数ありますが温度が下がってくると中性子の数は減ってきます．ビッグバンから 1 秒後，宇宙の温度が 100 億度（$\sim$ 0.86MeV）まで下がると中性子と陽子の数の比は $n_n/n_p = 0.223$ まで下がります．そして弱い相互作用が働かなくなる温度（約 80 億度）以下では陽子と中性子の比率は固定され（$n_n/n_p = 0.157$），その後中性子は半減期 12 分の β 崩壊によって陽子にゆっくりと変わっていきます．

陽子と中性子が高温状態にあれば，$n + p \rightarrow D + \gamma$ という反応で重水素原子核が形成されるのですが，重水素の束縛エネルギー（2.23MeV）以上の高温では重水素は分解してしまいます．これは温度にして 260 億度に対応します．この温度以下ならば，原理的には陽子と中性子が反応を起こすことができますが，初期宇宙に満ちている高いエネルギーの光子によって重水素はすぐに壊されてしまいます．このような高エネルギーの光子が十分少なくなるまで，宇宙は陽子と中性子が分かれた状態を保たざるを得ないわけです．ビッグバンから 2 分後には温度は 10 億度に下がり，高エネルギーの光子の数も減っています．陽子と中性子の比は β 崩壊のために $n_n/n_p = 0.14$ です．重水素が形成されるようになると $D + D \rightarrow {}^3He + n$，${}^3He + D \rightarrow {}^4He + p$ によってヘリウム原子核が作られます．残った中性子が概ね全て ${}^4He$ になることから，${}^4He$ 量は質量の比で $m_{He} = 2n_n/(n_n + n_p) = 0.25$ となります [1-7]．

宇宙における元素の生成はビッグバンによる宇宙の始まりから数分以内にヘリウムを作った段階でほぼ終わりました．宇宙で観測される水素とヘリウムの存在比は

図 1.1　一般相対性理論を築いたアルバート・アインシュタインと曲がった時空を取り扱うリーマン幾何学を築いたベルンハルト・リーマン

ほぼこの数値に等しく，ビッグバン宇宙論の予測通りでした．仮に，ビッグバンの初期にもっと重い元素にまで反応が進んでいたら，星々は夜空を照らさなかったことになりますし，太陽の光エネルギーによって育まれた地球上の全ての生命活動もなかったことになります．

サロン

一般相対論と非ユークリッド幾何学 [1-8]，[1-9]，[1-10]

アインシュタインは，等速運動でしか成立しない特殊相対論を加速度運動に拡張する一般相対論を構築するにあたって，ユークリッドの平行線公理が成り立たない非ユークリッド幾何学が必要であることを見いだしました．そのきっかけは一様に回転する円盤で特殊相対論が予測する距離の収縮でした．距離の収縮を考えると円周と半径の比はもはや 2π とはならないことは明らかで非ユークリッド幾何学が必要だったのです．

重力に対して自由落下する系では重力の無い慣性系が作れます．慣性系で光が直進する（特殊相対論の仮定）ためには，重力場を感じる元の系では光は曲がるはずでした．同じことを加速度系で考察しても結果は同じです．アインシュタインは，時空が重力によって局所的に曲がっていると解釈して光の曲りを説明したのです．

ガウス，ボヤイ，ロバチェフスキーによって始められた非ユークリッド幾何学は，ドイツの数学者**ベルンハルト・リーマン**（1826–1866）によって一般的な**リーマン幾何学**に発展しました．曲がった空間での距離を $ds^2 = g_{\mu\nu}dx_\mu dx_\nu$ と与えました（μ, $\nu = 1, 2, 3, 4$）．$g_{\mu\nu}$ をリーマン計量と言います．一般相対性理論がどの座標系で見ても同じ形式で書けるためには，共変性を満たす必要があります．

例えば，太陽のまわりでの時空の微小距離はシュヴァルツシルトが導いた以下の式で表せます．

$$ds^2 = -\left(1 - \frac{2M}{r}\right) dt^2 + \frac{dr^2}{1 - 2M/r} + r^2 d\Omega^2$$

強い重力が働いている場所では時間はゆっくりと進み，重力が働く方向には距離は延びます．

1.2 “太陽”：重力によって閉じ込められた核融合炉

私達の生活になくてはならない光とエネルギーを与えてくれる太陽は天の川銀河系にある2000億個の恒星の一つで，半径が地球の110倍 ($R_{sun}=70\times10^4$km)，質量が地球の32万倍 ($M=2\times10^{30}$ kg) の巨大な水素の球体です (図1.2)．太陽表面からのエネルギー放出 (Luminosity) は $L=3.86\times10^{26}$ W あります．太陽が形成された45億年前 (サロン参照) に，太陽質量 $M=2\times10^{30}$ kg が一カ所に集まることによって，重力エネルギーが解放されます．

$$E_g=\frac{GM^2}{R_{sun}}=3.8\times10^{41}\ \mathrm{Joule} \qquad (1.2\text{–}1)$$

ここで $G=6.67\times10^{-11}\mathrm{m^3/kgs^2}$ は万有引力定数です．これは，イオンと電子1個あたりのエネルギー～1keV (温度で770万度) に相当します．現在の太陽中心の温度は1500万度と予想されており，同程度の温度が重力の作用で生まれたわけです．このような温度では，原子は電子と原子核に分かれてしまい“プラズマ”という状態になります．つまり，太陽は巨大な高密度のプラズマ球体です．太陽の中心部は150g/cm^{3}という高密度状態にあり太陽の質量の半分は半径の1/4以内に集まっています．1905年, アインシュタインは特殊相対性理論を発表し, その中でエネルギー (E) と質量 (m) は根源的には同じものであり,

$$E=mc^2 \qquad (1.2\text{–}2)$$

という**アインシュタインの関係式** (**質量は凍結したエネルギーである**) で結ばれることを明らかにしました．太陽や全ての恒星の中では星の質量の一部がアインシュタインの関係式に従ってエネルギーに変換されているのです．太陽の中心部にある2個の陽子 (水素の原子核) が結合しようとする時，^{2}He は安定ではないので陽電子を放出する弱い相互作用によって1つは中性子に変換され他の陽子と結合します．その際，エネルギー的に低い安定状態を実現するために0.42MeVという質量をエネルギーとして放出してして重水素を形成するわけです．

$$p+p\rightarrow D+e^{+}+\nu_e+0.42\mathrm{MeV} \qquad (1.2\text{–}3)$$

ここで，p，D，e^+, ν_e はそれぞれ水素，重水素，陽電子と電子ニュートリノです．この最初の融合反応では宇宙の初期に起こったことと同じく陽子2つから重水素が

形成されますが温度が低いために時定数が100億年程度の極めてゆっくりした反応になります．陽電子はすぐに電子と結合して1.02MeVのエネルギーを放出します．この反応でできた重水素は水素と融合しヘリウム3を作り出します．

$$p + D \rightarrow {}^{3}_{2}He + \gamma + 5.49MeV \qquad (1.2\text{–}4)$$

ここで，γ，${}^{3}_{2}He$ はそれぞれガンマー線，ヘリウム3（ヘリウムの同位体）です．さらに，2つのヘリウム3からヘリウム4（${}^{4}_{2}He$）が生成されます．

$${}^{3}_{2}He + {}^{3}_{2}He \rightarrow {}^{4}_{2}He + 2p + 12.86MeV \qquad (1.2\text{–}5)$$

これらの反応を合わせると，結局4個の水素からヘリウム4が作り出されます．

$$4p + 2e^{-} \rightarrow {}^{4}_{2}He + 26.72MeV \qquad (1.2\text{–}6)$$

ニュートリノが持ち去る0.26MeVを除いた26.46MeV/4＝6.55MeVが水素1個あたりに生ずるエネルギーということになります．宇宙にはビッグバンで作られヘリウムになりそこねた膨大な水素が存在しており，それらが引き合って作られた巨大な恒星の中心で水素の核融合が起こり夜空のきらめきを作っています．

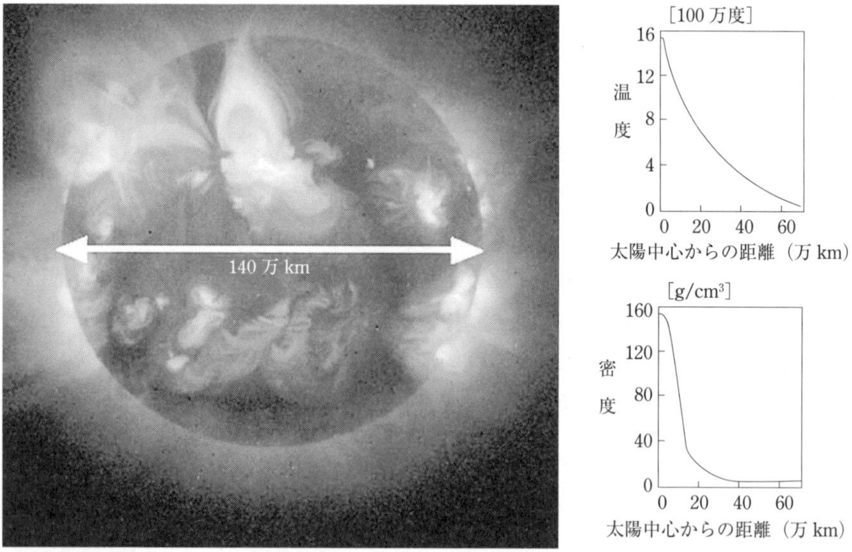

図1.2 巨大な重力によって閉じ込められた水素同士が融合してエネルギーを生み出している太陽とその中心部の密度と温度分布．[1–11]

太陽の表面から放出されるエネルギーから太陽中心部での水素の燃焼率は，L/6.55MeV＝$3.7x10^{38}$/s で毎秒 6.2 億トンの水素が燃えています．エネルギーに転換される質量は毎秒 440 万トンになります．45 億年間に 6％程度の水素がヘリウムに変換されたことになります．中心部で発生したエネルギーは放射・対流を通じて太陽表面に達します．太陽の表面は絶対温度で約 5800 度あり，核融合反応で発生したエネルギーを放射しています．身近な単位に直すと水素 1g あたり石油 15 トン（ドラム缶 75 個）を燃やした時に発生するエネルギー $6.4x10^{11}$ Joule が発生することになります．

サロン

太陽の年齢とエネルギー源を巡る歴史 [1-12]

太陽のエネルギー源が何であるかは，19 世紀には分かっていませんでした．そもそも，数十億年も燃え続けていることも知られていませんでした．太陽の年齢を知ることはそのエネルギーの源を知る上で重要でした．太陽系の年令は隕石中の放射性娘核種の存在比から求められています．隕石が溶解生成された時から放射性崩壊による娘元素の蓄積が始まることから，半減期の長いカリウム 40 →アルゴン 40（半減期 11.9 億年）等の原子存在比を測定することで求められ，いずれの隕石も 45 億 5 千万年前後を示しています．太陽は，その頃に生まれたと考えられます [1-12].

1920 年，英国の天文学者**エディントン**は太陽のエネルギーは水素がヘリウムに融合することで生じているのかもしれないと示唆しました．そして 1929 年にアメリカの天文学者**ラッセル**は，太陽のスペクトルを調べ，太陽の中にある原子の 90％が水素で，9％がヘリウムであることを見出しました．太陽のエネルギーの源は，水素の核融合反応しか有り得なかったのです [1-13].

1.3　“フュージョン”：地上の太陽への挑戦

核融合反応をエネルギー開発に繋げられないかという問題は，相対性理論と量子力学が建設された 20 世紀初頭に考えられるようになりました．20 世紀初頭に量子力学を建設したドイツの物理学者**ハイゼンベルク**（1901–1976）は著書の「部分と全体」XIII 原子技術の可能性と素粒子についての討論— 1935 年–1937 年において，共に量子力学を建設したデンマークの物理学者**ニールス・ボーア**（1885–1962）や**ラザフォード卿**（1871–1937）との議論を次のように記録しています [1-14].

ハイゼンベルク：核物理学が技術的に応用されるようになることは，そもそも考えられないことでしょうか．── 燃焼の際に，化学結合のエネルギーを利用するのと同様に，核の結合エネルギーを利用するというように．

ニールス（ボーア）：一片の物質を非常な高温にして，個々の粒子の持つエネルギーが原子核間の反発力に打ち勝つのに十分なほどにすることができ，また同時に，衝突があまりまれでないほどに物質の密度を非常に高く保つことができたならば別だ．しかし，そのためには十億度ぐらいの温度が必要であり，もちろんそのような高温の物質を閉じ込めておくことができるような容器の壁は存在しない．そんなものは全部とっくの昔に蒸発してしまっているだろう．

ラザフォード卿：非常に多くの陽子を加速したとしても，その中の大部分のものは命中しない．このエネルギーの大部分は，熱運動の形になり，実際上失われてしまう．だからエネルギー的に見れば原子核についての実験は今まではまるまる持ち出しの商売である．従って原子核エネルギーの技術的利用について語るものはただ無意味な話をしているだけだ．

1942 年，コロンビア大学で昼食を取りながら，原子炉の発明者であるイタリアの物理学者**エンリコ・フェルミ（1901–1954）**は**エドワード・テラー**（水爆の発明者）に重水素を融合させることによってエネルギー生産を行う可能性があると指摘しました．その示唆に基づいてテラーは様々な計算を行い，重水素（D）と三重水素（T）との間の核融合反応が有力な核融合反応であることを見つけたのです [1–15]．

$$D + T \rightarrow {}^{4}He(3.52\mathrm{MeV}) + n(14.06\mathrm{MeV}) \qquad (1.3\text{–}1)$$

重水素と三重水素は比較的低いエネルギーで反応し，ヘリウムと中性子を生み出します．上に述べたようにヘリウムは高い結合エネルギーを持っているので，莫大なエネルギーを生み出すことができるわけです．

一方，ソ連ではロビン・ハーマンが著書 [1–16] で書いているように「1950 年の大晦日，ソ連のモスクワ兵器研究所に居残っていたクルチャトフは彼の補佐役であるゴロービンに，科学アカデミー上級会員イゴーリ・タム（1958 年チェレンコフ放射の研究でノーベル賞受賞）とアンドレイ・サハロフ（1975 年ノーベル平和賞受賞者）が考案した後にトカマクと呼ばれることになる核融合反応によって動力を発生する装置の設計についての意見を求めました．ゴロービンは「次に解決されるべきは，海水を燃料にして無限のエネルギーを手にする核融合開発をどう進めたらいいのかという問題であり，これは 21 世紀までは持ち越せない問題だとサハロフは警告しています．確かにこの問題は男が一生を賭けるに値する課題です．」と夢中になって語りました．クルチャトフは，「大がかりに実験を始めなければなるまい．平和のための課題だ．規模は大きくて，魅力いっぱいの！　来年は兵器でなく，磁気熱核融合反応炉の研究を始め，そいつを実際に運転することにしよう．」こうしてソ連におけるトカマク研究は始まりました．

核融合エネルギーを実現するために必要な高温プラズマの閉じ込めは容易ではありませんでしたが，それから約46年後，1996年日本の臨界プラズマ試験装置JT-60は，ボーア先生が“そんな高温の物質を閉じ込めておくことができるような容器の壁は存在しない”と否定した5.2億度という超高温プラズマの閉じ込めに成功していました．また，米国のTFTRと欧州のJETは重水素と三重水素の核融合反応

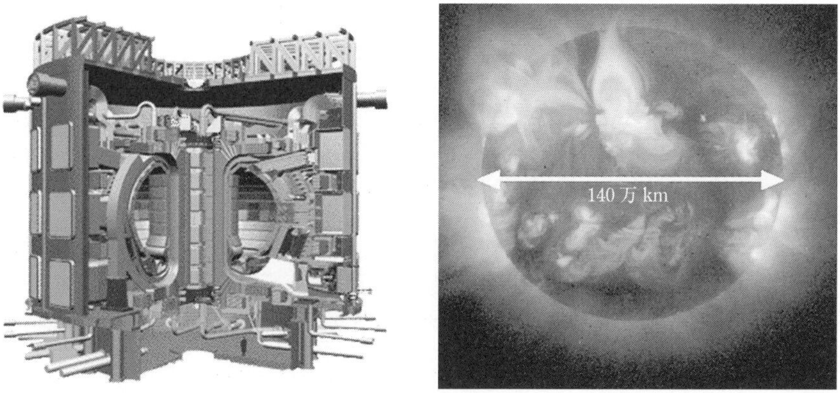

ITERと太陽の比較表

物理量	ITER プラズマ	太陽	比
外　　径	16.4 m	140万km	～1億分の1
中心温度	2億度	1500万度	10倍
中心密度	$10^{20}m^{-3}$	$10^{32}m^{-3}$	1兆分の1
中心気圧	～5気圧	～10^{12}気圧	千億分の1
発熱密度	600kW/m^3	0.3W/m^3	2百万倍
反　　応	DT反応	PP反応	
質　　量	0.35 g	2x10^{30}kg	6x10^{33}分の1
燃焼時定数	200秒	100億年	10^{15}分の1

図1.3　核融合実験炉ITERと太陽．地球は，太陽の核融合エネルギーを1億5千万キロメートル離れた公転軌道上で享受している．地上の太陽ITERは，磁場の力によって太陽の1億分の1の寸法で太陽中心の10倍の温度を実現する．

によって 10–16MW のエネルギーを生み出すことに成功していました.

ITER 計画は，冷戦末期の 1985 年 11 月，ジュネーブで行われた**レーガン米大統領**と**ゴルバチョフソ連共産党書記長**の首脳会談で打ち出された国際協力で，トカマク型で核融合反応を起こす“実験炉”を作ろうという国際プロジェクトです．この計画は, 1988 年 4 月から 3 年かけて最初の段階である概念設計活動（CDA）が日, 米, 欧，ソ連の 4 極で行われました．1992 年 7 月からは次の段階である工学設計段階（EDA）が 6 年かけて行われました. EDA はさらに 3 年延長され日欧の誘致合戦の後, ITER はフランスのカダラシュに建設されることが決まりました．20 世紀中に地上に太陽を実現するという**サハロフの夢**は 21 世紀に持ち越されたのです.

1.4 “プラズマ”：第四の物質状態

核融合開発に必要となる原子核と電子がばらばらに運動している物質状態“**プラズマ** (Plasma)”は，ギリシア語で“母体，基盤”を意味し，これが最初に学術用語として用いられたのは，1893 年チェコスロバキアの生物学者 J. Purkynie が細胞を構成するゼリー状の物質（原形質）に“Protoplasma”と命名したのが始まりといわれ，医学方面ではプラズマは血漿を意味します．ほぼ中性の電離気体に“プラズマ”という名前をつけたのは，放電中の振動現象を研究していた米国の物理学者**アービン・ラングミュア** (1881–1957) で 1928 年のことです．以後，この物質の研究を「**プラズマ物理学**」と呼ぶようになりました [1–17].

電離気体であるプラズマは，固体，液体，気体の物質の 3 態と異なった性質を示し **W. クルックス**（低気圧グロー放電の研究を行った）によって 1879 年に“**物質の第四の状態** (Fourth state of matter)”と命名されました（図 1.4)．古代ギリシャの哲学者たちは，世界が作られている基本物質として，**エンペドクレス** (B.C. 495–435) は土，水，空気と火を提案しましたが，それぞれ，固体，液体，気体，弱電離プラズマであることからこの考え方は意外と本質をついていたのかもしれません．クルックスが研究した放電物理の研究は，**ファラデー** (1835 年) によるグロー放電の発見に始まり, **J. J. トムソン**による電子の発見 (1897 年) を経て**タウンゼント**, **フォン・エンゲル**，**ペニング**による気体中の放電過程の研究につながり気体電子工学とも呼ばれています.

一方，天体物理学の分野において，太陽や恒星の外気の電離度に関係して 1920 年に電離平衡の理論をたてたインドの物理学者**サハ** (Meghnad N. Saha, 1893–

1956)，オーロラや磁気嵐等の起源を解明した英国の物理学者**チャップマン**（Sydney Chapman, 1888−1970)，ブラックホールの研究や天体における電磁流体力学の研究を行い1983年にノーベル物理学賞を受賞したパキスタンの物理学者**チャンドラセッカール**（Subrahmanyan Chandrasekhar, 1910−1995)，核融合プラズマの理論やステラレータ概念の創造・宇宙望遠鏡計画を推進した米国の物理学者**スピッツアー**（Lyman Spitzer Jr., 1914−1997)，天体におけるアルベン波で代表される電磁流体力学の研究を行い1970年のノーベル物理学賞を得たスウェーデンの物理学者**アルベン**（Hannes Alfven, 1908−1995）等の業績により現在のプラズマ物理学や電磁流体力学の基礎が形成されました.

ラングミュアによって“プラズマ”と名付けられた物質は，図1.4に示すように様々な温度と密度で存在します．地上で自然に見られるものとしては雷や炎そして，極地で見られる美しい**オーロラ**がありますが，宇宙の見える物質の99.9%はプラズマ状態にあります．太陽中心は9×10^{25}個/cm^3（固体密度の千倍，150g/cm^3）の水素が温度1500万度のプラズマ状態にあり，その圧力は4000億気圧にも達します．一方，**太陽コロナ**では密度が$10^{6\text{-}9}$個/cm^3，温度は100万度以上あります．**太陽風**の典型的なパラメータは，密度が1–10個/cm^3，温度は10–50万度です．地上80–500kmにある**電離層**の密度は$10^{3\text{-}6}$個/cm^3，温度は千度程度です．この場合，すべての原子・分子が電離しているわけではなく一部だけが電離しており，**弱電離プラズマ**と呼ばれます．**ロウソク**の炎もまた弱電離のプラズマ状態にあり密度は$10^{8\text{-}10}$個/cm^3, 温度数千度です．サハは，中性原子と1価イオンとの電離平衡（$X \rightleftarrows X^+ + e$）における電離度$\alpha = n^+/(n^+ + n_0)$を次のように与えました.

$$\alpha = \frac{\rho}{\rho+1},\ \rho = \sqrt{\frac{3\times10^{27}}{n_0(m^{-3})}}\ T(eV)^{3/4}\exp\left(-\frac{V_i}{2kT}\right) \tag{1.4–1}$$

ここでn_0, n^+, V_iはそれぞれ中性原子密度，イオン密度，及びイオン化ポテンシャルです.

人類が核融合エネルギーを手にするためには，磁場を加えた限られた領域に高温プラズマを閉じ込め，プラズマを取り囲む容器から熱的に遮蔽しつつ，核融合反応で出てくる熱エネルギーを取り出す技術を開発する必要があります．そのためにはプラズマの物性を理解し，それを制御する必要があります.

a) ラングミュアと物質の四態

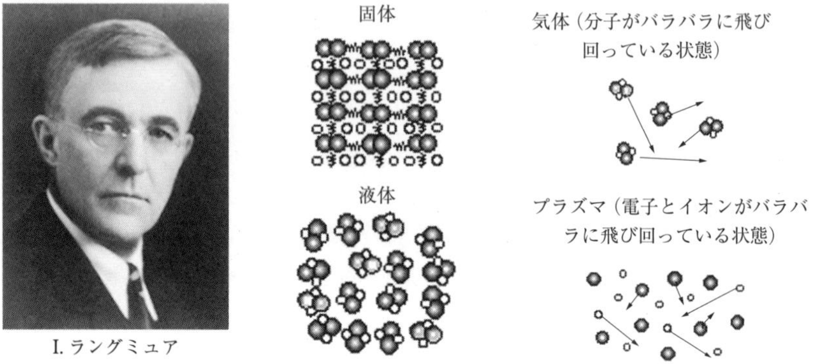

b) 様々なプラズマの温度，密度

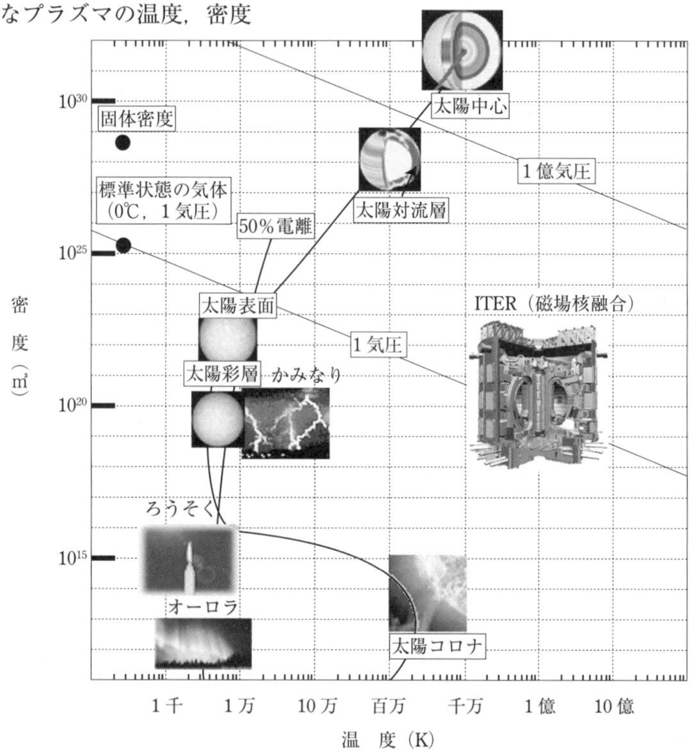

図 1.4　a) ラングミュアと物質の 4 状態（固体，液体，気体，プラズマ）．プラズマは，正イオンと電子がほぼ同数集まったもので全体として中性になっています．b) 様々なプラズマの温度と密度．標準状態（1 気圧，絶対温度で約 273K）の気体は $1cm^3$ 当たり 2.7×10^{19} 個の分子を含んでいます．また，固体水素は $1cm^3$ 当たり 4.8×10^{22} 個の原子を含んでいます．

第1章　参考図書

[1-1] 二間瀬敏史,「なっとくする宇宙論」, 講談社 (1998).

[1-2] Amir D. Aczel, "GOD'S EQUATION Einstein, Relativity, and the Expanding Universe", Piatkus Books (2000)：アミール・D・アクゼル (林一訳), 相対論がもたらした時空の奇妙な幾何学早川書房 (2002).

[1-3] A. Einstein, "Relativity: The Special and the General Theory", Crown Pub (1995)：アルバート・アインシュタイン (金子務訳),「特殊および一般相対性理論について」, 白揚社 (2004).

[1-4] B.F. Schutz, "A First Course in General Relativity", Cambridge University Press (1985)：B. E. シュッツ (江里口良治, 二間瀬敏史訳),「一般相対論 (相対論入門)」, 丸善 (1988).

[1-5] 佐藤文隆, 松田卓也,「相対論的宇宙論」講談社ブルーバックス (2003).

[1-6] S. Weinberg, "THE FIRST THREE MINUTES (A Modern view of the Origin of the Universe)", Basic Books Inc., NY (1977)：S. ワインバーグ (小尾信彌訳), 宇宙創成はじめの三分間, ダイヤモンド社 (1977).

[1-7] 池内了,「観測的宇宙論」, 東京大学出版会 (1997).

[1-8] L. Mlodinow, "EUCLID'S WINDOW- the story of geometry from parallel lines to hyperspace", Simon & Schuster inc., (2001)：レナード・ムロディナウ (青木薫訳),「ユークリッドの窓」(NHK出版 (2003).

[1-9] 戸田盛和,「時間, 空間, そして宇宙：相対性理論の世界」, 岩波書店 (2006).

[1-10] B.F. Schutz, "Geometrical Methods of Mathematical Physics", Cambridge University Press (1980)：B. E. シュッツ (家正則, 二間瀬敏史, 観山正見訳),「物理学における幾何学的方法」, 吉岡書店 (1987).

[1-11] 桜井邦朋,「天体物理学の基礎」, 地人書館 (1993).

[1-12] 松井孝典,「惑星科学入門」, 講談社学術文庫 (1996).

[1-13] Isaac Asimov, "ATOM" Nightfall Inc. (1991)：アイザック・アシモフ (野本陽代訳), アシモフの原子宇宙の旅, 二見書房 (1992).

[1-14] W. Heisenberg, "PHYSICS AND BEYOND, Encounters and Conversations", Harper & Row, Publishers, Inc. (1971)：W. ハイゼンベルク (湯川秀樹序, 山崎和夫訳),「部分と全体」, みすず書房 (1974).

[1-15] Robin Herman, Fusion — The Search For Endless Energy, Cambridge University Press (1990)：ロビン・ハーマン (見角鋭二訳), 核融合の政治史, 朝日新聞社, (1996).

[1-16] Robert A. Gross, "Fusion Energy", John Wiley & Sons, Inc. (1984).

[1-17] 後藤憲一,「プラズマ物理学」共立出版 (1967).

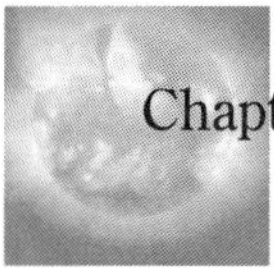

Chapter 2 水素の融合反応：軽い原子核と核融合反応の理論

目　次

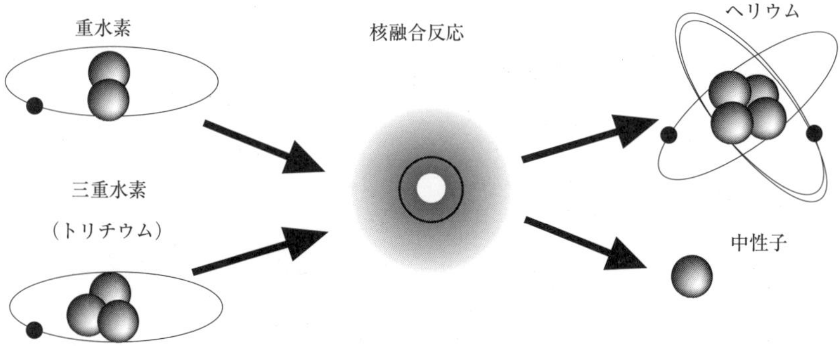

エドワード・テラーが見いだした地上に太陽を実現する反応 $D + T \rightarrow He + n + 17.6MeV$ 反応の主役は，重水素，三重水素，中性子，そしてヘリウムです．原子や原子核というミクロな世界では，粒子は波動性を示し，原子核の性質や融合反応の力学はシュレディンガーの波動方程式によって支配されます．

重水素，三重水素，中性子，そしてヘリウムはそれぞれに興味深い性質を持っています．重水素と三重水素がぶつかるとトンネル効果によって500keV もあるクーロン障壁の数分の１のエネルギーで障壁を通過し複合核を形成します．複合核は共鳴現象によって80keV 程度で高い反応確率をもつことになります．このようにして，自然は人類にこの反応を利用するチャンスを与えているのです．

2.1 “核融合反応”：小さな木の実の融合

現在人類がITERで実現しようとしているフュージョンは，太陽で起こっているゆっくりとした水素の融合反応でなく重水素と三重水素の原子核の融合反応です．**原子核**（Nucleus）はラテン語で「小さな木の実」を意味します [2–1]．重水素と三重水素は，クーロン障壁を透過して核力が作用するほどまでに接近すると（原子核半径の式 $R_c = 1.1A^{1/3}$ fermi（1fermi $= 10^{-15}$m）を用いると，距離 r が 3fermi 以下になった時）図 2.1a) に示すような ^{5}He（ヘリウム 5）の“**複合核**”を形成し，そして，入射原子核の運動エネルギーは複合核内の核子に平均的に分配されます．そして，たまたま，多くのエネルギーを得た中性子とヘリウムが飛び出して融合反応が完結します．

$$D + T \rightarrow {}^{5}_{2}\mathrm{H}_{\mathrm{e}}^{\star} + \rightarrow {}^{4}_{2}\mathrm{He} + n \qquad (2.1\text{–}1)$$

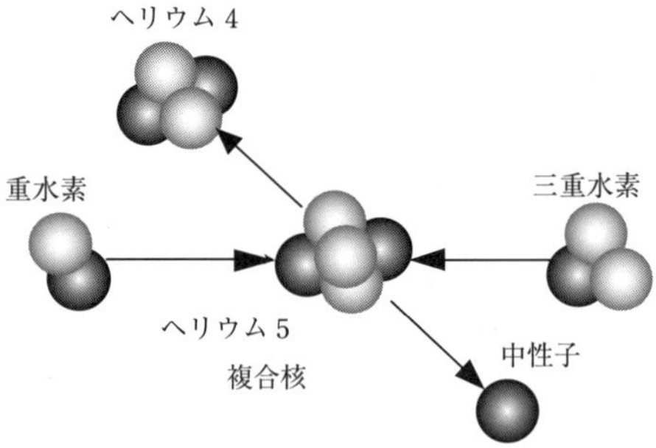

図 2.1a)　複合核形成を経由する D-T 核融合反応の模式図

荷電粒子同士を融合させるために越えるべき障壁の高さを U_{max} とすると，図 2.1b) に示すように r = 3fermi では $U^{max} = e^2/(4\pi\varepsilon_0 r) = 0.48$MeV ということになります．重水素と三重水素の相対エネルギーを 0.48MeV 以上に上げてやれば核力による引力が作用して融合するわけですが，温度をこのレベル（37 億度）に上げるのは困難です．ところが，粒子の波動性のおかげで低いエネルギー（といっても数 10keV）でもクーロン障壁を越えて原子核内に侵入し核融合反応を起こすことができます．これを**トンネル効果**と呼んでいます．クーロン場（ポテンシャル $V = e^2/(4\pi\varepsilon_0 r)$）での粒子線の散乱と透過現象は**シュレディンガーの波動方程式**（ノート参照）を解くことによって調べることができます [2–2]．以下の節では，現在人類が対象としている融合反応の原料と生成物である，**重水素**，**三重水素**，**ヘリウム**，**中性子**について述べます．

▶ノート：シュレディンガーの波動方程式

原子（半径～ 10^{-10}m＝1 オングストローム（Å））や原子核（半径～ 10^{-15}m＝1 フェルミ（1fermi）の世界では，物質の運動は，“粒子”の性質と“波”の性質の両方を持つようになります．1905 年，**アインシュタイン**は，光が周波数に比例するエネルギーを持った“**光量子**”であると考えにより**光電効果**を説明しました．

$$E=\hbar\omega \tag{2.1-2}$$

ここで，$\hbar$はドイツの物理学者**マックス・プランク**（1858–1947）が**黒体輻射**を説明するために導入した**プランク定数**です．粒子の波（物質波）としての性質は，フランスの物理学者**ド・ブロイ**（1892–1987）によって明らかになりました．

$$\mathbf{p}=\hbar\mathrm{k} \tag{2.1-3}$$

光の量子化と物質波の関係から，1926 年にオーストリアの物理学者**シュレディンガー**（1887–1961）は原子世界の力学方程式である波動方程式を導きました．一般に“波”の振幅 ψ は数学的には $\psi=\exp(i\mathbf{k}\cdot\mathbf{x}\text{-}i\omega t)$ で表せ，$(\partial/\partial\mathbf{x})\psi=i\mathbf{k}\psi$，$(\partial/\partial t)\psi=-i\omega\psi$，という関係が成り立ちます．つまり，波数 $\mathbf{k}$ や角周波数ωは**対応関係**

$$i\mathbf{k}=\partial/\partial\mathbf{x} \tag{2.1-4}$$

$$-i\omega=\partial/\partial t \tag{2.1-5}$$

を持っています．原子世界の物質がエネルギー E，運動量 $\mathbf{p}$ を持っているとします．巨視的世界で成り立つニュートン力学のエネルギー保存則 $\mathbf{p}^2/2m+V(\mathbf{x})=E$ が微視的物質波の世界でも“同様”に成り立つと考え関係式（2.1–2）と（2.1–3）を代入すると，

$$\hbar^2\mathbf{k}^2/2m+V(\mathbf{x})=\hbar\omega \tag{2.1-6}$$

が導かれます．そこで，波数と角周波数に関する（2.1–4）と（2.1–5）の対応関係を代入すると，エネルギー保存則と整合性を持った微分作用素の関係

$$-(\hbar^2/2m)\partial^2/\partial\mathbf{x}^2+V(\mathbf{x})=i\hbar\partial/\partial t \tag{2.1-7}$$

が得られます．この微分作用素の関係を“波”の振幅ψに左から作用させると，

$$[-(\hbar^2/2m)\partial^2/\partial\mathbf{x}^2+V(\mathbf{x})]\psi=i\hbar(\partial/\partial t)\psi \tag{2.1-8}$$

というシュレディンガーの波動方程式が得られます．波の振幅の定常解は，$\psi=u\exp(-iEt/\hbar)$ と置いた時に得られる次の固有値問題を解くことで得られます．

$$[-(\hbar^2/2m)\partial^2/\partial\mathbf{x}^2+V(\mathbf{x})]u=Eu \tag{2.1-9}$$

相対論を含む古典力学では，物理の法則に登場する変数は“**数値**”を代表するものであり，変数と数値は 1 対 1 に対応しています．それは物理量が原理的に測定可能であり，数値を物理量とみなすことが可能であったからです．しかし，量子論ではこの関係は断ち切られ，物理量は数値ではなく“**作用素**”であり，それ自体としては測定値に対応しないと解釈します．この考え方に従うと運動量 $\mathbf{p}$ は微分作用素 $-i\hbar\partial/\partial\mathbf{x}$ に，エネルギー E は微分作用素 $i\hbar\partial/\partial t$ に変わります．

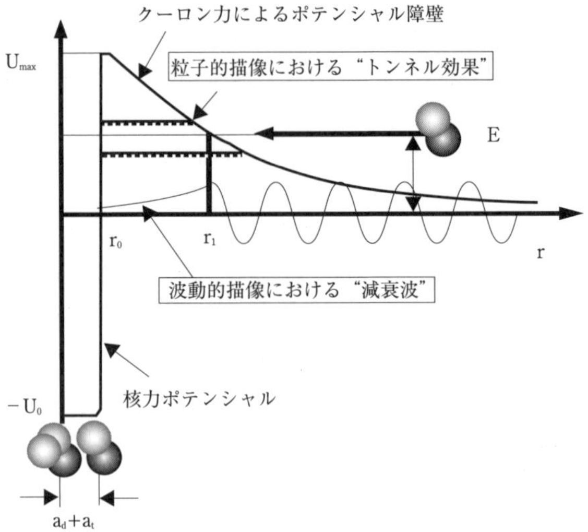

図 2.1b) 重水素と三重水素の核融合反応におけるポテンシャルと波動関数構造

2.2 “重水素”：陽子と中性子が緩く結びついた原子核

重水素の原子核は陽子と中性子をそれぞれ 1 個もっています．2 核子の組み合わせには p-p，n-n もありますが，2 つの核子が繋がった状態（束縛状態）を持つのは p-n の組み合わせである重水素だけです [2–3]．重水素は，1932 年にアメリカの化学者**ユーリー**によって発見され [2–4]，水素原子 7000 個のうち 1 個が重水素であることを見出し，1934 年のノーベル化学賞を受賞しています．

陽子と中性子を 1 個ずつ持つ重水素の状態は，陽子と中性子が相互作用する核力の 2 体問題として扱われます．その状態は，シュレディンガーの波動方程式 (2.1–9) をポテンシャル場 V(r) が与えられたものとして解くことで求まります．

中性子と陽子と中性子の間の核力は**中間子の交換力**（ノート参照）によって生まれ概ね中心力で表わされ，そのポテンシャル V は核子間距離 r だけの関数になります．その具体的構造については，中性子－陽子散乱，陽子－陽子散乱等から調べられ，**湯川ポテンシャル**（ノート参照）に対して様々な補正がなされています．ここでは，簡単のために図 2.2 で示すような箱型のポテンシャルで近似します．

陽子と中性子にはこれ以上近付けない固い芯があり，その距離 c は～ 0.4fermi であることが陽子と中性子の散乱実験からわかっています．そのため，$r < c$（領域 I）では波動関数は 0 になります（存在確率が 0）．その外（領域 II）では，核力が引

力として作用することから，ポテンシャルとして負になります．そこで波動関数(ru)は正弦関数AsinK(r-c)(A，Kは定数)になります．そして，核力が働かない領域III)の波動関数は，無限遠で0となる境界条件を考慮すると指数関数$Be^{-\kappa r}$(B，κは定数)となります．領域IIとIIIの境界で波動関数がなめらかにつながる条件や重水素の結合エネルギーがE_bに一致する条件と重水素原子核半径r_dが実測と一致する条件から領域IIの幅bとポテンシャルU_0の値を求めることができ，それぞれb＝1.337fermi，U_0＝73MeVとなります．

ここで，核力が働かない領域IIIの波動関数と結合エネルギーE_bの関係について少し説明しておきましょう．波動関数の減衰率κは結合エネルギーE_bと$\kappa \sim E_b^{0.5}$という関係を持っており，2つの核子の結合エネルギーE_bが小さいと，波動関数が領域IIIで緩やかに減衰し2つの核子が核力の働く範囲外に存在する確率(ボルンの関係から$|u|^2 \sim e^{-2\kappa r}$)が大きいということになります．つまり，2核子は強く結びつかず比較的離れ易いということを意味しています．逆に，結合エネルギーE_bが大きいと領域IIIで波動関数は急激に減衰し，2つの核子が離れている確率は小さい(分離し難い傾向をもつ)ということになります．重水素原子核は，結合エネルギーがE_b＝2.225MeVと小さいので波動関数のr方向減衰は緩やかですが，ヘリウム4はE_b＝28.3MeVと大きいので波動関数は急激に減衰していると考えられます．

核力による引力で生まれるU_0について説明をしておきます．湯川の中間子による核力によって，狭い空間(数fermi)に核子が閉じ込められるということは核子のもつ波数は極めて大きく(波数$K=(m_r(U_0-E_b))^{0.5}/\hbar=1/1.09$fermi)，核子の持つ運動エネルギーも大変大きくなります($E=p^2/2m_r \sim K^2\hbar^2/2m_r \sim 50$MeV：フェルミエネルギー)．核内ではものすごいスピードで動き回っていることになります．このような核子を閉じ込めておくためには，U_0は数十MeVある必要があるという訳です．

重水(化学記号でD_2O，重水素2個と酸素が化学的に結合したもの)は海水中に約158ppm(ppm：百万分の1)，河川の淡水に～140ppm含まれています．海水の量は$1.8\times10^{18}m^3$もありますから，地球上の重水素は約5×10^{13}tonにも達します．

100万kWクラスの核融合炉の重水素の年間燃焼量は約73kgですから，1万台の核融合炉を想定しても700億年分の資源があることになります．重水は，電気分解によっても製造することができますが，一般にはGS[GS: Girdler-Spevack]法と呼ばれる同位体交換法によって淡水から製造されます．具体的には，H_2S(硫化水素)とH_2O(水)の間で向流接触しながら水素を交換するもので，室温前後では重水素が水のHと置換される反応($H_2O+HDS \rightarrow HDO+H_2S$)が促進され，高温(100℃以上)

では重水素が硫化水素のHと置換される反応（$HDO + H_2S \rightarrow H_2O + HDS$）が促進されることを利用し，硫化水素を仲介して重水を製造します．その製造過程で消費されるエネルギーはわずかです．

▶ノート：湯川の中間子理論 [2-3]，[2-5]，[2-6]

中性子や陽子を結びつけ“小さな木の実”を形作るためには，19世紀までに知られていた重力や電磁気力とは異なる，新たな力“核力”が必要でした．この問題への最初の回答は日本の物理学者**湯川秀樹（1907–1981）**によってもたらされました．この力は強い相互作用と呼ばれます．クーロン相互作用では一方の粒子の周囲に生まれる“場”と他方の粒子が相互作用をすることによって互いに力を及ぼしあいます．この“場”による相互作用は，光子（光量子）をお互いに放出，吸収しあう交換力によってクーロン力が生まれていると解釈することができました．湯川は，**“質量を持った場”**に附随する粒子の**交換力**で核力を説明できると考えたのです．電場の波動方程式 $[\partial^2/\partial \mathbf{x}^2 - \partial^2/(c^2\partial t^2)]U = 0$ は光量子の運動量に関する関係式 $-p^2 + (E/c)^2 = 0$ に対して量子化の規則，運動量 $\mathbf{p} \rightarrow -i\hbar\partial/\partial \mathbf{x}$，エネルギー $E \rightarrow i\hbar\partial/\partial t$ を代入すると得られます．そうすると，静止質量 m を持った核力の“場”は，粒子の相対論的運動量の関係式，$-p^2 - m^2c^2 + (E/c)^2 = 0$ に量子化の規則を代入すれば得られるはずでした．得られた核力の場の方程式は，

$$\left[\hbar^2 \frac{\partial^2}{\partial \mathbf{x}^2} - m^2c^2 - \hbar^2 \frac{1}{c^2} \frac{\partial^2}{\partial t^2}\right] U = 0 \tag{2.2–1}$$

です．この場の方程式の静的な解は**湯川ポテンシャル**と呼ばれ $U = ge^{-\kappa r}/r$ となります．光子が作るクーロン場との違いは有限な質量をもつために，$r < r_0 \sim 1/\kappa = \hbar/mc$ で急激に力が作用するという点です．湯川は，核力の作用範囲が 2fermi 程度であることから核力のもととなっている交換粒子の質量を電子の200倍と予想しました．π 中間子です．**π 中間子**はイギリスの物理学者**パウエル**によって1947年に宇宙線の中から発見され，その質量は電子質量の273倍であることがわかりました．この功績により，湯川は1949年のノーベル賞を，パウエルは1950年のノーベル賞を受賞しました．

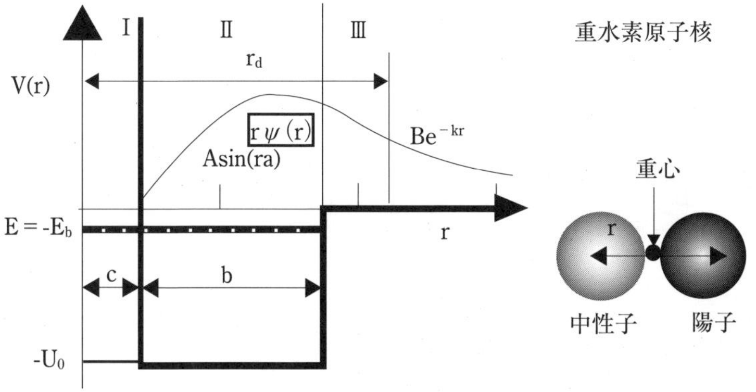

図 2.2　重水素原子核における陽子と中性子の重心からの距離 r の関数としての核力ポテンシャルモデルと r の関数としての核子の存在確率を表わす波動関数の構造．重水素の場合，$c = 0.4$fermi，$b = 1.337$fermi，$r_d = 2.1$fermi，$U_0 = 73$MeV，$E_b = 2.225$MeV です（[2-3] p42）．

2.3　“三重水素”：ニュートリノと電子を放出する原子核

水素には質量数 3 の水素もありそれは**三重水素**と呼ばれています．その原子核は陽子 1 個と中性子 2 個を持っています．三重水素は天然にはほとんど存在せず，宇宙線により大気中にわずかに作られます．ギリシャ語の「第三」を意味する単語から，**トリチウム**とも呼ばれます．この元素は高エネルギーの電子線（ベータ線と言う）を放出して，質量数 3 のヘリウムに変わってしまいます．このような現象をベータ崩壊と言います．その変化割合は，半減するのに 12.26 年というものです．このような半減する時間を「**半減期**」と呼んでいます．三重水素は，1934 年にオーストラリアの物理学者**オリファント**（1901−2000）によって重水素同士を衝突させることによって初めて実験室で作られました [2-7]．

DT 核融合炉の燃料である三重水素は，**リチウム**と中性子の核反応によって生成しそれを燃料として用います．DT 核融合反応では中性子が発生するので，その中性子をリチウムに当ててやれば，三重水素を生み出すことができます．このため，高温プラズマ中で重水素と三重水素を反応させ，そのまわりにリチウムを含んだ**ブランケット**（毛布という意味）と呼ぶ装置を置き，三重水素を生成する仕組みを考えています．

リチウムには質量数が 6 と 7 の**同位元素**があり（^{6}Li と ^{7}Li），天然の Li 中の ^{6}Li と ^{7}Li の存在比率は 7.4％と 92.4％です．それらに中性子を吸収させ三重水素を作り出

三重水素のベータ崩壊

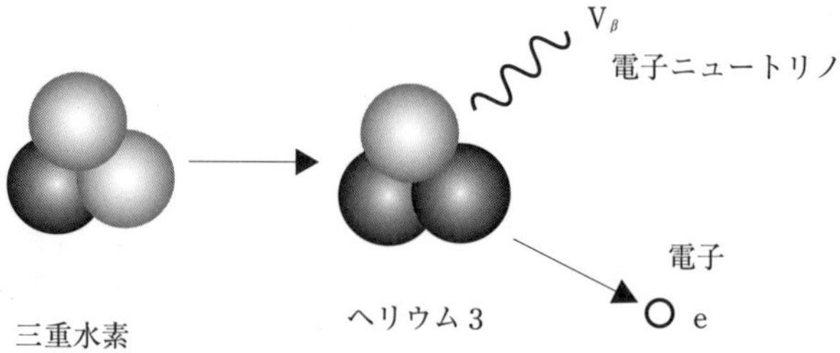

図 2.3a) 三重水素のベータ崩壊

します．Li と中性子の反応は同位体によって異なり，$^6Li + n \rightarrow {}^3T + {}^4He + 4.8MeV$（発熱反応），$^7Li + n \rightarrow {}^3T + {}^4He + n' - 2.5MeV$（吸熱反応）となります．$^6Li$ の反応断面積は 1/v 特性をもち低いエネルギーで反応がし易くなっています．一方，^7Li ではあるエネルギー以上で初めて反応が起こります．このような反応特性を**閾値反応**といいます．反応断面積の差から ^6Li の燃焼率の方が高く ^6Li の燃焼が主要に起こります．このため，ブランケットでは正味のエネルギー生産が起こります．海水中にはリチウムが 2330 億トンも存在することから海水中のリチウムの安価な回収技術が確立されれば，資源的には無限と考えることができます．

リチウムの資源量（埋蔵量ベース）	：940 万トン（埋蔵量 370 万トン）
海水中資源量	：2330 億トン
年間生産量（需要が少ない）	：2.1 万トン / 年（1996 年）

サロン

ベータ崩壊とニュートリノ [2-1]，[2-8]，[2-9]

ベータ崩壊では不思議なことが起こりました．それは，その他の原子核反応では質量と運動エネルギーの和は保存され，エネルギー保存則が成り立っていたのですが，**ベータ崩壊**では新しい原子核とベータ線（電子線）に対しては，それが成り立っていないように思えたからです．つまり，ベータ崩壊で減った質量に相当するエネルギーをベータ線（電子線）は持っていなかったのです．量子力学の生みの親でもある**ボーア先生**は一時期エネルギー保存則を諦めることを考えたというのは有名な話です [2-1]．この問題は，長く物理学者を悩ませましたが，1931年，スイスの物理学者**パウリ**（1900–1958）はベータ崩壊に伴って電気的に中性の粒子が放出されるという理論を提唱しました．その粒子は後にフェルミによって**ニュートリノ**（イタリア語で「小さな中性子」を意味する）と名付けられました．この説を基に，フェルミはベータ崩壊では，原子核の中で中性子が陽子と電子，ニュートリノに転換していると考えてベータ崩壊の理論を確立しました．ニュートリノの存在を仮定することによって，エネルギー，運動量，角運動量の保存則が満たされるようになったのです．このニュートリノの存在は，パウリの提案から25年後，1956年に**ライナスとカワン**によって水タンク中の陽子-ニュートリノ反応の検出によって確認されました．ニュートリノの存在を考慮すると，三重水素のベータ崩壊は，$^3H \rightarrow {}^3He + e^- + \nu + 18.6keV$ と表せます．三重水素がベータ崩壊することによって失われた質量 ΔM_N は，ベータ線の質量 $M(\beta)$ が電子の質量 $M(e)$ に一致することを使って以下のように計算されます．

$$\Delta M_N = M_N(^3H) - (M_N(^3He) + M(\beta)) = M_a(^3H) - M_a(^3He)$$
$$= 2\times10^{-5}u = 18.6keV(=E_0)$$

ここで，M_N，M_a はそれぞれ原子核の質量と原子の質量です．三重水素から発生するベータ線のエネルギーの最大値は18.6keV，平均で5.7keVのエネルギーを持っています．ベータ線エネルギーと失われた質量との差は，ニュートリノの持つエネルギーとなります．ニュートリノに質量があるかどうかは長く物理学の課題でした．三重水素のベータ崩壊は，崩壊のときの電子の運動エネルギーが低いためにニュートリノの質量の上限値を調べるのに使われてきました．1995年のベレセフの実験ではニュートリノの質量は $m_\nu < 4.35eV$ であることが分かっています [2-8]．1998年には，ミューニュートリノとタウニュートリノの間の**ニュートリノ振動**を観測することにより，ニュートリノに質量があることが明らかになっています [2-9]．一般にベータ崩壊のような不安定な原子核の崩壊現象は原子核の反応時間に比べて極めて長く，その相互作用は，原子核の中で陽子と中性子を結びつけている強い力に比べて弱い力である必要がありました．このため，ベータ崩壊を生み出す相互作用は**"弱い力"**と呼ばれます．近年，ニュートリノの研究はニュートリノ天体物理学 [2-10] として発展しています。

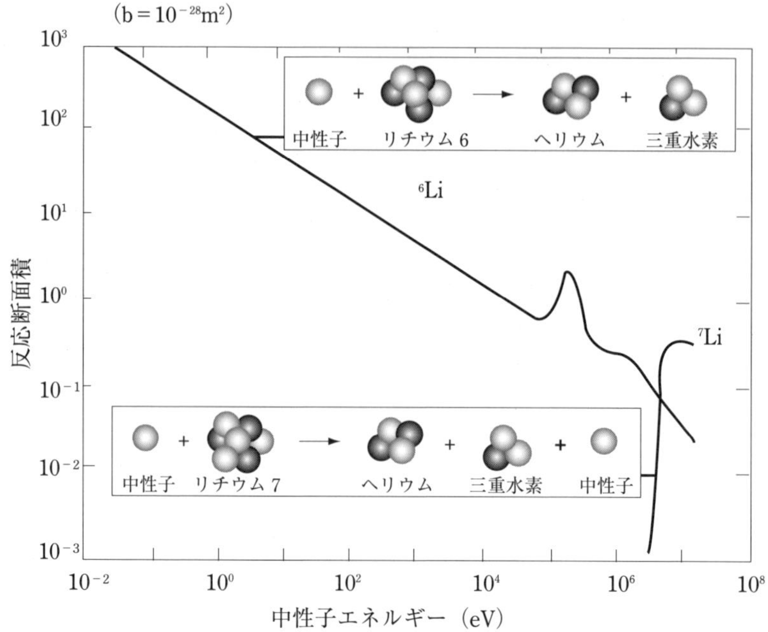

図 2.3b） フュージョンにおける ^{6}Li，^{7}Li と中性子の反応による三重水素生成反応断面積

2.4 “中性子”：電荷のない素粒子

中性子は，1932 年にイギリスの物理学者**チャドウィック**によって発見されました．この電荷をもたない陽子とほぼ同じ質量をもった粒子は，1920 年頃には，原子核の自転（スピン）の性質を説明するためにラザフォードによって考えられ，チャドウィックの発見以前の 1921 年にアメリカの化学者**ハーキンズ**によって“中性子”と名付けられたものです．中性子は正味の電荷を持っていませんが，中心部には正の電荷分布をもち，周辺部の負の電荷分布によって相殺されています．その質量分布は半径 0.8 fermi 程度で分布しています．

中性子は，陽子より少し重くその差は電子質量の約 2 倍（1.29MeV）です．中性子は単独では安定に存在することはできず，半減期約 12 分で電子とニュートリノを放出して陽子に変わります（$n \rightarrow p + e^- + \nu$）．中性子の質量は陽子と電子の質量を合わせたものより大きく，電子を放出することで全体の質量が減り，エネルギーが解放されます．この反応は，まわりに電場を加えた大きな円筒状のタンクに強い中性子線を通し，ベータ崩壊に伴う電子と陽子が電場によって曲げられる様子を観測することで 1948 年に確認されました．

孤立した粒子が自然に崩壊する時には，常に質量が減少して終わるように見えます．中性子は陽子より電子質量の約 2 倍質量が大きく，より質量の小さい陽子には崩壊できますが，陽子は質量のより大きい中性子に崩壊できないことを意味しています．**陽子崩壊**が起こるかどうかは，物理学の重要な研究課題となり，神岡鉱山に設置された**カミオカンデ**の目的は陽子崩壊の検出でした．

原子核内に中性子が 2 個，陽子が 1 個ある三重水素では前節のようにベータ崩壊を起こしますが，原子核の中にある中性子が陽子とほぼ同じ数の時には，ベータ崩壊を起こさず中性子が原子核の中で安定に存在し続けることもできます．それはなぜでしょうか？ベータ崩壊が起こったとした時に終りの状態が始めの状態より高いエネルギー状態になればベータ崩壊は自然には起きません．陽子は電荷を持つので，原子核内で中性子が陽子になるとクーロンエネルギーが増すのでベータ崩壊できなくなるという訳です．原子核内に閉じ込められていない自由な中性子は，クーロンエネルギーの増加はおこらないのでベータ崩壊するというわけです．このようにし

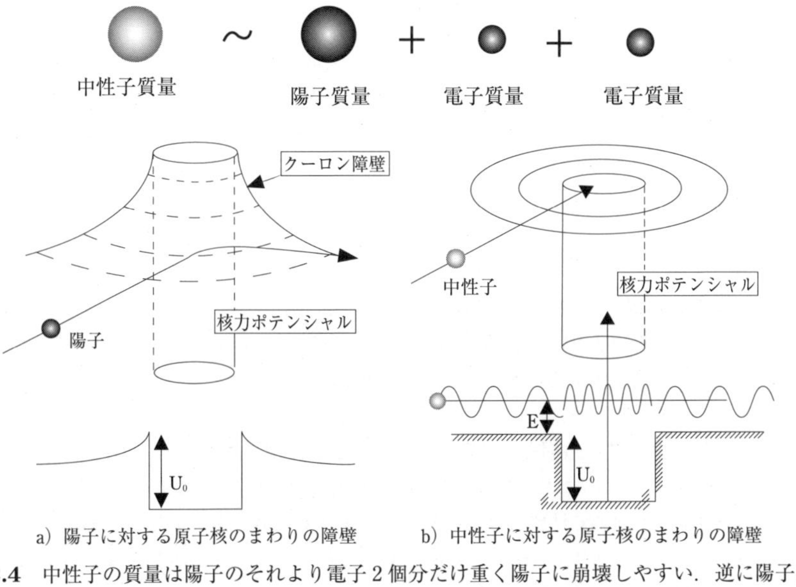

a）陽子に対する原子核のまわりの障壁　　b）中性子に対する原子核のまわりの障壁

図 2.4　中性子の質量は陽子のそれより電子 2 個分だけ重く陽子に崩壊しやすい．逆に陽子は電子 2 個分のエネルギーをもらわないと中性子に“崩壊”できない．a) 陽子はクーロン障壁のために原子核と反応しづらいが，b) 中性子はエネルギーが低くても原子核内に侵入し核力ポテンシャルと相互作用する．

て原子核の中で安定に存在できるようになった中性子はパイ中間子を交換することで陽子の立場と中性子の立場を始終交換しながら安定に存在しています.

図 2.4a) に示すように，正の電荷をもった粒子を他の原子核にぶつけて反応を起こそうとすると，粒子のエネルギーが低いと正の電荷同士が反発しあって（クーロン障壁を感じて）原子核の中に入ることができません．フュージョンでは荷電粒子同士を反応させる必要があることから，粒子のエネルギーを高くしてクーロン障壁を越えて原子核内に入れる必要があります．これが，フュージョンエネルギーを実現するためには，数億度のプラズマを生成・制御しなければならない理由です.

ところが，図 2.4b) に示すように，中性子は電荷をもたないためクーロン反発力を受けず比較的低いエネルギー（室温程度）でも原子核の中に入ることができます.この性質を使ってウランに中性子を吸収させエネルギーを取り出すのが核分裂反応で，反応させるという意味ではフュージョンに比べて格段に容易です．フェルミ等が原子炉を 1942 年に動作させることができたのは，この反応の容易さが寄与しています．核分裂エネルギーの課題は反応させること以外にあります.

サロン

フュージョン中性子と材料の相互作用

核分裂熱中性子炉では，ほぼ常温（～300K）の中性子がウランの分裂反応を起こしますが，高速炉では約 1MeV（熱中性子の 3×10^7 倍）のエネルギーを持った高エネルギー中性子が生まれます．大きなエネルギーを持った中性子が材料に飛び込むと，材料原子との衝突によって材料原子がはじき出されたり，中性子との反応で他の元素を作りだして材料の性質を変えてしまうことがあります．これを中性子照射損傷と言います.高速炉ではかつてステンレス鋼が中性子照射損傷でふくれ（**スェリング**）やはがれ（**ブリスタリング**）を起こしたりしましたが，材料の組成を改善して今では中性子照射耐性のある材料が開発されています．フュージョンの中性子は高速炉を 1 桁上回る 14MeV のエネルギーを持っているため，中性子照射損傷が一層複雑になる可能性があります.

しかしながら，核分裂炉での材料開発の経験を生かしフュージョン中性子にも耐える有力な材料として**低放射化フェライト鋼**，**SiC/SiC 複合材料**や**バナジウム合金**が開発されつつあります．これらは，150–200dpa（材料中の原子が 150–200 回移動する程度の相互作用）程度まで材料の要求性能を保持すべく開発が進められています．中でも低放射化フェライト鋼はフュージョン原型炉の第一候補材料と見なされています．低温領域での**延性脆性遷移温度**を低く抑える改良や高温領域での**クリープ変形**を抑える改良，14MeV 中性子による核変換ヘリウム効果に関する研究が進められています.

2.5 “ヘリウム”：魔法数で安定な元素

ヘリウムは，陽子，中性子をそれぞれ2個持った質量数4の元素です．ヘリウムという名の由来は，ギリシャ語で太陽を意味する**ヘリオス**にちなんでいます．1868年8月18日にインドで皆既日食が観測された時，英国の天文学者で著名な科学雑誌Natureの創刊者である**ロッキヤー**（Lockyer, Joseph Norman, 1836–1920）は太陽コロナを観測して新しい発光スペクトルを発見しました．その発光は，未知の元素から出ていると考えその元素をヘリウムと呼んだのです．

図2.5に示すように，ヘリウム4の結合エネルギーは水素やリチウムのものに比べて極端に大きくなっています．このような性質は，原子核の結合エネルギーを表面張力やクーロン反発力等で説明する**液滴モデル**からは出てきません．このような特定の原子核が安定になるという性質は原子核を構成する中性子や陽子が独立な粒子として核力ポテンシャルのなかで動き回り，エネルギー準位を形成し，その準位が埋まるときに安定になります．このような原子核モデルを**殻（シェル）模型**と言います [2–11]．

ヘリウムの場合，陽子2個と中性子2個から原子核が構成されますが，それらが混然一体となって球対称のポテンシャルを形成します．そのポテンシャルは，図2.5に示すように核力だけの中性子とクーロン斥力が加わった陽子では異なった構造を持ちます．これらのポテンシャルの中で，陽子と中性子は独立に離散的なエネルギー状態を取ります．

このエネルギー準位は，シュレディンガーの波動方程式を解くことによって求まります．核力ポテンシャルが距離の平方に比例するとします（調和振動子：$V(r) = cr^2$）．このようなポテンシャル力に対する解は良く知られているように $u = R(r)Y(\theta, \phi)$ と表せ，$Y(\theta, \phi)$ は球面調和関数，$R(r)$ はラゲールの多項式を含む関数として求めることができます．この時，エネルギー準位は $E_n = -U_0 + (n_1 + (3/2)\hbar\omega)$（$\hbar\omega = (2U_0\hbar^2/mR_c^2)^{1/2}$），$n_1 = 2(n-1) + l$：n は主量子数，l は方位量子数）と表せます．最も低いエネルギー準位（基底状態）は，$n_1 = 0$（$n = 1$，$l = 0$）の場合で $E_0 = -U_0 + (3/2)\hbar\omega$ で与えられます．方位量子数 l の状態では核子は原子核の中心の回りに角運動量（**軌道角運動量**：$L = rmv = l\hbar$）を持ちます．また l の状態に入れる核子の個数はその準位の縮退数 $(2l+1)$ になり基底状態では1個です．

原子核の中では，核子全体が原子核の中心に対して持つ角運動量以外に核子自身の自転（**スピン角運動量**）があります．核子自身の自転に伴うスピン角運動量も量子化されていて陽子も中性子もスピンの値は1/2です．スピンの状態としては回転方向に右回りと左回りがあることから＋1/2と−1/2の2つの状態があります．

ヘリウム4では陽子と中性子で独立に定義される基底状態（主量子数n＝0）の軌道にそれぞれ2つの核子が入っています．基底状態の軌道の中で，ヘリウム4の場合，軌道角運動量0の軌道（1S軌道と呼ぶ）に核子は入っています．陽子と中性子が独立にエネルギー準位を形成するということは不思議といえば不思議です．陽子と中性子はお互いに中間子を交換して生まれる核力を介して引き合って原子核を作っているのに，作りあげた後は，お互いに関係がないかのような振る舞いをしていることになります．最近の原子核実験では，完全に独立ではないことを示す実験結果が得られています [2-12]．

ヘリウム4は原子核における最初の閉殻状態であり，“2”は最も小さな“**魔法数(2, 8, 20,…)**”になっています．そのことが非常に大きな結合エネルギーに繋がっているのです．このように，ヘリウム4は特に安定な原子核であることから，ビッグバンによって生まれた宇宙でも水素を除く原子核の中では最も多く存在しています．

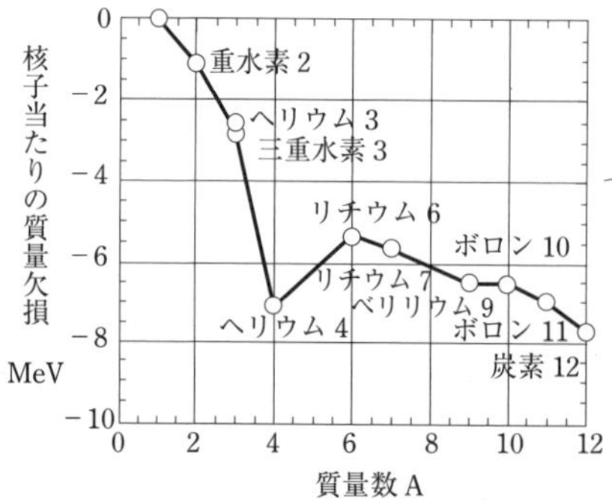

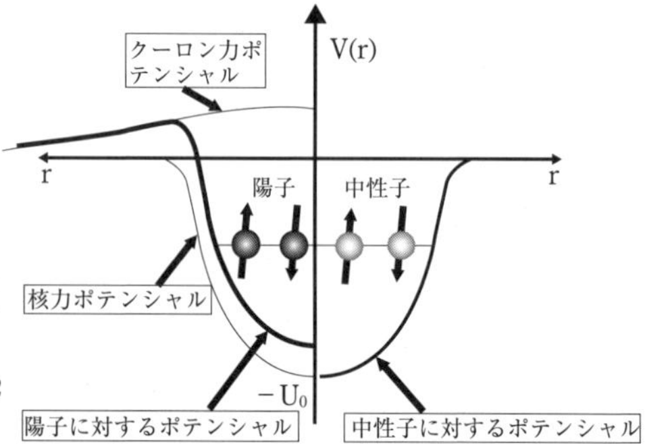

図2.5 低質量数元素の核子あたりの質量欠損（左）ヘリウム原子核におけるポテンシャル構造とポテンシャル中の核子（陽子と中性子）のエネルギー状態（右）．基底状態であるS軌道（軌道角運動量＝0）に陽子と中性子がそれぞれ2個ずつ（スピン角運動量が＋1/2と−1/2を持つ）軌道を占有することで閉殻構造を形成する．

サロン

ヘリウムの生産と用途 [2-13]

大気からヘリウムガスを得ることも可能ですが，市販されているヘリウムガスは天然ガスから精製されています．高濃度（1 ～ 7%）のヘリウムを含んでいる天然ガスがアメリカやアルジェリアで採取されており，ヘリウムの資源として利用されています．また，月の石には太陽から太陽風として飛んできたヘリウムが大量に打ち込まれており，核融合の原料（ヘリウム 3）の資源として，月面基地などでの利用が期待されています．

ヘリウムガスは軽くて（空気の 7 分の 1 以下），安定な（燃えたりしない）ため，風船や飛行船に使用されています．ただし，ヘリウム原子は小さく，ゴムやガラスを透過します．ヘリウムガスで膨らませた風船が，いつの間にか，しぼんでしまうのは，そのためです．また，液化ヘリウムは極低温（－269℃以下）が得られる冷却材として，超伝導磁石を利用する磁場核融合装置やリニアモータカーなどで使用されています．地上の太陽“核融合炉”では，水素同位体を融合させてこの最も安定なヘリウム 4 に変換し，その過程で失われる質量をエネルギーに変換するのです．磁場核融合炉では，磁場で閉じ込めた高温プラズマ中で熱いヘリウムを作り出し，その磁場を発生する超伝導磁石は冷たいヘリウムで冷却しているという訳です．

2.6　“断面積”：トンネル効果と共鳴が生み出す核融合反応

現在人類が対象としている融合反応の原料と生成物である，重水素，三重水素，ヘリウム，中性子の性質についてある程度理解したところで，核融合反応の波動力学と反応断面積についてモット・マッセイ [2-14] に従って話を進めます．クーロン散乱における古典的軌道はよく知られているように双曲線 $r = r_0/(1 - \alpha\cos\theta)$ で表されます．波動関数の入射波の波面は個々の衝突パラメータ b に対して描かれる双曲線に垂直でなくてはいけません．この条件を満たす波面は k を**ド・ブロイ波数**として以下に近づきます．

$$z + b_0 \ln k(r - z) = \text{const.} \qquad (2.6\text{–}1)$$

ここで $b_0 = e_ie_j/(4\pi\varepsilon_0 m_r u^2) = 7.2\text{x}10^{-10} Z_iZ_j/E_r(\text{eV})$（m）．クーロン相互作用が無限遠まで作用することから，入射波は無限遠でもこれから遭遇する原子核によって歪められているわけです．そこで入射波は $\exp[ik\{z + b_0 \ln k(r - z)\}]$ と表されます．

非相対論的な衝突では $E_r = p^2/2m_r = \hbar^2k^2/2m_r$ なので解くべき波動方程式は，$[\partial^2/$

$\partial \mathbf{x}^2 + (k^2 - \beta/r)]\psi = 0$ となります．ここで $\beta = m_r e_i e_j / 2\pi\varepsilon_0 \hbar^2$．$\psi = \exp(ikz)F(\mathbf{x})$ と置いて代入すると，F は $F = F(r\text{-}z)$ の形の解を持つことがわかります．$\zeta = r - z$ とおいて書き下すと，$\zeta d^2F/d\zeta^2 + (1 - ik\zeta)dF/d\zeta - (\beta/2)F = 0$ となります．$F = \Sigma a_n \zeta^n$ $(a_0 = 1)$ と置いて a_n に対する関係式を求めると F は超幾何関数で表せ，

$$\psi = \exp(-\pi\alpha/2)\,\Gamma(1 + i\alpha)\,e^{ikz}F(-i\alpha, 1; ik\zeta) \qquad (2.6\text{–}2)$$

ここで，$\alpha = \beta/2k$，超幾何関数 $F(a, b; z) \equiv \Sigma\Gamma(a+n)\,\Gamma(b)z^n/\Gamma(a)/\Gamma(b)/\Gamma(n+1)$，Γはガンマ関数です．**クーロン障壁の透過率** P は原点での波動関数の値から，

$$P(E/E_c) = \frac{\sqrt{E_c/E}}{\exp\sqrt{E_c/E} - 1} \qquad (2.6\text{–}3)$$

$$E_c = \frac{m_r e^4}{8\varepsilon_0^2 \hbar^2} = 0.98A_r\,(\mathrm{MeV}) \qquad (2.6\text{–}4)$$

ここで，m_r は**換算質量**（a，b の核融合反応では $m_a m_b/(m_a + m_b)$），A_r は換算質量の質量数，ε_0 は真空の誘電率（$= 8.854 \times 10^{-12}$F/m），$\hbar$はプランク定数です．(2.6–3) 式で与えられるクーロン障壁の透過率の E/E_c 依存性を図 2.6a) に示します．(2.6–4) 式で評価される臨界エネルギー E_c は重水素と三重水素の核融合反応 $T(d, n)^4He$ に対して 1.18MeV ですが実測された核融合反応断面積から評価した臨界エネルギー E_c は 1.27MeV で良い精度で一致しています．

核力ポテンシャルの中に入った換算質量をもった粒子は，核力による強い引力によってもともと持っていた運動エネルギーより高い運動エネルギー（それに伴ってもともとのド・ブロイ波長より短いド・ブロイ波長）を持つようになります．このような急激な波数の変化は，原子核内での共鳴相互作用を起します．DT 融合反応の場合，実測された断面積から共鳴エネルギー E_r は 78.65keV，**共鳴幅** Γ は 146keV となります（図 2.6b)．共鳴相互作用によって物質波の確率振幅が大きくなるということは，複合核 ^5He において物質波が一定の境界条件を満たすエネルギーに対応したエネルギー準位を持つということに相当しています．複合核は不安定である時定数で崩壊しますが，その崩壊時定数 τ は共鳴幅Γと $\Gamma\tau = \hbar$ という関係を持ち，$\Gamma = 146$keV から $\tau = 4.5 \times 10^{-21}$ 秒となります．この時間は，フェルミエネルギーを持った核子の通過時間 $\tau_F = 2R/v_F = 4.4 \times 10^{-23}$ 秒に比べるとかなり（100 倍）長い寿命です．これらを考慮した核融合反応断面積は，**ブライト・ウィグナーの共鳴公式** [2-15] を用いて次のように表わせます．

$$\sigma_r = \pi \lambdabar^2 P(E/E_c) \frac{\Gamma_i \Gamma_f}{(E-E_r)^2 + \Gamma^2/4} \tag{2.6-5}$$

ここで，$\lambdabar^2 = \hbar^2 (2ME)^{-1}$，$\Gamma_i \sim k \sim 1/E^{0.5}$ という関係があります．実際，核融合反応断面積の実測値は (2.6-5) の形式で次のように表せます [2-16]．

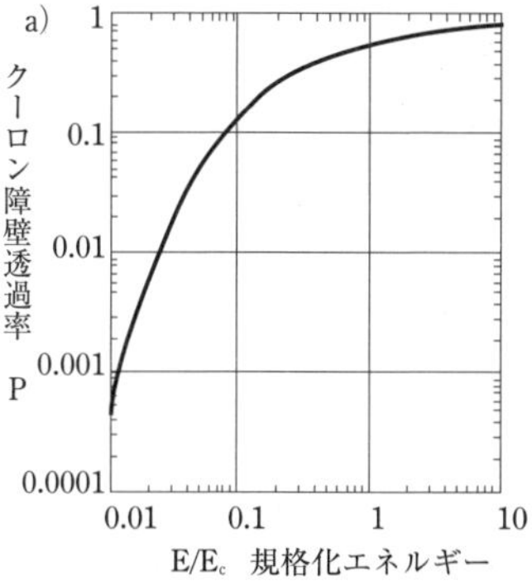

図 2.6a)　クーロン障壁透過率のエネルギー依存性

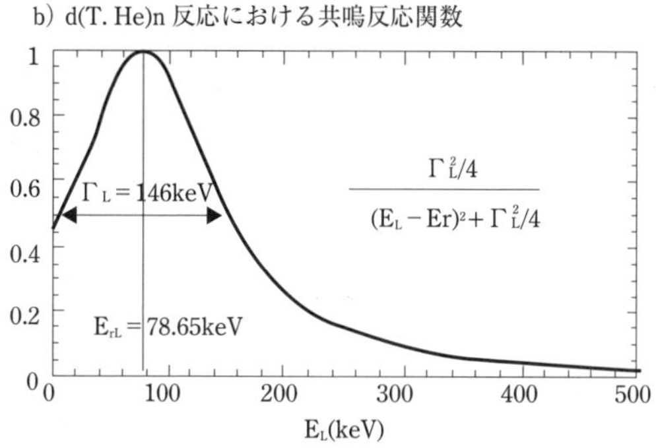

図 2.6b)　DT 核融合反応における共鳴反応関数のエネルギー依存性

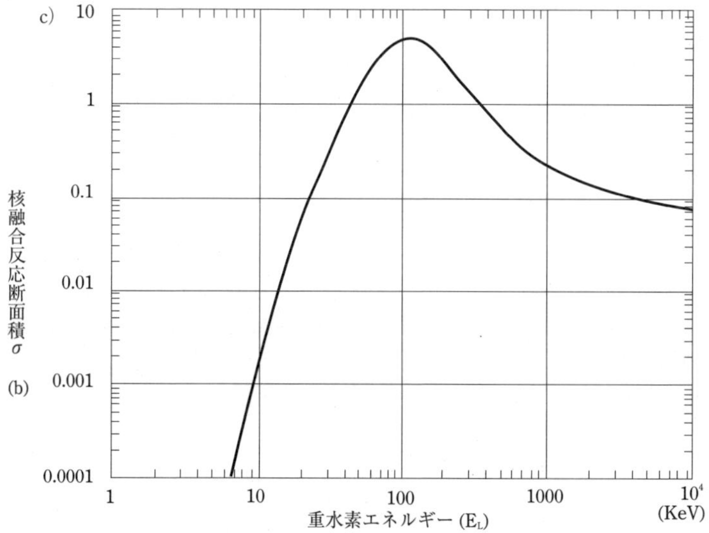

図 2.6c)　DT 核融合反応断面積（単位は b (barn = 10^{-28}m²)）

$$\sigma_r = \sigma_0 \frac{E_{cL}}{E_L[\exp\sqrt{E_{cL}/E_L} - 1]} \left[\frac{1}{1 + 4(E_L - E_{rL})^2/\Gamma_L^2} + c \right] \quad (2.6\text{–}6)$$

ここで，$T(d, n)^4He$ 反応では$\sigma_0 = 23.79$barn，$E_{cL} = 2.11$MeV，$E_{rL} = 78.65$keV，$\Gamma_L = 146$keV，$c = 0.0081$ で与えられます [2–16]．ここで "L" は実験室系を意味します．図 2.6c) には，DT 核融合反応の断面積の（実験室系での）重水素エネルギー依存性を示しています．実験室系での重水素エネルギー E_L は重心系のエネルギー E と $E = m_t/(m_d + m_t)E_L$ で関係しているので $E_c = 0.6E_{cL} = 1.27$MeV で与えられます．

第 2 章　参考図書

[2–1] Isaac Asimov, "ATOM", Nightfall Inc. (1991)：アイザック・アシモフ（野本陽代訳），「アシモフの原子宇宙の旅」，二見書房（1992）．

[2–2] P.T. Matthews, Introduction to Quantum Mechanics 3rd edition, McGraw-Hill Pub. (1974).

[2–3] H. Enge, "Introduction to Nuclear Physics", Addison-Wesley Pub. Co (1966).

[2–4] H.C. Urey, et al., Phys. Rev. 39 (1932) 164L.

[2–5] H. Yukawa, Proc. Phys. Math. Soc. Japan 17 (1935) 48.

[2–6] 益川敏英，「いま，もう一つの素粒子入門」，丸善株式会社（1998）．

[2–7] M.L. Oliphant, et al., Nature 133 (1934) 413.

[2–8] A.I. Belesev, et al., Phys. Lett. B 350 (1995) 263.

[2–9] Y. Fukuda, et al., Evidence for Oscillation of Atmospheric Neutrinos, Phys. Rev. Lett. 81 (1998) 1562.

[2–10] 小柴昌俊，「ニュートリノ天体物理学入門」講談社ブルーバックス（2002）．

[2–11] 八木浩輔，「原子核物理学」，朝倉書店（1971）．

[2–12] 谷畑勇夫，「宇宙核物理学入門」講談社ブルーバックス（2002）．

[2–13] 桜井弘，「元素 111 の新知識」，講談社ブルーバックス（2004）．

[2–14] N.F. Mott, H. S. W. Massey, "The Theory of Atomic Collisions", Oxford Clarendon Press (1965), 3rd Ed, p57, Eq. 17.

[2–15] W.N. Cottingham, D.A. Greenwood, "An Introduction to Nuclear Physics", Cambridge University Press (1986).

[2–16] B.H. Duane, "Fusion Cross Section Theory", BNWL–1685 (1972).

Chapter 3 閉じ込め容器：閉じた磁場のトポロジーと力学平衡

目　次

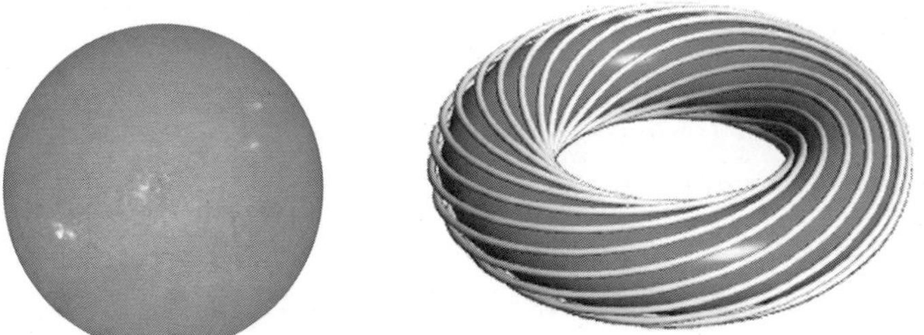

“球”と“トーラス”

自然界に存在する核融合炉太陽では，重力を用いて高密度で高温のプラズマを閉じ込めています．この力の特徴は中心力場だということで，力線方向に力が働きます．このため，その閉じ込め容器は，“球”というトポロジーの構造を持っています．

人工の核融合炉では，太陽の1億分の1の大きさで反応を持続させるために，磁場中の荷電粒子に働くローレンツ力を用いて磁力線にプラズマを捕捉して高温プラズマを閉じ込めます．この力の特徴は，力線に垂直方向に力が働くことです．そのため，その閉じ込め容器は“トーラス”というトポロジーの構造を持っています．

この章では，トーラスというトポロジーに高温プラズマを閉じ込める場合の力学平衡を取り扱います．具体的には，トーラスにおける磁力線の解析力学的な取り扱いと力学平衡に内在する対称性について述べることにします．

3.1 “場”：磁場と閉じた磁場配位

デンマークの物理学者**エルステッド**(1777－1851)は1819–1820年にかけて**ボルタ**(1745－1827)の発明した電池を使って電流を流した針金の傍に磁針をおいた時に，磁針に力が動いて磁針が一定の方向を向くことを発見しました(図3.1a))．この力を磁気力と呼びます．この現象を理解する方法として，電流と磁針の間に遠隔の力が働くのではなく，**電流を流すとそのまわりの空間が特別な状態になって磁針が動いた**と**マイケル・ファラデー**(1791－1867)は考えました．ここで重要なのは，「空間自体が従来とは違ったものになる」という思考法です．このような空間の性質としての“磁場”こそが，アインシュタインが注目した概念だったのです．デモクリトスに源流をもつ何もない状態“真空”が“磁場”という異なった状態を持つことができるとすると，それはまた，エネルギーを持つことができます．磁場のエネルギー密度は$E_M = B^2/2\mu_0$と表わすことができます．ここで，Bはテスラ単位の磁場強度，μ_0は真空の透磁率と呼ばれる定数です．

この“磁場”は方向性を持っているので，磁針のN極が向く方向に沿って“磁力線”という仮想的な線があると思うといろいろな現象をうまく説明できます．図3.1b)に示すように，丸いコイルをドーナツ状に並べて電流を流すと磁力線は円を描きます．また，コイルを並べてできる内部にできるドーナツ状の空間を“トーラス”と呼びます．このトーラスにc)のように電流を流すとトーラスと連結するような磁力線が生まれます．核融合炉に最も近いと言われているトカマク型の磁場配位は，このb)とc)でできる磁場を重ね合わせた磁力線(図3.1d)で作られています．磁力線の方程式は，$dx/B_x = dy/B_y = dz/B_z$もしくは$\mathbf{B}\times\mathbf{dx}=0$で表せますが，3.4節に述べるようにこの方程式は**作用積分**と呼ばれる経路積分が極値を取る条件と等価であることが知られています(**変分原理**)．この場合，作用積分はベクトルポテンシャル**A**の経路積分で表せます．

$$\delta\int \mathbf{A}\cdot d\mathbf{x} = 0 \tag{3.1–1}$$

ファラデーは，1821年には磁場の中の電流に力が働くこと($\mathbf{F}=\mathbf{J}\times\mathbf{B}$，ここで**F**は力，**J**は電流，**B**は磁場です．力の向きはフレミングの左手の法則で決まります．)を見いだしました．電荷q(クーロン)の荷電粒子が，速度**v**(メートル/秒)で動くときの電流はq**v**で表わされるので磁場**B**(テスラ)の磁場中を磁場に垂直な向きに運動する時，荷電粒子には，$\mathbf{F}=q\mathbf{v}\times\mathbf{B}$という力が働くことになります．これを**ローレ**

ンツ力といいます．磁場中のイオンや電子はローレンツ力と遠心力が釣り合う条件で決まる半径（ラーマ半径）で磁力線のまわりに円運動（ラーマ運動）をします．一方で，磁力線方向には力が働かないことから直線運動をします．これら2つの運動の合成でアサガオのつるのように，磁力線に巻き付いた運動をします（図3.1b），d））．ラーマ運動のために荷電粒子は磁場に垂直な方向には“逃げにくい”という性質を用いて高温プラズマを閉じ込めることを“**磁場閉じ込め**”と呼んでいます．荷電粒子は，磁場方向には比較的自由に運動することから，磁力線を閉じてしまえば磁場閉じ込めを効率良くすることができます．

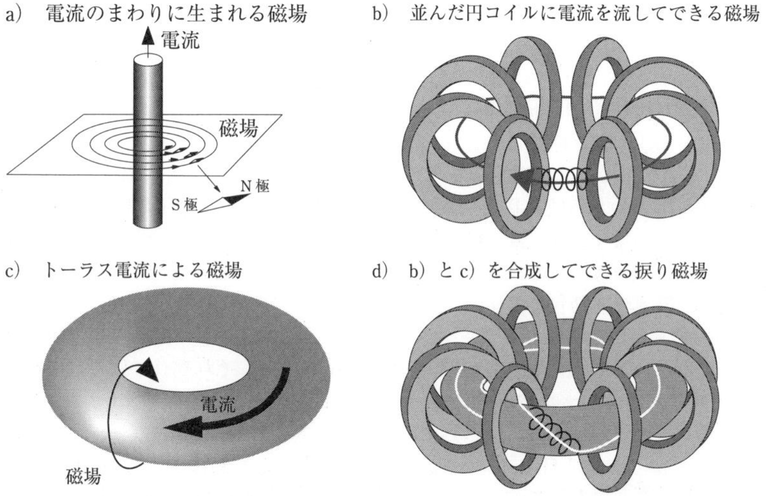

図3.1　a）電流を流すとそのまわりには“磁場”が発生する．b）円形のコイルを並べて電流を流すと磁力線が円を描く．c）電磁誘導によりトーラスに電流を流すとそのまわりに磁場が発生する．d）b）とc）を合成すると捩じれた磁力線が作り出される．

高温プラズマを効率良く閉じ込めることができる閉じた磁力線構造の研究はプラズマ平衡理論と呼ばれ，1960年代までに世界中で行なわれました．有名なものには，米国プリンストン大学の天文学教授であるライマン・スピッツア博士が考案したステラレータ配位と，旧ソ連のクルチャトフ原子力研究所のサハロフ博士が考案したトカマクと呼ばれる軸対称磁場配位が良く知られています．いずれも磁力線が閉じていて，かつ壁にぶつからない領域を作ってそこに高温プラズマを閉じ込めています．その形はトーラスになっています．トーラス以外の構造で閉じた磁場配位を作ることはできません．それは，トーラス以外の閉曲面では，数学の**不動点定理**

から流れの静止点ができてしまうからです.

そして閉じた磁場配位の重要な特徴は，磁力線を捩って 1 本の線でプラズマの圧力が一定となるトーラス面を **“稠密”** に覆っていることです．閉じた線だけでは，圧力差のあるプラズマを閉じ込めることはできません．“線”である磁力線で閉曲“面”を作ってやり，その中にトーラス状の体積をもつプラズマを入れてやる必要があります．そこでトーラス面を磁力線で覆うという問題が重要になるわけです．磁力線の軌跡がある面上にある場合を「**可積分**」と呼びます（ノート参照）.

▶ノート：可積分系 [3-1]，[3-2]，[3-3]

「可積分」とは古典力学の用語で，天体力学における多体問題の研究にその源流を持っており，ディアク等 **[3-1]** や吉田 **[3-2]** に解説されています．その数学的な定義は 19 世紀の数学者**リウビル** (J. Liouville) によって与えられました．力学系における質点の運動方程式が“解ける”「可積分である」ためには，何らかの対称性を見つけることが鍵になります（力学系では，循環座標を求めること）．ニュートン力学に従う自由度 N の系は，ハミルトンの方程式に従い，相空間の流れ場としては，非圧縮性流れ場であることが知られています．N = 1，つまり自由度 1 のハミルトン系 (x, v_x) では常に「可積分」になります．それは，系のハミルトニアンは常に保存されるからです．系は $H(x, v_x)$ = 一定の等高線上を運動します．

N = 2，つまり自由度 2 のハミルトン系 (x, y, v_x, v_y) の運動は，4 次元の相空間での運動として記述されます（位置 $\mathbf{q} = (x, y)$ と運動量 $\mathbf{p} = (p_x, p_y)$ それぞれ 2 個の自由度をもつ）．その解は，ハミルトニアン $H(\mathbf{q}, \mathbf{p})$ = 一定 = E で決まる超曲面（等エネルギーの **3 次元多様体**）に制限されます．H 以外に独立な第一積分 $\Phi(\mathbf{q}, \mathbf{p})$ = 一定が存在すると，相空間での運動の流線は $H(\mathbf{q}, \mathbf{p})$ = 一定と $\Phi(\mathbf{q}, \mathbf{p})$ = 一定で制限される曲面（**2 次元多様体**）上にあることになります．このような場合を**可積分系** (integrable system) と呼びます．2 次元の可積分系としては，2 次元ケプラー問題，2 次元調和振動子，2 次元中心力場での質点の運動が知られています．この曲面（2 次元多様体）をある平面（例えば，x = 0 平面）で切ってみると流線は曲線となります．一方で，非可積分系ではある平面で切った時の相空間内の流線は 2 次元的な広がりを持つことになります．

3.2 “トポロジー”：静止点を持たない閉曲面

3次元空間のある領域に磁場を用いて高温プラズマを閉じ込めるということを考えると，その境界は閉曲面である必要があります．図3.2a)–d) に代表的な閉曲面としてトーラス面と球面上の流れの特徴を示します．トーラスの場合，a) とb) に示すように，流れ場には速度がゼロになる点 (**静止点**) はありません．一方，球面上の流れ場は，c) とd) に示すように流れのゼロ点がどうしても生まれてしまいます．磁場のゼロ点があるとそこから高温プラズマが逃げてしまうので，球面は閉じた磁場配位としては使えないということになります．この性質をもうすこし身近な例で言うと「地球上を風が吹いても，どこかで必ず静止している点が存在する.」ということです．地球でもラグビーボールでもコーヒカップの中のコーヒーにも共通に当てはまる性質です．正確に言うと球面と数学的に **“同相”** な面は全て静止点を持ちます [3-4]．それは，トーラスと球面のトポロジーが異なるからです．このような球面やトーラス面の性質は，曲面を曲げたり伸ばしたりしても変わりません．連続的な変形で変わらない幾何学的性質をトポロジーと言います．曲げたり，伸ばしたりといった連続的な変形で不変な量があるはずです．

19世紀のフランスの数学者**アンリ・ポアンカレ** (1854–1912) は，トーラスが持つ性質を定理「**静止点の無いベクトル場で覆うことのできる曲面はトーラスに限られる.**」としてまとめました．これを**ポアンカレの定理**と言います [3-5]．高温プラズマ閉じ込めにおいて，ポアンカレの定理の意味することは大事です．ある磁場閉じ込めプラズマの境界面を考えます．もし，境界面で磁場ベクトルがゼロになる点があったとするとプラズマはそこから漏れ出してしまいます．高温プラズマを閉じ込めるためにはゼロ点の無い磁場で境界面を覆いつくす必要があります．トーラスが磁場閉じ込めに使われる理由がここにあるのです．

図3.2e) に示すようなゼロ点でない点を**正則点**と言います．ベクトル場の**正則点**は，**ポアンカレ**が定義した**インデックス**と呼ばれる値が0になります．ここで，**インデックス**は $k=(I-E)/2+1$ で定義され，I はその点を回る十分小さい閉曲線 (図3.2e) の破線) に内側から接しているベクトル線の数，E は外側から接するベクトル線の数です．一方，特異点ではインデックスは0と異なる値を取ります．**ある面の流れのインデックス**を，その**面内にある全ての点の流れのインデックスの和**で定義することにします．正則点のインデックスはゼロですから，この面の流れのインデックスは面内にある**特異点**の流れのインデックスの和になります．ある閉曲面のイン

デックスは，それをいくつかの多角形に分割しそれぞれの多角形のインデックスの和として求まります（加法性）．その時，p を閉曲面を構成する多角形の頂点の数，q を辺の数，r を面の数とします．

図 3.2f) のように多角形のある辺に接する流れを考えると，その流れが入っている多角形 i の**インデックス**にはプラスの寄与をしますが，辺で分たれた反対側の多角形 e に対してはマイナスの寄与をし，結局，辺に接する流れは全体の閉曲面の**インデックス**に寄与しないということが分かります（この議論は，対象とする曲面が閉曲面の時だけ成り立ちます）．そうすると，流れの**インデックス**に寄与するのは多角形の頂点だけということになります．N 個の辺が交わる頂点 A を考えると，N 個の多角形が頂点 A を共有しています．図 3.2g) から分かるようにベクトル場が頂点に外から接する数は N − 2 となります．そして内部から接する数は 0 です．よって，閉曲面全体の接触点（外部 − 内部）は (N−2) を全頂点に対して和をとることで $\Sigma(E-I)=\Sigma_{頂点}(N-2)=\Sigma_{頂点}N-2p=2q-2p$ と求まります．ここで，全ての頂点に対する N の和は辺の数の 2 倍であることを使いました．さて，閉曲面全体に対する流れのインデックスの和を求めると $\Sigma k=-\Sigma(E-I)/2+\Sigma_{面}1=p-q+r=K$ となります．ここで，

$$K=p-q+r \tag{3.2–1}$$

は**オイラー指数**と呼ばれ，閉曲面の流れのインデックスはオイラー指数に等しいことがわかります [3–6]，[3–7]．

古代ギリシャ人は，**正多面体**には正 4 面体，正 6 面体，正 8 面体，正 12 面体，正 20 面体しか無いことを知っていました．この正多面体の頂点の数を p，辺の数を q，面の数を r とするとき，スイスの数学者 **L. オイラー**（1707−1783）は，$p-q+r=2$ の関係が成り立つことを見いだしました．例えば，正 4 面体では頂点の数 $p=4$，辺の数 $q=6$，面の数 $r=4$ で $p-q+r=2$ といった具合です．この関係は正多面体だけでなく球面と同相な多面体で成り立ち，**オイラーの多面体定理**といいます．また，球面を三角形でどのように分割しても常に成り立つ関係です．

それでは，球面ではなくトーラス面を三角形で覆った時には，オイラー指数はどうなるのでしょうか．図 3.2h) に示すようにトーラスと同相な曲面として，三角形で覆った球面の上面の三角形の 1 つと下面の三角形をつないで切り抜いたものを考えます．この時，球面の p, q, r に対して三角柱を切り取った曲面の p′，q′，r′ は以下のような関係が成り立ちます．

$$p' = p,\ \ q' = q + 3,\ \ r' = r - 2 + 3$$

よって，$p' + q' + r' = p - q + r - 2 = 0$ となります．つまり，トーラスのオイラー指数は0であることがわかります [3-8]．オイラー指数は，その閉曲面のインデクックスの和に等しいことから，「ある図形に静止点のない流れが存在する必要十分条件は，その図形のオイラー指数が0になることであり，その図形はトーラスである.」ということになります．**2次元閉曲面で向き付けできるものは球面 S^2，トーラス T^2，そしてn個の穴が空いた浮き袋 Σ_n(n = 2, 3, …) に限られる**ことが知られています [3-66]．ポアンカレの定理は，トーラスが2次元閉曲面として特別な性質を持っていることを教えています．

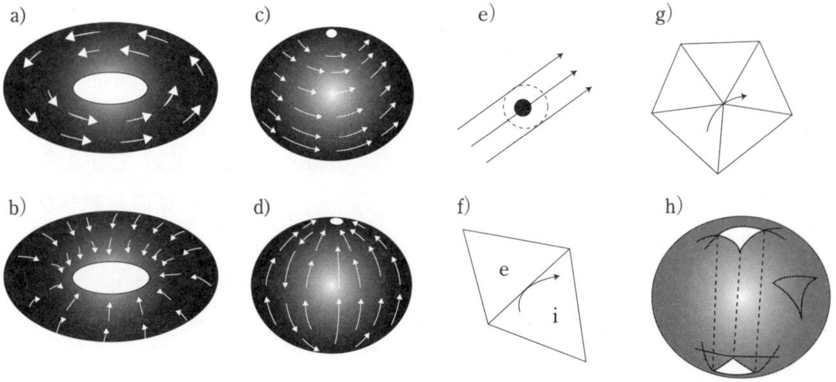

図 3.2　トーラス面と球面のトポロジカルな性質．a, b) トーラス面における流れ．不動点を持たない流れの場を作ることができます．a, b) は互いに可換な流れの場．c), d) 球面における流れの場では必ず静止点（不動点：○）が発生する．e) 正則点とそれを回る閉曲線．f) 三角形iの辺に内側から接するベクトル場．g) 三角形の頂点を通るベクトル場．h) 球面から静止点を含む三角柱を縦にくり抜くとトーラスになり流れの不動点を無くすことができる．その頂点の数は球面と同じだが，辺の数は3個（三角柱の側辺）増え，面の数は1個増える．

3.3 “座標”：トーラスにおける解析幾何

トーラスのトポロジーの議論は，ユークリッド幾何学と同様“座標”を使わないで議論することができました．しかし，トーラスの物理を定量的に理解するためには“座標”を導入する必要があります．フランスの哲学者**ルネ・デカルト**（1596–1650）は，1637 年に出版した「方法序説」の付録「幾何学」の中で，今日では**“デカルト座標”**と呼ばれている幾何学的な図形を数によって表す方法について述べています．デカルトは，平面に x–y 座標を与え平面上の全ての点に“数値”を与えることによって科学に対して最大の貢献を行いました [3–9]．トーラスに対して最も適切な“座標”を与える試みは，その典型として**“浜田座標系”**（3.6 節）を生み出しています．ここでは，空間を 3 つの曲線座標で表す一般曲線座標系を考えます．以下の議論では，u^1 を磁気面のラベル，u^2, u^3 をトーラス上の 2 次元の曲線座標と考えていますが導く式は一般の曲線座標系で成り立ちます [3–10]．最も基本的な座標系である直交座標系（デカルト座標系）を (x, y, z) とすると，位置ベクトルは $\mathbf{x}=x\mathbf{e}_x+y\mathbf{e}_y+z\mathbf{e}_z$ で表せます．$u^1=u^1(x, y, z)$，$u^2=u^2(x, y, z)$，$u^3=u^3(x, y, z)$ で与えられる一般曲線座標系を (u^1, u^2, u^3) とします（図 3.3 参照）．一般化座標 u^i の**勾配ベクトル** ∇u^1（**共変ベクトル**：測る物差しである u^i の定義を 2 倍にすれば 2 倍になるという意味で“共変”という）と位置ベクトルの u^j 微分である**接ベクトル**（**反変ベクトル**）$\partial\mathbf{x}/\partial u^j$ の間では次の**直交条件**が満たされます．

$$\nabla u^i \cdot \partial\mathbf{x}/\partial u^j = \partial u^i/\partial u^j = \delta_{ij} \tag{3.3–1}$$

ここで，

$$\nabla u^i = (\partial u^i/\partial x)\mathbf{e}_x + (\partial u^i/\partial y)\mathbf{e}_y + (\partial u^i/\partial z)\mathbf{e}_z \tag{3.3–2}$$

$$\partial\mathbf{x}/\partial u^j = (\partial x/\partial u^j)\mathbf{e}_x + (\partial y/\partial u^j)\mathbf{e}_y + (\partial z/\partial u^j)\mathbf{e}_z \tag{3.3–3}$$

例えば，図 3.3 の右側の図で，接ベクトル $\partial\mathbf{x}/\partial u^2$ は $u^1=$ 一定，$u^3=$ 一定の条件での微分なので u^1 面上で $u^3=$ 一定の線に接するベクトルとなります．当然のことながら，u^1 面に垂直な ∇u^1 ベクトルと直交します．同様に $\partial\mathbf{x}/\partial u^3$ は $u^1=$ 一定面上で $u^2=$ 一定の線に接し ∇u^1 ベクトルと直交しています．これから**勾配**（**共変**）**ベクトルの接**（**反変**）**ベクトル表現** $\nabla u^1=J^{-1}(\partial\mathbf{x}/\partial u^2\times\partial\mathbf{x}/\partial u^3)$ が得られます（注 1）．ここで，J はヤコビアンと呼びます（(3.3–6)，注 2）．同様にして，**接**（**反変**）**ベクトルの勾配**（**共変**）**ベクトル表現** $\partial\mathbf{x}/\partial u^1=J\,\nabla u^2\times\nabla u^3$ が得られます．u^2，u^3 についても同様の関係が得られ，**双対関係**（Dual relations）と言います．(i, j, k) = (1, 2, 3)，(2, 3, 1)，(3, 1, 2)（注 3）とすると，

$$\nabla u^i = J^{-1}(\partial \mathbf{x}/\partial u^j \times \partial \mathbf{x}/\partial u^k) \tag{3.3-4}$$

$$\partial \mathbf{x}/\partial u^i = J\,\nabla u^j \times \nabla u^k \tag{3.3-5}$$

ここで，ヤコビアン $J = (\partial \mathbf{x}/\partial u^1)\cdot(\partial \mathbf{x}/\partial u^2 \times \partial \mathbf{x}/\partial u^3)$　(3.3-6)

さて，この一般曲線座標系でベクトル場（例えば，磁場）は，接（反変）ベクトルや勾配（共変）ベクトルを用いて以下のように展開できます．

$\mathbf{B} = \Sigma B^i(\partial \mathbf{x}/\partial u^i)$ **（接（反変）ベクトル展開）**　(3.3-7)

ここで，直交条件から　$B^i = \mathbf{B}\cdot \nabla u^i$　(3.3-8)

$\mathbf{B} = \Sigma B_i \nabla u^i$ **（勾配（共変）ベクトル展開）**　(3.3-9)

同じく，直交条件から　$B_i = \mathbf{B}\cdot (\partial \mathbf{x}/\partial u^i)$　(3.3-10)

一般曲線座標系で磁力線の軌道について考えてみましょう．sを磁力線に沿った位置座標とすると磁力線の軌道は $d\mathbf{x}/ds = \mathbf{b}$ で与えられます（$\mathbf{b} = \mathbf{B}/|\mathbf{B}|$）．一般曲線座標では $d\mathbf{x}/ds = \Sigma(\partial \mathbf{x}/\partial u^j)du^j/ds$ となることから，$d\mathbf{x}/ds = \mathbf{b}$ と ∇u^i の内積をとると，直交条件を用いて

$$du^i/ds = \mathbf{b}\cdot \nabla u^i \tag{3.3-11}$$

一般曲線座標系では $\{\nabla u^j\}$ は直交系ではないので，勾配（共変）ベクトルと接（反変）ベクトルの間の直交関係を用いてベクトルの内積は $\mathbf{A}\cdot\mathbf{B} = \Sigma A_i B^i = \Sigma A^i B_i$ と表されます．

ベクトルの回転は磁場の勾配（共変）ベクトル展開（3.3-9）に対し $\nabla\times\nabla u^i = 0$，$\nabla B_i = \Sigma\, \partial B_i/\partial u^j \nabla u^j$ を用い双対関係（3.3-5）を考慮すると，

$$\nabla\times\mathbf{B} = \sum_{i=1,3}\sum_{j=1,3}\frac{\partial B_i}{\partial u^j}\nabla u^j\times\nabla u^i = J^{-1}\sum_{k=1,3}\left[\frac{\partial B_j}{\partial u^i}-\frac{\partial B_i}{\partial u^j}\right]\frac{\partial \mathbf{x}}{\partial u^k}\ \ ((i,j,k)：右手系) \tag{3.3-12}$$

ベクトルの発散は接（反変）ベクトル展開（3.3-7）に双対関係（3.3-5）を用いて勾配（共変）ベクトルに変換し，勾配の外積の発散はゼロであること（$\nabla\cdot(\nabla a\times\nabla b) = 0$）を考慮すると $\nabla\cdot\mathbf{B} = \nabla\cdot\Sigma B^i\partial\mathbf{x}/\partial u^i = \nabla\cdot\Sigma JB^i\nabla u^j\times\nabla u^k = \Sigma(\partial JB^i/\partial u^i)[\nabla u^i\cdot\nabla u^j\times\nabla u^k]$ となることから，

$$\nabla\cdot\mathbf{B} = J^{-1}\Sigma\,\partial JB^i/\partial u^i \tag{3.3-13}$$

共変成分 B_i と**反変成分** B^j の関係は，(3.3−10) に (3.3−7) を代入することで $B_i=\Sigma g_{ij}B^j$ が得られます．ここで $g_{ij}=(\partial\mathbf{x}/\partial u^i)\cdot(\partial\mathbf{x}/\partial u^j)$（注 4）．また (3.3−8) に (3.3−9) を代入すると $B^i=\Sigma g^{ij}B_j$ を得ます．ここで $g^{ij}=\nabla u^i\cdot\nabla u^j$ です．$B_i=\Sigma g_{ij}B^j=\Sigma g_{ij}g^{jk}B_k=\Sigma\delta_{ik}B_k$ から解るように $[g_{ij}]$ と $[g^{ik}]$ は逆行列の関係にあります．

ベクトルの u^i 方向線積分については $d\mathbf{x}=\partial\mathbf{x}/\partial u^i du^i$ を考慮し，u^k 面上の面積分については $d\mathbf{a}=\partial\mathbf{x}/\partial u^i\times\partial\mathbf{x}/\partial u^j du^i du^j=\nabla u^k J du^i du^j$ を考慮し，体積積分については $d^3x=Jdu^1du^2du^3$ を考慮すると以下の関係が得られます．

$$\int\mathbf{B}\cdot d\mathbf{x}=\int\mathbf{B}\cdot\nabla u^i du^i \tag{3.3–14}$$

$$\int\mathbf{B}\cdot d\mathbf{a}=\int\mathbf{B}\cdot\nabla u^k J du^j du^k \tag{3.3–15}$$

$$\int f dv=\int fJdu^1du^2du^3 \tag{3.3–16}$$

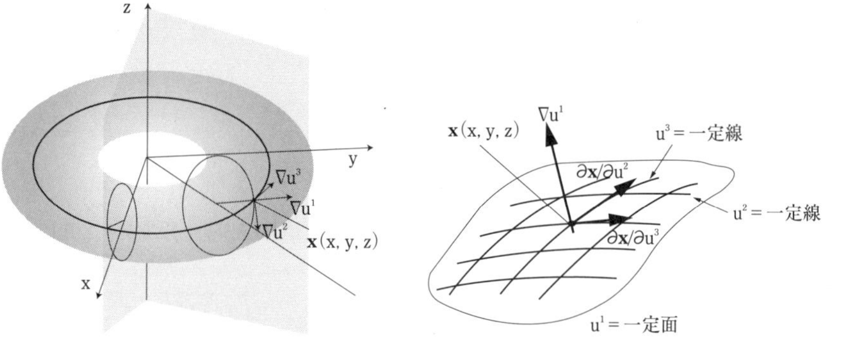

図 3.3　トーラス系における一般曲線座標系と**反変ベクトル**，**共変ベクトル**の関係．∇u^1 は u^1 面に垂直な**勾配ベクトル**．$\partial\mathbf{x}/\partial u^2$，$\partial\mathbf{x}/\partial u^3$ は u^1 面に接する**接ベクトル**であり，∇u^1 と直交する．

注 1：$\nabla u^1=a_1(\partial\mathbf{x}/\partial u^2\times\partial\mathbf{x}/\partial u^3)+a_2(\partial\mathbf{x}/\partial u^3\times\partial\mathbf{x}/\partial u^1)+a_3(\partial\mathbf{x}/\partial u^1\times\partial\mathbf{x}/\partial u^2)$ と展開し内積 $\cdot\partial\mathbf{x}/\partial u^1$，$\cdot\partial\mathbf{x}/\partial u^2$，$\cdot\partial\mathbf{x}/\partial u^3$ を取ると得られます．

注 2：ヤコビアン J は元来一般座標系における体積を測るために定義されたものです．(u^1, u^2, u^3) と $(u^1+du^1, u^2+du^2, u^3+du^3)$ で囲まれる体積 $dV=(\partial\mathbf{x}/\partial u^1du^1)\cdot(\partial\mathbf{x}/\partial u^2du^2\times\partial\mathbf{x}/\partial u^3du^3)=Jdu^1du^2du^3$ となり，元来のヤコビアンの定義と一致します．

注 3：$(i, j, k)=(1, 2, 3)$，$(2, 3, 1)$，$(3, 1, 2)$ を右手系と呼ぶことにします．

注 4：メトリックテンソルは元々空間の 2 点の距離を測るために定義されています．微小に離れた 2 点間の距離ベクトルは $d\mathbf{x}=\Sigma(\partial\mathbf{x}/\partial u^i)du^i$．これから，$(d\mathbf{x})^2=\Sigma g_{ij}du^idu^j$ となり，g_{ij} は元来のメトリックの定義と一致します．

3.4 “力線力学”：磁力線のハミルトン力学

磁場はわき出しも吸い込みもないベクトル場であることから流れ場としては**非圧縮性**です（$\nabla\cdot\mathbf{B}=0$）. 非圧縮性の流れでは流れに沿って流体の体積が保存されます. 力学系では相空間での流れ場が非圧縮性であるという類似性をもっています. この類似性から磁力線の軌道は解析力学における**ハミルトン形式**（ノート1参照）を使って理論を組み立てることができます.

トーラス系の角変数としてトロイダル角をζ, ポロイダル角をθとします（ζとθの選択には任意性がある）. 一般的に磁場のベクトルポテンシャル$\mathbf{A}$（$\nabla\times\mathbf{A}=\mathbf{B}$）は$\mathbf{A}=\phi\nabla\theta-\psi\nabla\zeta+\nabla G$で与えられ（Gはゲージ変換分）, 磁場$\mathbf{B}$は次の**シンプレクティック形式**で表せます.

$$\mathbf{B}=\nabla\phi\times\nabla\theta-\nabla\psi\times\nabla\zeta \tag{3.4-1}$$

この表式が$\nabla\cdot\mathbf{B}=0$を満たすことはベクトル公式を用いると容易に示すことができます. 磁力線がトーラス領域を周回する軌道を径方向の座標としてϕを用いた(ϕ,θ,ζ)座標系で考えてみます. この時, 磁力線の軌道方程式は（3.3-1）と（3.4-1）を考慮すると次式が得られます.

$$\begin{aligned} d\theta/d\zeta &= \mathbf{B}\cdot\nabla\theta/\mathbf{B}\cdot\nabla\zeta=\partial\psi/\partial\phi \\ d\phi/d\zeta &= \mathbf{B}\cdot\nabla\phi/\mathbf{B}\cdot\nabla\zeta=-\partial\psi/\partial\theta \end{aligned} \tag{3.4-2}$$

これは, ψを**ハミルトニアン**, θを**正準座標**, ϕを**正準角運動量**, ζを**時間**と見なすと力学系におけるハミルトン方程式になっています. このように, 磁力線はハミルトン系と数学的に同じ構造を持つことが解ります. この性質は, 磁場の非圧縮性に由来しています. 正準方程式（3.4-2）で一般的にψはϕのみの関数では無い（$\psi(\phi,\theta,\zeta)$）ので, 磁力線は“可積分”とは限らず, その構造は複雑になり得ます. 力学系の可積分問題は“磁気面の存在”に対応し, カオスの問題は“プラズマのディスラプション”と密接に関わっています.

解析力学ではハミルトンの作用積分$S=\int[\mathbf{p}\cdot\dot{\mathbf{x}}-H]dt$を用いてハミルトン方程式を与える変分原理が定式化されます［ノート2参照］.（3.4-2）で導入した$p\to\phi$, $\dot{\mathbf{x}}\to d\theta/d\zeta$, $H\to\psi$の対応関係を代入すると, $S=\int[\phi d\theta/d\zeta-\psi]d\zeta=\int[\phi\nabla\theta-\psi\nabla\zeta-\psi]\cdot d\mathbf{x}=\int\mathbf{A}\cdot d\mathbf{x}$となることが解ります（$\mathbf{A}$のゲージ分$\nabla G$の積分は変分がゼロである境界値の差となり積分に寄与しません）. よって磁力線軌道を与える変分原理は,

$$\delta S = \delta \int \mathbf{A} \cdot d\mathbf{x} = 0 \tag{3.4-3}$$

で与えられます．実際，

$$\delta S(\theta, \phi) = \int \left[\left(\frac{d\theta}{d\zeta} - \frac{\partial \psi}{\partial \phi} \right) \right] \delta\phi + \left(\frac{d\phi}{d\zeta} + \frac{\partial \psi}{\partial \phi} \right) \delta\theta + \frac{d(\phi\delta\theta)}{d\zeta} \Bigg] d\zeta \tag{3.4-4}$$

となることから$\delta \int \mathbf{A} \cdot d\mathbf{x} = 0$は（3.4−2）式を与えます（右辺第3項の全微分は，積分を実行して変分がゼロである境界値の差となります）．この座標系（ϕ, θ, ζ）を**磁気座標系**と言います．

▶ノート1：力学系におけるハミルトン方程式 [3-11]，[3-12]

英国の物理学者**ニュートン**（E. Newton, 1642–1727）によって，物体の運動は$dp_i/dt = -\partial V/\partial x_i$，$dx_i/dt = p_i/m$というニュートンの運動方程式で記述されることが「**プリンキピア**（1687, 1723）」で示されたのは17世紀末のことでした．それから約百年後，同じく英国の物理学者**ハミルトン**（W. Hamilton, 1805–1865）は1835年にニュートン方程式から，今ではハミルトン方程式として知られている次の方程式を導きました．

$$\begin{aligned} dx_i/dt &= \partial H/\partial p_i \\ dp_i/dt &= -\partial H/\partial x_i \end{aligned} \tag{3.4-5}$$

ここで，Hは**ハミルトニアン**（Hamiltonian）と呼ばれ，運動エネルギーTとポテンシャルエネルギーVの和（H = T + V）です．p_iは**正準運動量**（Canonical Momentum），x_iは**正準座標**（canonical coordinate）と言います．

▶ノート2：ハミルトン形式の変分原理（4.1節参照）[3-11]，[3-12]

ラグランジュ関数LはL=T−Vで定義されます．一般化運動量p_iを$p_i \equiv \partial L/\partial \dot{q}$で定義し，ハミルトニアンを$H(\mathbf{q}, \mathbf{p}, t) = \Sigma p_i \dot{q}_i - L(\mathbf{q}, \dot{\mathbf{q}}, t)$で定義し，変分原理を位置空間から相空間$(\mathbf{q}, \mathbf{p})$に拡張し，$q_i$と$p_i$が独立であると仮定して作用積分

$$S(\mathbf{x}, \mathbf{p}) = \int_{t_1}^{t_2} [\Sigma p_i q_i - H(\mathbf{q}, \mathbf{p}, t)]\, dt \tag{3.4-6}$$

の変分を取ると，$\delta S = \int_{t1}^{t2} \Sigma [\delta p_i \{\dot{q}_i - \partial H/\partial p_i\} - \delta q_i \{\dot{p}_i + \partial H/\partial q_i\}]\, dt$が得られます．変分$\delta p_i$と$\delta q_i$が独立であることから，

$$dp_i/dt = -\partial H/\partial q_i,$$
$$dq_i/dt = \partial H/\partial p_i \tag{3.4-7}$$

というハミルトンの方程式が得られます．変分原理には，位置座標**q**のみを独立変数とする場合もあるので注意が必要です．

▶ノート3：力学系の対称性と保存量 [3-13]

系が対称性を持ちラグランジュアン$L(q_i, q_i)$にある位置座標q_sが含まれない（$\partial L/\partial q_s = 0$ということ）とします（両方含まれないともともと力学変数ではないのでq_sは含むとします）．そうすると，ラグランジュの方程式（4.1節参照），

$$\frac{d}{dt}\left(\frac{\partial L}{\partial \dot{q}_s}\right) - \frac{\partial L}{\partial q_s} = 0 \tag{3.4-8}$$

において，$\partial L/\partial q_s = 0$を代入すると，

$$\frac{d}{dt}\left(\frac{\partial L}{\partial \dot{q}_s}\right) = 0$$

となり，$p_s = \partial L/\partial \dot{q}_s$で定義される一般化運動量が保存されることがわかります．このような座標を**循環座標**（cyclic coordinate）と言います．回転対称な系（軸対称系）ではLはζを含まず，一般化角運動量$p_\zeta = \partial L/\partial \dot{q}_\zeta$が保存されます．力学系の対称性は保存量の存在（積分可能性）と密接に関係しています．

3.5 “磁気面”：可積分な磁力線と隠れた対称性

プラズマの力学的平衡では，プラズマが膨張しようとする力（∇P）をプラズマ中に流れる電流と磁場が作り出すローレンツ力（$\mathbf{J}\times\mathbf{B}$）によってバランスさせています．ここで $\mathbf{J}$ はプラズマ中に流れる電流，$\mathbf{B}$ は磁場，P はプラズマの圧力です．これが磁場核融合閉じ込めの基本原理です．

$$\mathbf{J}\times\mathbf{B}=\nabla P \tag{3.5–1}$$

上式から，

$$\mathbf{B}\cdot\nabla P=0 \tag{3.5–2}$$

$$\mathbf{J}\cdot\nabla P=0 \tag{3.5–3}$$

が得られます．つまり，力学的平衡状態では磁力線は，圧力 P が一定の面上に存在することを意味しています．この圧力一定の面を **“磁気面”** と呼びます．同様に電流も圧力一定の面上を流れることが分かります．磁気面は独立なベクトル $\mathbf{B}$ と $\mathbf{J}$ によって張られる面になります．力線軌道がある面に常に乗っている（もしくは接している）という状態は特別な状態です．3.3 節に示したトーラスにおける座標系 (u^1, u^2, u^3) で，$u^1=u$ を P＝一定の磁気面のラベルとします．また，u^2，u^3 は磁気面上の任意のポロイダル，トロイダル角変数 θ，ζ とします．(u, θ, ζ) 座標系で u 面に接するベクトル場である磁場は u 面上の接ベクトル $\partial\mathbf{x}/\partial\theta$ と $\partial\mathbf{x}/\partial\zeta$ で表せることから双対関係（$\partial\mathbf{x}/\partial u^i=J\nabla u^j\times\nabla u^k$）を利用すると，

$$\mathbf{B}=b_2\nabla\zeta\times\nabla u+b_3\nabla u\times\nabla\theta \tag{3.5–4}$$

と書けます．これを $\nabla\cdot\mathbf{B}=0$ に代入してベクトル公式 $\nabla\cdot(\nabla a\times\nabla b)=0$ を用いると $\partial b_2/\partial\theta+\partial b_3/\partial\zeta=0$ が得られ，磁気面上の流れ $\mathbf{B}$ は**流れ関数** h を持つことが解ります．

$$b_2=-\frac{\partial h}{\partial\zeta},\qquad b_3=\frac{\partial h}{\partial\theta} \tag{3.5–5}$$

一方で，b_2 と b_3 は (θ, ζ) の関数として周期関数なので流れ関数 h は，

$$h(u,\theta,\zeta)=h_2(u)\,\theta+h_3(u)\,\zeta+\tilde{h}\,(u,\theta,\zeta) \tag{3.5–6}$$

ここで，$\tilde{h}\,(u,\theta,\zeta)$ は θ と ζ の周期関数です．$\lambda=\tilde{h}\,(u,\theta,\zeta)/h_2(u)$ と置き，$\theta_m=\theta+\lambda$ で新しい角度変数を定義すると，$h(u,\theta_m,\zeta)=h_2(u)\theta_m+h_3(u)\,\zeta$ が得られます．流れ関数の係数 $h_2(u)$，$h_3(u)$ は磁気面内の**トロイダル磁束** $2\pi\phi(u)=\int\mathbf{B}\cdot d\mathbf{a}_\zeta$，**ポロイダル磁束** $2\pi\psi(u)=-\int\mathbf{B}\cdot d\mathbf{a}_\theta$ と次の関係があることが容易に示されます．

$$\frac{d\psi}{du}=-h_3(u),\ \frac{d\phi}{du}\,d=-h_2(u) \tag{3.5–7}$$

これから，$\mathbf{B}=\nabla\phi\times\nabla\theta_m-\nabla\psi\times\nabla\zeta=\nabla\phi\times(\theta_m-\zeta/q)$　(3.5–8)

ここで，$q=d\phi(u)/d\psi(u)$ を**安全係数**と呼びます．(3.5−8) の最初の式は形式的には (3.4−1) と一致しますが，ϕ と ψ が共に磁気面のラベルである u のみの関数であるところが本質的な違いです．$\alpha=\theta_m\text{-}\zeta/q$ は**表面ポテンシャル** (Surface Potential) [3-14] と呼びます．この表式 $\mathbf{B}=\nabla\phi\times\nabla\alpha$ を（狭義の）**クレプシュ表式** [3-15] と言い u 座標はトロイダル磁束 ϕ と等価であることから (u,θ_m,ζ) を**磁束座標系**と言います．磁束座標系 (u,θ_m,ζ) で見ると磁気面上の磁力線は (θ_m,ζ) 面で直線に見えることになります．その勾配は，

$$\frac{d\theta_m}{d\zeta}=\frac{\mathbf{B}\cdot\nabla\theta_m}{\mathbf{B}\cdot\nabla\zeta}=\frac{1}{q(\psi)} \tag{3.5–9}$$

この勾配は，ζ を“時間”と見立てた時角度変数 θ_m の“振動数”とも考えられます．実際，力学平衡にある磁場が (3.5−8) で表せることから，ベクトルポテンシャル $\mathbf{A}$ は $\mathbf{A}=\phi\nabla\theta_m-\psi\nabla\zeta$ となり，磁力線の軌道を与える作用積分 S は次式で与えられます．

$$S=\int\mathbf{A}\cdot\mathbf{dx}=\int(\phi d\theta_m-\psi d\zeta) \tag{3.5–10}$$

この作用積分の中は，古典力学における**作用・角変数形式** $(Jd\theta\text{-}H(J)dt)$ と同じ形式になっており ϕ が作用，θ_m が角変数の役割を果たします．ψ がハミルトニアン，ζ が時間の役割をすることは前節同様です．古典力学では時間 t が進む時，系が角度 θ 方向に周期運動をするとすれば，運動の振動数は dH/dJ で与えられます．磁力線力学では変数の対応から運動の”振動数“は $d\psi/d\phi=1/q$ となります [3-16].

(3.5−10) から系のラグランジュアン L は磁束座標系 (ϕ, θ_m, ζ) では次式で与えられ,

$$L = \phi\dot{\theta}_m - \psi(\phi) \quad (\dot{\theta}_m = d\theta_m/d\zeta) \tag{3.5–11}$$

θ_m は L に含まれない**循環座標**になります．また，**ハミルトニアン** ψ，θ_m に共役な**正準運動量** ϕ，及び**表面ポテンシャル** α は磁力線の運動に沿って保存されます．

$$\frac{d\psi}{d\zeta} = \frac{\mathbf{B}\cdot\nabla\psi}{\mathbf{B}\cdot\nabla\zeta} = 0 \tag{3.5–12}$$

$$\frac{d\phi}{d\zeta} = \frac{\mathbf{B}\cdot\nabla\phi}{\mathbf{B}\cdot\nabla\zeta} = 0 \tag{3.5–13}$$

$$\frac{d\alpha}{d\zeta} = \frac{\mathbf{B}\cdot\nabla\alpha}{\mathbf{B}\cdot\nabla\zeta} = 0 \tag{3.5–14}$$

幾何学的には図 3.5 右図に示すように，磁場 $\mathbf{B}$ は ϕ と α の勾配ベクトルの両方に直交する $(\mathbf{B}\cdot\nabla\phi = 0, \mathbf{B}\cdot\nabla\alpha = 0)$ 方向にあることになります．磁力線軌道は ϕ = 一定の面に乗っていることになります．このような軌道に沿った保存量を力学系では “**第 1 積分**” と呼び，第 1 積分が存在する場合を軌道は “**可積分**” であると言います．

磁束座標系の導出ではトーラスプラズマについて幾何学的な対称性は仮定していませんが，力学平衡の存在を仮定するとトーラス系の 2 重周期性がもたらす**隠れた対称性**が導かれそれによって “可積分” になります．解析力学や素粒子のゲージ場理論では，循環座標から保存則を導くという古典的な方法論は座標系の取り方によらない**ネータの定理**に拡張されます [3-17]．

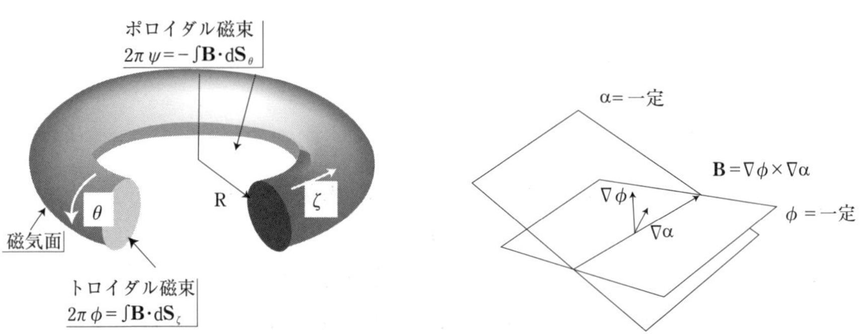

図 3.5 トロイダルプラズマの磁気面と磁束の定義 (左図)，磁場のクレプシュ表現の幾何学的意味 (右図)

3.6 “座標系”：浜田座標系とブーザ座標系

前節の磁束座標系は任意性を持つ 2 つの角変数 (θ, ζ) に対して 1 つの拘束条件 $(\theta_m = \theta + \lambda)$ のみ科していることからまだ任意性があります．実際，η を任意関数として $\theta_{m1} = \theta_m + \eta(\phi, \theta_m, \zeta)$，$\zeta_1 = \zeta + q(\phi)\eta(\phi, \theta_m, \zeta)$ という座標変換に対して (3.5−8) は不変であることから (θ_m, ζ) の組み合わせには自由度が残っています．これを利用して座標系を決めたものが，本節で述べる浜田座標系とブーザ座標系です．

前節の流れ関数の議論は磁場ベクトルだけでなく電流ベクトルについても同時に展開することができます．u を磁気面ラベルとする磁束座標系 (u, θ, ζ) で，磁気面に接するベクトル場である磁場や電流密度は u 面上の接ベクトル $\partial\mathbf{x}/\partial\theta$ と $\partial\mathbf{x}/\partial\zeta$ で張れることから双対関係 $(\partial\mathbf{x}/\partial u_i = J\nabla u^j \times \nabla u^k)$ を利用すると，

$$\mathbf{a} = a_2 \nabla\zeta \times \nabla u + a_3 \nabla u \times \nabla\theta \ (\mathbf{a} = \mathbf{B}, \mathbf{J}) \tag{3.6–1}$$

と書けます．平衡状態では磁場だけでなく電流密度も非圧縮性 $\nabla\cdot\mathbf{a} = 0$ を示すことからベクトル公式 $\nabla\cdot(\phi\mathbf{a}) = \phi\nabla\cdot\mathbf{a} + \mathbf{a}\cdot\nabla\phi$ と $\nabla\cdot(\nabla F \times \nabla G) = 0$ を利用すると $\partial a_2/\partial\theta + \partial a_3/\partial\zeta = 0$ が得られ，磁気面上の流れ a は流れ関数 h を持つことが解ります．

$$a_2 = -\frac{\partial h}{\partial\zeta},\quad a_3 = \frac{\partial h}{\partial\theta} \tag{3.6–2}$$

一方で，a_2 と a_3 は (θ, ζ) の関数として周期関数なので流れ関数 h を磁場 $(h = b)$ と電流 $(h = j)$ について書き下すと，

$$\begin{aligned} b(u, \theta, \zeta) &= b_2(u)\theta + b_3(u)\zeta + \tilde{b}(u, \theta, \zeta) \\ j(u, \theta, \zeta) &= j_2(u)\theta + j_3(u)\zeta + \tilde{j}(u, \theta, \zeta) \end{aligned} \tag{3.6–3}$$

ここで，$\tilde{b}(u, \theta, \zeta)$，$\tilde{j}(u, \theta, \zeta)$ は θ と ζ の周期関数です．これらを消去するような座標変換 $\theta_h = \theta + \theta_1$，$\zeta_h = \zeta + \zeta_1$ は容易に次のように求められ，θ_1，ζ_1 は次式で与えられます．

$$\theta_1 = \frac{\tilde{b}j_3 - \tilde{j}b_3}{b_2 j_3 - b_3 j_2},\quad \phi_1 = \frac{-\tilde{b}j_2 + \tilde{j}b_2}{b_2 j_3 - b_3 j_2} \tag{3.6–4}$$

このようにして得られた (u, θ_h, ζ_h) 座標系を（広義の）**浜田座標系**と言います．磁場と電流密度の流れ関数の係数 $b_2(u)$，$b_3(u)$，$i_2(u)$，$i_3(u)$ は磁気面内の**トロイダル磁束** $2\pi\phi(u) = \int \mathbf{B}\cdot da_\zeta$，**ポロイダル磁束** $2\pi\psi(u) = -\int \mathbf{B}\cdot da_\theta$，**トロイダル電流束** $2\pi f(u) = \int \mathbf{J}\cdot \mathbf{da}_\zeta$，**ポロイダル電流束** $2\pi g(u) = \int \mathbf{J}\cdot \mathbf{da}_\theta$ と $\psi'(u) = -b_3(u)$，$\phi'(u) = b_2(u)$，$g'(u) = j_3(u)$，$f'(u) = j_2(u)$ という関係で結ばれます．これから，

$$\mathbf{B} = \nabla\phi \times \nabla(\theta_h - \zeta_h/q) \tag{3.6–5}$$

$$\mathbf{J} = \nabla f \times \nabla(\theta_h - \zeta_h/q_J) \tag{3.6–6}$$

ここで，$q = d\phi/d\psi(u)$，$q_J = -df/dg(u)$ です．**浜田座標系**への変換が可能であるためには，$b_2 i_3 - b_3 i_2 \neq 0 (q \neq q_J)$ つまり $\mathbf{B}$ と $\mathbf{J}$ の線形独立性が必要です．$\alpha = \theta_h - \zeta_h/q$，$\alpha_J = \theta_h - \zeta_h/q_J$ と定義すると $\mathbf{B} = \nabla\phi \times \nabla\alpha$，$\mathbf{J} = \nabla f \times \nabla\alpha_J$ であり $\mathbf{B}\cdot\nabla\alpha = 0$，$\mathbf{J}\cdot\nabla\alpha_J = 0$ が成り立ちます．**浜田座標系**では磁場と電流密度ベクトルの軌道は当然直線で与えられます．u として，磁気面より内側の体積 V に対し $u = v = V/4\pi^2$ とした浜田座標系 (v, θ_h, ζ_h) のヤコビアンは 1 $(J = Jdvd\theta_h d\zeta_h/dV = 1)$ なので，(3.6−5) と (3.6−6) を $\mathbf{J}\times\mathbf{B} = \nabla P$ に代入し $J^{-1} = (\nabla v \times \nabla\theta_h)\cdot\nabla\zeta_h$ を利用すると，次の平衡の関係式が得られます．

$$f'(v)\,\psi'(v) - \phi'(v)g'(v) = P'(v) \tag{3.6–7}$$

浜田座標系は日本の物理学者**浜田繁雄**（1931−2001）によって 1962 年に導かれました [3-18]．浜田はこの座標系を**自然座標系**と呼びましたが，今では「**浜田座標系**」と呼ばれています．座標系の別の選択である**ブーザ座標系**を導くために，磁場と電流ベクトルの磁束座標系 (ϕ, θ_m, ζ) での表現を考えてみましょう．(3.6−3) を考慮すると $\mathbf{B}$ と $\mathbf{J}$ は，

$$\mathbf{B} = \nabla\phi \times \nabla\theta_m + q^{-1}\nabla\zeta \times \nabla\phi \tag{3.6–8}$$

$$\mu_0\mathbf{J} = -\frac{\partial h}{\partial\zeta}\nabla\zeta \times \nabla\phi + \frac{\partial h}{\partial\theta_m}\nabla\phi \times \nabla\theta_m \tag{3.6–9}$$

$$h = f'(\phi)\,\theta_m + g'(\phi)\,\zeta + \nu(\phi, \theta_m, \zeta) \tag{3.6–10}$$

ここで $g'(\phi) = dg/d\phi$，$f'(\phi) = df/d\phi$ です．$\mathbf{J}$ の反変表示 (3.6−9) に対応して次の磁場の共変表示が得られます（$\nabla\times\mathbf{B} = \mu_0\mathbf{J}$ を満たすことは容易に検算できます）．

$$\mathbf{B}=g(\phi)\nabla\zeta+f(\phi)\nabla\theta_{m}-\nu(\phi,\theta_{m},\zeta)\nabla\phi+\nabla F(\phi,\theta_{m},\zeta) \tag{3.6–11}$$

ここで，Fは$\nabla\times\mathbf{B}=0$を満たす**磁気スカラーポテンシャル**です．**浜田座標系**はνの項が消えるような座標系になっています．米国の物理学者**ブーザ**（A. Boozer）は1981年，磁場の共変表示で$\nabla\zeta$と$\nabla\theta$の係数がϕのみの関数となるような磁束座標系が存在する（(3.6–11) でF=0の場合）ことを見出しました [3–19]．ここでは最初に述べた座標変換の自由度を用いてそのような座標変換があることを示します．**ブーザ座標系**を与える座標変換$(\theta_{b},\zeta_{b})=(\theta_{m}+\eta,\ \zeta+q(\phi)\eta)$に対して (3.6–11) は，

$$\mathbf{B}=g(\phi)\nabla\zeta_{b}+f(\phi)\nabla\theta_{b}+\beta_{*}\nabla\phi \tag{3.6–12}$$

$$\eta(\phi,\theta_{m},\zeta)=\frac{F(\phi,\theta_{m},\zeta)}{g(\phi)q(\phi)+f(\phi)} \tag{3.6–13}$$

$$\beta_{*}=\eta(\phi,\theta_{m},\zeta)(q(\phi)g'(\phi)+f'(\phi))-\nu(\phi,\theta_{m},\zeta) \tag{3.6–14}$$

この磁場の共変表示 (3.6–12) は粒子軌道を単純化する上で有用です（次章参照）．ブーザ座標系$(\phi,\theta_{b},\zeta_{h})$では磁場は次のような形にも変形できます．

$$\mathbf{B}=\nabla\chi+\beta\nabla\phi,\quad \mathbf{B}=\nabla\phi\times\nabla\alpha \tag{3.6–15}$$

$$\chi=g(\phi)\zeta_{b}+f(\phi)\theta_{b},\quad \beta=\beta_{*}-g'(\phi)\zeta_{b}-f'(\phi)\theta_{b},\quad \alpha=\theta_{b}-\zeta_{b}/q \tag{3.6–16}$$

この磁場表式に対応して(ϕ,α,χ)を**Boozer-Grad座標系**と言ます．

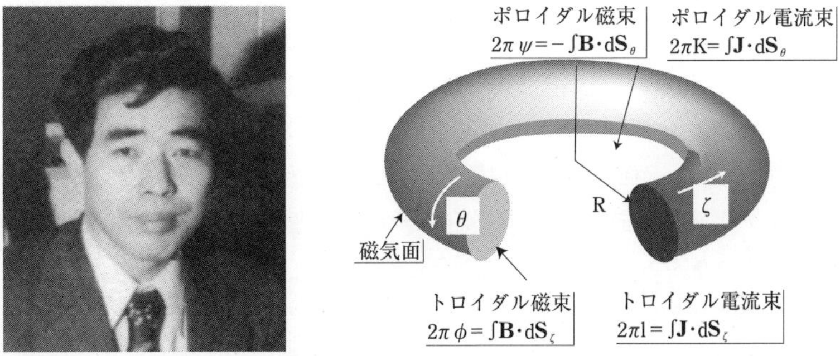

図3.6　浜田座標を生み出した浜田繁雄 [3–20] とトーラスにおける磁束座標系．

3.7 “稠密性”：1本の磁力線が密にトーラスを覆う

トーラスプラズマの磁気面を円筒座標系 (R, ζ, Z) で図示すると図3.7a) のようになります．3.5節で導いた磁束座標系 (ϕ, θ_m, ζ) では磁力線は $\mathbf{B} = \nabla\phi \times \nabla(\theta_m - \zeta/q))$ と表せることからその軌跡は $d\theta_m/d\zeta = 1/q(\phi)$ で表せる傾き $1/q$ の直線になります．任意性のある ζ として，円筒座標系の ζ を用いることにします．

磁気面上の点 $g_0 = (\zeta, \theta) = (\zeta_0, \theta_0)$ から出発した磁力線がトロイダル方向に周回する時，トロイダル方向の1回転毎にポロイダル方向には角度 $\Delta\theta = 2\pi/q$ だけ回転し，$\zeta = \zeta_0$ 断面で $\theta = 2\pi/q + \theta_0$ に磁力線が戻ってきます．$\theta \geq 2\pi$ の時は θ が $[0, 2\pi)$ に入るように 2π を引きます．これを繰り返すと $\zeta = \zeta_0$ の断面上に点列 g_0, g_1，g_2，$\cdots g_4$，$\cdots g_j$ $(\theta_0$，$g\theta_0$，$g^2\theta_0$，$g^3\theta_0$，$g^4\theta_0$，$\cdots$，$g^j\theta_0)$ が描かれます（図3.7a)）．点列 $\{g^j\theta_0\}$ のポロイダル角は $\theta^j = 2\pi j/q + \theta_0$ と与えられます．このようなある断面への軌道の写像点列をポアンカレー写像と言います．実数半開集合 $\Theta = [0, 2\pi)$ と置くと，この写像 g は集合 Θ から Θ への写像になります（$g : \Theta \to \Theta$，$\theta_0 \in \Theta$ に対して $g\theta_0 = \theta_0 + 2\pi/q$）．

さて，q が有理数，つまり $q = m/n$ と表せる整数 m，n が存在する時は，写像 g^m によって回転角は $\theta^m = 2\pi m/q + \theta_0 = 2m\pi n/m + \theta_0 = 2n\pi + \theta_0$ となり元の位置 g_0 (ζ_0, θ_0) に戻ること（**恒等写像**）になります．

一方，q が無理数の場合，磁力線が何度周回しても元の位置に戻ることが無いことはアリストテレスに始まると言われる**背理法**を用いて容易に証明できます．実際，元の位置に戻ると仮定すると無理数の仮定に矛盾することから元の位置に戻るとした仮定が否定され，無限にトーラスを周回することになります．そのとき，**ポアンカレ写像**による点列 $\{g^j\theta_0\}$ は磁気面のポロイダル断面周長を“稠密に”埋め尽くすことを示すことができます．“磁力線”は1次元の線です．線は1次元の集合でありユークリッドの定義に従えば幅はゼロです．2つの線を並べても間に隙間があり連続的につながった面にはなりません．しかし，2つの線の隙間を限りなく小さくすることはできます．そうして，トーラスのどの位置でも限りなく近い位置に $g_0(\zeta_0, \theta_0)$ から出発した磁力線が通っているような状態が作れるというわけです．

トーラス面上のある磁力線を考えたとき，トーラス上の任意の点の近傍（任意に $\varepsilon > 0$ を選んだ時 ε より近い距離）に必ずその磁力線が存在するような状態を磁力線がトーラスを“稠密に覆う (densely covered)”と言います．一般には集合A（ここではある磁力線上の点の集合）が集合B（ここではトーラス磁気面）を“稠密”に覆うとは集合Bの各点のどんな近傍にも集合Aの点があることを言います.

qが無理数の時に磁力線が稠密に磁気面を覆うことの証明は，同じく**背理法**を用いて示されます．$\zeta=\zeta_0$で任意のポロイダル角θ_0とその近傍Uを考えます．qが無理数の時はθ_0の写像列$\{g^i\theta_0\}$が無限に続く(元にもどらない)ことからUの写像列$\{g^iU\}$もまた無限に続きます(どれかと一致することは無い)．写像列が交わらなければポロイダル角の線長は無限大になり矛盾します．つまり，この近傍列は共通集合を持たなければならないということになります．ある$k\geq 1$, $l\geq 1$ $(k>l)$に対して$g^kU\cap g^lU\neq\emptyset$とすると$g^{k-l}U\cap U\neq\emptyset$となり$\theta=g^{k-l}\theta_0$は$\theta_0$の近傍にあることになります．$\zeta_0$の選び方も任意なので，トーラス上の任意の点$g_0(\zeta_0,\theta_0)$の近傍に磁力線の点$x\,(g^{k-l}\zeta_0,\theta_0)$が必ず存在することが言えたわけです[3-21].

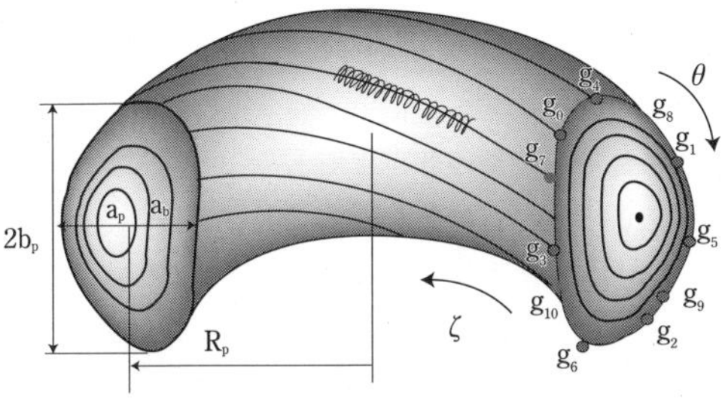

a) トーラス面上の角座標(ζ, θ)面における磁力線の軌道

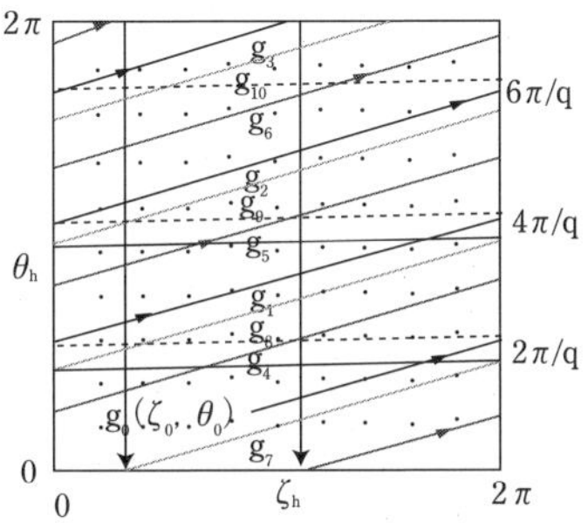

a) トーラス面上の浜田座標(ζ_h, θ_h)における磁力線軌道と回転点列g_n

図3.7　円筒座標系(R,ζ,Z)で見た磁力線の軌跡(左)と磁束座標系(ϕ,θ,ζ)で見た磁力線軌道と(ζ_0,θ_0)の写像列(右).

稠密に覆うことをエルゴード的に覆うとも呼びます．これは，ボルツマンが**等重率原理**を導くために必要とした位相空間における**エルゴード仮説**に由来します.

プラズマの力学平衡では安全係数qは磁気面毎に連続的に変化しqの範囲は実数直線のある閉区間となります．実数直線のある閉区間の中には，無理数の数は圧倒的に多く非可算無限大です．一方で，有理数の数は可算無限大で，いわゆる"**測度**"はゼロになっています(サロン参照).

サロン

"無限"の不思議 [3-22] [3-23]

"数"や直線上の点に数を対応させた"数直線"を数えるという問題は，集合論の始祖として有名なドイツの数学者**ゲオルグ・カントール**（1845–1918）によって調べられました．例えば，自然数は無限にありますが 1，2，3，…と数え上げることができるので，**可算無限**であると言います．"無限"を数えることは，有限な数を数える場合と全く違った様相を示します．カントールは 1874 年"**対角線論法**"を用いて有理数が自然数と"同じだけある"，つまり加算無限であることを示しました（"同じだけある"とは，正確には，自然数の集合から有理数の集合への **1 対 1 写像**が定義できるということです）．自然数や整数は数直線上でお互い 1 だけ離れていますが，有理数は数直線上にぎっしり（稠密に）詰まっています．数直線（実数の集合）上の任意の点のどんな近傍にも有理数はあり，これを有理数の集合は実数の集合の中で至るところ稠密であると言います．これほど性質の違う自然数と有理数が"同じだけ"あると結論されるのが"無限"の不思議です．

カントールは，同じく 1874 年に背理法を使って実数が**非可算**であることを導いています．実際，実数が加算であると仮定し，[0，1] の実数を無限桁で表して縦に並べ番号（1, 2, 3, …, n, …）をつけます．番号 n と同じ小数点桁数の数を取り出して作った実数（対角線数とでもいうべき和）の各桁に 1 を加えた実数が可算と仮定して作った実数列に含まれないという矛盾を導いています．実数の"無限"は，自然数や有理数の"無限"より高い階層にあるわけです．

実数 R は数直線と 1：1 対応することから"長さ"という非負実数を定義でき，R^2 や R^3 は平面や空間と 1：1 対応することから"面積"や"体積"という非負実数を定義できます．有理数の集合は，たかだか可算なので数直線上を稠密に覆っていてもその長さは 0 になります．このような"長さ"，"面積"，"体積"を一般化した概念として"**測度**"があります．これは，集合に対して完全加法性を満たす非負実数（**ルーベグ測度**）を与えます．

3.8 “あらわな対称性”：軸対称トーラスの力学平衡

核融合研究で主要な研究対象になっている軸対称なトーラスについて考えてみます．円柱座標系 (R, ζ, Z) を考えると，循環座標 ζ に関する微分 $\partial/\partial\zeta = 0$ であることから，磁束関数 ψ をベクトルポテンシャル $\mathbf{A}$ の ζ 成分 A_ζ を用いて $\psi = RA_\zeta(R, Z)$ と定義するとポロイダル断面での磁場 B_R，B_Z は次のように与えられます．

$$RB_R = -\partial\psi/\partial Z$$
$$RB_Z = \partial\psi/\partial R \tag{3.8–1}$$

(3.8−1) は磁場の基本的性質である非圧縮条件 $\nabla\cdot\mathbf{B} = 0((1/R)\partial(RB_R)/\partial R + \partial B_Z/\partial Z = 0)$ を満たします $(\nabla\cdot\mathbf{B} = 0 \rightarrow \mathbf{B}_p = \nabla\zeta\times\nabla\psi)$．また，$\mathbf{B}\cdot\nabla\psi = 0$ を満たすことは容易に確かめられます．そうすると磁力線軌道は ψ = 一定の面に乗っていることになり，力学系の言葉で言えば第1積分が存在し軌道は“可積分”であると言います．ψ = 一定の面を**磁気面**と呼び，磁気面 ψ とも言います．3.4 節の磁力線のハミルトン力学で言えば，系が“時間” ζ に依存しないことから，ハミルトニアン ψ が保存量になります．

軸対称性は磁場のポロイダル成分 B_R，B_Z が第1積分で表せることを保障しますが，トロイダル磁場 B_ζ に対しては ψ との関係において何らの制約も付加しません．B_ζ に対する制約は，力学平衡条件 $\mathbf{J}\times\mathbf{B} = \nabla P$ から生まれます．実際，$\mathbf{B}\cdot\nabla P = 0$ から $\partial(\psi, P)/\partial(R, Z) = 0$ を満たし P は ψ のみの関数になります $(P = P(\psi))$ 次に，$\mathbf{J}\cdot\nabla P = 0$ から $\partial(RB_\zeta, P)/\partial(R, Z) = 0$ が導かれ $RB_\zeta = F(P) = F(\psi)$ が導かれます．このような磁束関数 ψ だけに依存する関数を**磁気面関数**と呼びます．以上のことから，磁場に関する以下の関係が得られます．

$$\mathbf{B} = \nabla\zeta\times\nabla\psi + F\nabla\zeta \tag{3.8–2}$$

これから，電流密度として

$$\mathbf{J} = \mu_0^{-1}[\nabla F\times\nabla\zeta + \Delta^*\psi\nabla\zeta] \tag{3.8–3}$$

$F(\psi)$ は $\mathbf{J}_p = -\mu_0^{-1}\nabla\zeta\times\nabla F$ 対する流れ関数の役割を果たします．(3.8−2) と (3.8−3) を $\mathbf{J}\times\mathbf{B} = \nabla P$ に代入すると，

$$\Delta^*\psi = -\mu_0 R^2 P'(\psi) - FF'(\psi) \tag{3.8-4}$$

ここで，$\Delta^* = R\partial/\partial R(R^{-1}\partial/\partial R) + \partial^2/\partial Z^2$ は Grad-Shafranov 作用素と呼ばれます．この楕円型非線形偏微分方程式は **Grad-Shafranov 方程式**と呼ばれます．$P(\psi)$，$F(\psi)$ の関数形は，力学平衡の方程式からは決められません（電流と温度 / 密度の輸送方程式から決まる）．一般的には，$P(\psi)$，$F(\psi)$ の関数形を与えて Grad-Shafranov 方程式を数値的に解くという方法が取られます．Grad-Shafranov 方程式は変分原理 $\delta S = 0$ によって導くことができます [3-24]．

$$S = \int L(\psi, \psi_R, \psi_Z, R)\, dRdZ \tag{3.8-5}$$

ここで，$\psi_R = \partial\psi/\partial R$，$\psi_Z = \partial\psi/\partial Z$，ラグランジュアン L は次式で与えられます．

$$L = R\left(\frac{B_p^2}{2\mu_0} - \frac{B_\zeta^2}{2\mu_0} - P\right) \tag{3.8-6}$$

ここで，$B_p = |\nabla\psi|/R$，$B_\zeta = F(\psi)/R$．変分原理 $\delta S = 0$ から導かれるオイラー方程式は，

$$\frac{\partial L}{\partial \psi} - \frac{\partial}{\partial R}\frac{\partial L}{\partial \psi_R} - \frac{\partial}{\partial Z}\frac{\partial L}{\partial \psi_Z} = 0 \tag{3.8-7}$$

となり，(3.8-4) が得られます．$B_p^2/2\mu_0$ は通常のラグランジュアンの運動エネルギーに相当し，$B_\zeta^2/2\mu_0 + P$ は実効ポテンシャルエネルギーの役割を果たします．磁気エネルギーのうち，なぜポロイダル磁場エネルギーの役割とトロイダル磁場の磁気エネルギーがこの変分原理では異なる役割を果たすのかという疑問がわきます．これは，この変分原理ではトロイダル磁場や圧力はすでに $B_\zeta = F(\psi)/R$，$P = P(\psi)$ として与えられており，求解は ψ の "運動" を求めることになっているからです．

閉じ込め物理では，様々な物理量 (A) の磁気面平均 $\langle A\rangle$ を $(\psi, \psi + d\psi)$ で囲まれた微小シェルでの体積平均で定義します．$dV = Jd\psi d\theta d\zeta$

$$\langle A\rangle = \frac{\int_\psi^{\psi+d\psi} AJd\psi d\theta d\zeta}{\int_\psi^{\psi+d\psi} Jd\psi d\theta d\zeta} = \frac{\int_0^{2\pi}\frac{Ad\theta}{\mathbf{B}_p\cdot\nabla\theta}}{\int_0^{2\pi}\frac{d\theta}{\mathbf{B}_p\cdot\nabla\theta}} \tag{3.8-8}$$

ここで，$J=1/(\nabla\zeta\times\nabla\psi)\cdot\nabla\theta=1/\mathbf{B}_p\cdot\nabla\theta$ を用いました．磁気面平均は，作用素 $\mathbf{B}\cdot\nabla=J^{-1}\partial/\partial\theta$ の**消滅演算子**（annihilator）になっています．磁場閉じ込め研究では MHD 安定性理論研究で著名な Newcomb によって**磁気微分方程式**と名付けられた磁場に沿った微分方程式が頻繁に現れます．

$$\mathbf{B}\cdot\nabla h=S \tag{3.8–9}$$

ここで，h，S は単価関数とします．閉じた磁場配位では，磁場が可積分であることから h, S に対して**可解条件**と呼ばれる制約がかかります．磁束座標系（ϕ，θ，ζ）で（3.8–9）を書き下すと，

$$(q\nabla\psi\times\nabla\theta-\nabla\psi\times\nabla\zeta)\left[\frac{\partial h}{\partial\psi}\nabla\psi+\frac{\partial h}{\partial\theta}\nabla\theta+\frac{\partial h}{\partial\zeta}\nabla\zeta\right]=S$$

ここで，$\mathbf{B}\cdot\nabla\psi=0$ と軸対称系では $\partial h/\partial\zeta=0$ と $J^{-1}=\nabla\psi\times\nabla\theta\cdot\nabla\zeta=\mathbf{B}\cdot\nabla\theta=\mathbf{B}_P\cdot\nabla\theta$ を用いると，

$$\frac{\partial h}{\partial\theta}=\frac{S}{\mathbf{B}_p\cdot\nabla\theta} \tag{3.8–10}$$

h は単価関数なので $\theta=0$，2π で値が同じである必要があります．（3.8–9）を θ で積分すると，次の可解条件を得ます．

$$\int_0^{2\pi}\frac{S}{\mathbf{B}_p\cdot\nabla\theta}\,d\theta=0 \tag{3.8–11}$$

これは，$\langle S\rangle=0$ を意味し，微分演算子 $\mathbf{B}\cdot\nabla=J^{-1}\partial/\partial\theta$ に対して磁気面平均演算子を作用するとと $\langle\mathbf{B}\cdot\nabla\rangle\equiv0$ となります．これが $\langle\ \ \rangle$ が $\mathbf{B}\cdot\nabla=J^{-1}\partial/\partial\theta$ の消滅演算子（annihilator）と呼ばれる由来です．

3.9 “3 次元力学平衡”：隠れた対称性を求めて

幾何学的にあらわな対称性を持たない力学平衡としては，Spitzer 教授に源流を持つステラレータ配位があります．前節のトカマク配位のようにあらわな対称性を持つ場合と異なり大域的な平衡が存在しない場合も生まれます．3 次元力学平衡が存在する数学的条件は対称性がわずかに破れた場合の KAM 理論を除いて未だ明らかではありません．3 次元平衡を議論する上では，座標系によらない力学平衡の変分原理が役に立つと思われます．Grad は 1958 年に $\nabla\cdot\mathbf{B}=0$，$\mathbf{B}\cdot\nabla P=0$ を満たす $\mathbf{B}$ と P を変数とする作用積分 S を以下で定義するとプラズマの力学平衡条件 $\mathbf{J}\times\mathbf{B}=\nabla P$ と等価な変分原理 $(\delta S=0)$ が得られることを導いています [3–25]．

$$S(\mathbf{B},P)=\int_v \mathcal{L}dV=\int_v\left[\frac{B^2}{2\mu_0}-P\right]dV \tag{3.9–1}$$

$$\left(\delta S(\mathbf{B},P)=\int_v\left[\frac{1}{\mu_0}\mathbf{B}\cdot\delta\mathbf{B}-\delta P\right]dV\right)$$

ここで V はプラズマを囲む体積でその表面では $\mathbf{B}\cdot\mathbf{n}=0$ を満たすとします．ラグランジュアン $\mathcal{L}=B^2/2\mu_0-P$ は磁気圧とプラズマ圧の差になっており，磁場のエネルギーが “運動エネルギー”，プラズマ圧力が “ポテンシャルエネルギー” の役割を果たします．$\mathbf{B}\cdot\nabla P=0$ と $\nabla\cdot\mathbf{B}=0$ の条件を満たす磁場は，

$$\mathbf{B}=\nabla P\times\nabla\omega \tag{3.9–2}$$

ここで，流れ関数 ω が角度を含む多価関数となるであろうことは 3.5 節の表面ポテンシャルの議論から予想されます．磁場 $\mathbf{B}$ が等圧力面上にあるという上記の強い拘束条件の下で作用関数 S は，ω と P の汎関数となります．(3.9–2) を用いると $\mathbf{B}\cdot\delta\mathbf{B}$ は

$$\mathbf{B}\cdot\delta\mathbf{B}=(\nabla\omega\times\mathbf{B})\cdot\nabla\delta P+(\mathbf{B}\times\nabla P)\cdot\nabla\delta\omega \tag{3.9–3}$$

またベクトル公式 $\nabla\cdot(\phi\mathbf{a})=\phi\nabla\cdot\mathbf{a}+\mathbf{a}\cdot\nabla\phi$ を当てはめて $\nabla\cdot(\delta P\nabla\omega\times\mathbf{B}+\delta\omega\mathbf{B}\times\nabla P)$ を Gauss の法則を用いて表面積分に変換して境界で $\delta\psi=\delta\alpha=0$ の拘束条件に対して面積分が 0 になることを考慮すると $\mathbf{B}\cdot\delta\mathbf{B}$ の体積積分として残る項は，

$$\mathbf{B}\cdot\delta\mathbf{B}=-[\nabla\cdot(\nabla\omega\times\mathbf{B})]\,\delta P-[\nabla\cdot(\mathbf{B}\times\nabla P)]\,\delta\omega \tag{3.9–4}$$

となります．これにベクトル公式$\nabla\cdot(\mathbf{a}\times\mathbf{b})=\mathbf{b}\nabla\times\mathbf{a}-\mathbf{a}\nabla\times\mathbf{b}$を当てはめると，

$$\delta S(\omega, P)=\int[(\mathbf{J}\cdot\nabla\omega-1)\delta P-(\mathbf{J}\cdot\nabla P)\delta\omega]dV \tag{3.9–5}$$

これから，Sを極値とするオイラー方程式，

$$\mathbf{J}\cdot\nabla\omega=1 \tag{3.9–6}$$

$$\mathbf{J}\cdot\nabla P=1 \tag{3.9–7}$$

が得られます．$\mathbf{J}\times\mathbf{B}-\nabla P=(\mathbf{J}\cdot\nabla\omega-1)\nabla P-(\mathbf{J}\cdot\nabla\psi)\nabla\omega=0$となることから，変分原理$\delta S=0$は$\mathbf{J}\times\mathbf{B}=\nabla P$と等価であることが分ります．以上の証明から明らかなように，プラズマ圧力Pは“ポテンシャルエネルギー”の役割を果たすとともに，磁場$\mathbf{B}$に対する強い拘束（$\mathbf{B}\cdot\nabla P=0$）をかけます．磁気エネルギーは“運動エネルギー”の役割を果たしますがPによってかけられた強い拘束によって変分原理は流れ関数ωに関する極値問題になります．

プラズマの微小変位$\delta\mathbf{x}$が圧力変化δPと流れ関数の変化$\delta\omega$を引き起こすとすると$\delta P=-\delta\mathbf{x}\cdot\nabla P$，$\delta\omega=-\delta\mathbf{x}\cdot\nabla\omega$となることから変分原理（3.9−5）はKruskal-Krusrud [3–26] が導いた次の形式に書き直すことができます．

$$\delta S(\omega, P)=-\int[\mathbf{J}\times\mathbf{B}-\nabla P]\cdot\delta\mathbf{x}]dV \tag{3.9–8}$$

$\mathbf{J}$もまた，$\nabla\cdot\mathbf{J}=0$，$\mathbf{J}\cdot\nabla P=0$を満たすことから次式を満たします．

$$\mathbf{J}=\nabla P\times\nabla\omega_J \tag{3.9–9}$$

ここで，ω_Jは$\mathbf{J}$に関する流れ関数です．$\mathbf{B}\cdot\nabla P=0$を用いると$\mathbf{J}\times\mathbf{B}=(\nabla P\times\nabla\omega_J)\times\mathbf{B}=-(\mathbf{B}\cdot\nabla\omega_J)\nabla P$となることから，

$$\mathbf{B}\cdot\nabla\omega_J=-1 \tag{3.9–10}$$

力学平衡の式$\mathbf{J}\times\mathbf{B}=\nabla P$に（3.9−2）と（3.9−9）を代入すると，

$$(\nabla\omega_J\times\nabla\omega)\cdot\nabla P=1 \tag{3.9–11}$$

が得られます．これは平衡の関係式（3.6−7）と同じです．

あらわな幾何学的対称性を持たない“3次元力学平衡”は，隠れた対称性を持つことを義務付けられた平衡の磁束座標系から（円筒座標系等の）実座標系への座標変

換が存在することが必要になります．つまり平衡を求めるということを磁束座標系 (u, θ, ζ) から円筒座標系 (R, ζ, Z) を求める**逆写像** $\mathbf{x}=\mathbf{x}(u, \theta, \zeta)$ 問題と捉えます．変分原理による定式化では１つのスカラー関数の極値問題に帰着されるため，ベクトルの関係式の座標変換より単純化できるという利点があります．変分原理を用いた３次元プラズマ平衡の近似解法としてはHirshmanによって開発されたVMECコード [3–18] が良く知られています．(3.9–8) に対し仮想的な時間 "t" を導入し，変分 δS をSの時間変化にすると，

$$\frac{dS}{dt} = -\int [\mathbf{J}\times\mathbf{B} - \nabla P]\cdot\frac{\partial\delta\mathbf{x}}{\partial t}\, dV \tag{3.9–12}$$

を得ます．これは，$\mathbf{F}=\mathbf{J}\times\mathbf{B}-\nabla P=0$ が成り立っていない状態から仮想変位 $\delta\mathbf{x}$ によって $\mathbf{F}=0$ を満たす状態に達する時間発展方程式となっています．Cauchy-Schwartzの不等式 $|\int\mathbf{A}^*\mathbf{B}du|^2 \le \int|\mathbf{A}|^2du\int|\mathbf{B}|^2du$ をこの式に適用すると，

$$\left|\int [\mathbf{J}\times\mathbf{B} - \nabla P]\cdot\frac{\partial\delta\mathbf{x}}{\partial t}\, dV\right|^2 \le \int\left|\mathbf{J}\times\mathbf{B}-\nabla P\right|^2 dV\int\left|\frac{\partial\delta\mathbf{x}}{\partial t}\right|^2 dV \tag{3.9–13}$$

ここで，等号は $\partial\delta\mathbf{x}/\partial t = c(\mathbf{J}\times\mathbf{B}-\nabla P)$ の場合に限り満たされます（$\delta\mathbf{x}$ は仮想変位なので $c=1$ として良い）．この方程式は，２次の時間微分を加え収束を早めることができます（２次のRichardsonスキーム）．磁束座標系 $\{u_i\}=(\phi, \theta_m, \zeta)$ から円筒座標系 (R, ζ, Z) への座標変換式を未知関数とし $(\delta S)^2$ を極小化する問題と考えます．トロイダル角度変数 ζ は円筒座標系と同じとします．ポロイダル角度 θ はプラズマ表面でのフーリエ展開が早く収束する条件で決めると，磁束座標の関数としての未知関数は $\mathbf{x}=(R, \lambda, Z)$ ということになります．F_R, F_λ, F_Z を平衡状態ではゼロになる仮想力とすると，そのフーリエ成分 $F_j^{mn}=0\,(j=R, \lambda, Z)$ が $\mathbf{x}$ を決める条件になります．ただ，平衡をフーリエ級数で分解する場合，セパラトリックスがある場合には平衡を再現するのは困難です．数値的に作用積分を最小化することはできますが，それは３次元平衡が求まっていることを意味しないことに留意する必要があります．

第 3 章　参考図書

[3-1] Florin Diacu, Philip Holmes, "Celestial Encounters—The Origin of Chaos and Stability", Princeton University Press (1996)：F. ディアク /P. ホームズ（吉田春夫訳）「天体力学のパイオニたち（上・下）」，シュプリンガー・フェアラーク東京（2004）.

[3-2] 吉田春夫，「力学の解ける問題と解けない問題」，岩波書店（2005）.

[3-3] 大貫義郎，吉田春夫，「力学」，岩波書店（2001）.

[3-4] 川久保勝夫，「トポロジーの発想」，講談社ブルーバックス（2004）.

[3-5] H. Poincare, 'Sur les courbes definies par les equations differentielles', Journal de Mathematiques pures et appliqués, 4, No1 (1885) 167-244.

[3-6] 野口廣，「トポロジー：基礎と方法」，ちくま学芸文庫（2007）.

[3-7] 斉藤利弥，「力学系以前，ポアンカレを読む」，日本評論社（1984）.

[3-8] 志賀浩二，「数学が育っていく物語，第 6 週曲面」，岩波書店（2000）.

[3-9] E.T. ベル（田中勇，銀林浩訳），「数学を作った人びと」，早川書房（2003）.

[3-10] A. Boozer, Review of Modern Physics 76 (2004) 1071.

[3-11] H. Goldstein, Classical Mechanics, Addison-Wesley (1950)：ゴールドスタイン（野間進，瀬川富士訳），「古典力学」，吉岡書店（1959）.

[3-12] 山本義隆，中村孔一，「解析力学 I, II」，朝倉書店（1998）.

[3-13] 佐藤文隆，「対称性と保存則」，岩波書店（2004）.

[3-14] R.D. Hazeltine, J.D. Meiss, "Plasma Confinement", Dover Publications inc. (2003).

[3-15] A. Clebsch, J. Reine Angew. Math. 56 (1859) 1.（クレブシュ形式は数学者 A. Clebsch によって最初に使われたことに由来し ϕ，α はオイラーポテンシャルと呼ばれます.）

[3-16] J.R. Cary and R.G. Littlejohn, Annals of Physics 151 (1983) 1.

[3-17] Leon Lederman and Christopher T. Hill, "SYMMETRY" (2004)：レオン・レーダーマン，クリストファー・ヒル（小林茂樹訳），「対称性」，白揚社（2008）.

[3-18] S. Hamada, Nuclear Fusion 2 (1962) 23; also in Prog. Theor. Phys. (Kyoto) 22(1959)145.

[3-19] A. Boozer, Physics of Fluids 24 (1981) 1999.

[3-20] 日本大学，理工学部物理学科のご好意による.

[3-21] V.I. Arnold, "Mathematical Methods of Classical Mechanics", Springer (1978)：V. I. アーノルド，「古典力学の数学的方法」，岩波書店（1980）p67.

[3-22] Amir D. Aczel, "The Mystery of the Aleph Mathematics", Four Walls Eight Windows, Inc (2000)：アミール・D・アクセル（青木薫訳），「「無限」に魅入られた天才数学者たち」，早川書房（2002）.

[3-23] 戸田盛和，物理読本 4,「ソリトン，カオス，フラクタル」岩波書店（1999）.

[3-24] L.L. Lao, S.P. Hirshman, R.M. Wieland, Physics of Fluids 24 (1981) 1431.

[3-25] H. Grad, Physics of Fluids 7 (1964)：also H. Grad and H. Rubin, in Proc. 2nd UN Int. Conf. Peaceful Use of Atomic Energy, Geneva **31** (1958) 190.

[3-26] M.D. Kruskal and R.M. Krusrud, Physics of Fluids 1 (1958) 265.

[3-27] S.P. Hirshman, J.C. Whitson, Physics of Fluids 26 (1983) 3553.

Chapter 4 荷電粒子の運動：ラグランジュ・ハミルトン軌道力学

目　次

自然界の光や物体の運動は，“作用”という経路積分が極値を取るような軌道を描きます．光学で良く知られたフェルマーの原理は，光がA点からB点に至る時，それに要する時間が最小になるような軌跡を描くと主張します．例えば，屈折率が異なる媒質における光の屈折の法則であるスネルの法則はフェルマーの原理から導けます．自然の法則は見事な変分原理で支配されています．

物体の運動ではハミルトンの原理がその表現になっています．磁場を用いた閉じ込め磁場配位の中では，ラーマ運動とドリフト運動の組み合わせで複雑な運動を起こす荷電粒子の運動も，上記の変分原理を用いて軌道の記述を単純化することができます．

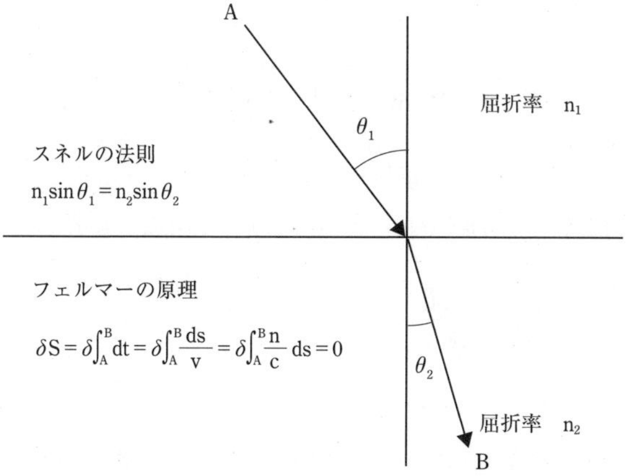

4.1 “変分原理”：ハミルトンの原理

自然現象の多くは，**作用原理**（action principle）と呼ばれる原理に従っています[4–1] [4–2] [4–3]．最も有名な例は，フランスの数学者**フェルマー**（P. Fermat: 1601–1665）によって見いだされた幾何光学における**フェルマーの原理**「光は最小の時間に到達し得るような経路を選ぶ」です．この原理は，光が最終到達点に至る前に到達時間が最小になる軌道を知っていたかのような「予定調和」を思わせ，過去・現在・未来への方向性（時間の矢）をもち，空間座標と異なる意味を持つ“時間”がそれ以上の存在であることを窺わせます．

作用原理は，光だけでなく物体の運動についても成り立ちます．プラズマを構成する荷電粒子の運動は，位置 $\mathbf{x}$ と速度 $\dot{\mathbf{x}}$（$=d\mathbf{x}/dt$）と時間 t の関数としてのラグランジュ関数 $L(\mathbf{x}, \dot{\mathbf{x}}, t) = T - V$（T：運動エネルギー，V：ポテンシャルエネルギー）によって定義される以下の作用積分が極値をとるような経路 $\mathbf{x}(t)$ を選ぶという**ハミルトンの原理**（W. Hamilton: 1805–1865）に従います．

$$S(\mathbf{x}) = \int_{t_1}^{t_2} dt L(\mathbf{x}(t), \dot{\mathbf{x}}(t), t) \tag{4.1–1}$$

ハミルトンの原理：時刻 t_1 に点 P_1 を通り時刻 t_2 に点 P_2 に達する軌道が系の運動方程式によって実現される場合，この軌道は t をパラメータとして 2 点 P_1，P_2 を結ぶ曲線のうちで作用積分 $S[x]$ に停留値をとらせるものになる．

$\dot{\mathbf{x}} = dx/dt$ を独立変数とみなさない上記の変分原理は，ラグランジュ形式の変分原理と言います．位置座標 $\mathbf{x}$ を一般化座標 q_i で表し，$\delta\dot{q}_i = d\delta q_i/dt$ を考慮して作用積分 S の変分を求めると

$$\delta S = \int_{t_1}^{t_2} dt \sum_i \left[\frac{d}{dt}\left(\frac{\partial L}{\partial \dot{q}_i}\right) - \frac{\partial L}{\partial q_i} \right] \delta q_i \tag{4.1–2}$$

となることから，作用積分 S が極値を取る経路 $q_i(t)$ は，次式で定義される**ラグランジュの運動方程式**（Lagrange Equation of Motion）を満たす必要があります [4–1]．

$$\frac{d}{dt}\left(\frac{\partial L}{\partial \dot{q}_i}\right) - \frac{\partial L}{\partial q_i} = 0 \qquad (i = 1, \cdots, n) \tag{4.1–3}$$

与えられた運動方程式に対して，これを導くようなラグランジュ関数が常に存在するわけではありません（ラグランジュ関数が存在しない例：$md^2\mathbf{r}/dt^2 = a(\mathbf{r} \times \dot{\mathbf{r}})$）．ま

た，与えられた運動方程式を与えるラグランジュ関数は，一意的には決まらず，あるラグランジュ関数 $L(\mathbf{q}, \dot{\mathbf{q}}, t)$ に時間に関する全微分項 $dG(\mathbf{q}, t)/dt$ を加えた $L+dG/dt$ も同一の運動方程式を与えます．実際，

$$S=\int_{t_1}^{t_2} dt\left[L(\mathbf{q}, \dot{\mathbf{q}}, t)+\frac{dG(\mathbf{q}, t)}{dt}\right]=\int_{t_1}^{t_2} dt L(\mathbf{q}, \dot{\mathbf{q}}, t)+G(\mathbf{q}(t_2), t_2)-G(\mathbf{q}(t_1), t_1) \quad (4.1\text{–}4)$$

であり，$\delta\mathbf{q}(t_1)=\delta\mathbf{q}(t_2)=0$ を考慮すると $\delta S(L)=\delta S(L+dG/dt)$ となります．ラグランジュ形式の変分原理では，系の運動を決定するためには一般化座標 q_i と一般化速度 $\dot{q}_i$ の初期値を両方指定しますが，$\dot{q}_i$ は常に q_i の時間に関する導関数という定義によって q_i と結び付けられた従属変数と見なされ，変分 $\delta\dot{q}_i$ は部分積分を用いて独立な変分 δq_i に変換されています．

上述した**ラグランジュ形式の変分原理**と異なる変分原理に**ハミルトン形式の変分原理**があります．ラグランジュ関数を用いて一般化運動量 p_i を $p_i\equiv\partial L/\partial\dot{q}_i$ で定義し，ハミルトニアンを $H(\mathbf{q}, \mathbf{p}, t)=\Sigma p_i\dot{q}_i-L(\mathbf{q}, \dot{\mathbf{q}}, t)$ で定義し，変分原理を位置空間から相空間 $(\mathbf{q}, \mathbf{p})$ に拡張し，q_i と p_i が独立であると仮定して作用積分

$$S(\mathbf{x}, \mathbf{p})=\int_{t_1}^{t_2}[\Sigma p_i\dot{q}_j-H(\mathbf{q}, \mathbf{p}, t)]dt \quad (4.1\text{–}5)$$

の変分を取ると次式が得られます．

$$\delta S(\mathbf{p}, \mathbf{q}, t)=\int_{t_1}^{t_2}\sum_i\left[\left(\dot{q}_i-\frac{\partial H}{\partial p_i}\right)\delta p_i-\left(\dot{p}_i+\frac{\partial H}{\partial q_i}\right)\delta q_i\right]dt \quad (4.1\text{–}6)$$

ラグランジュ関数に関する変分と異なり，変分 δp_i と δq_i が独立であることから，

$$\frac{dq_j}{dt}=\frac{\partial H}{\partial p_j},\ \frac{dp_j}{dt}=-\frac{\partial H}{\partial q_j} \quad (4.1\text{–}7)$$

というハミルトンの方程式が得られます．ハミルトン形式の変分原理では変分 δp_i を δq_i の場合と違って，変分 δq_i とは独立の変分と考えています．一般化座標 q_i と一般化運動量は両方同じ資格で独立であり，独立変数を n 個から 2n に増やすことによって1階の運動方程式を得ることができます．

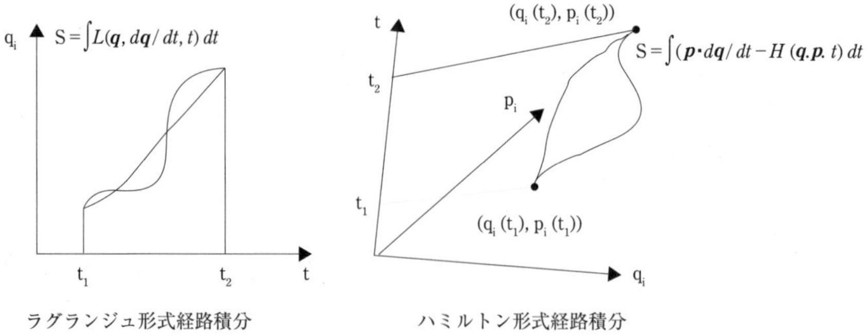

図 4.1　位置空間及び相空間におけるラグランジュ形式及びハミルトン形式の作用積分．系の運動はとり得る様々な経路の中で作用積分が極値をとる軌道を描く．

▶ノート：ネータの定理 [4-2]

3 章で述べたように，力学系では運動の定数を見いだすことが大事です．運動の定数を見いだす一般的な手法はドイツの数学者**エミー・ネータ** (A.E. Noether, 1882–1935) によって導かれました． ε を無限小パラメータとします．正準変数の変換

$$q_i' = q_i + \varepsilon S_i(q, \dot{q}, t) \tag{4.1–8}$$

に対して，ラグランジュアンの変化 $\delta L = L(\mathbf{q}', \mathbf{q}', t) - L(\mathbf{q}, \dot{\mathbf{q}}, t)$ が $\delta L = \varepsilon dW(q, t)/dt$ (W はゲージ不変性を考慮) を満たす時，

$$I = \sum_{i=1}^{n} \frac{\partial L(\mathbf{q}, \dot{\mathbf{q}}, t)}{\partial \dot{q}_i} S_i - W(\mathbf{q}, t) \tag{4.1–9}$$

は保存量になります．

証明：$\delta L = \Sigma(\partial L/\partial q_i \delta q_i + \partial L/\partial \dot{q}_i \delta \dot{q}_i) = \Sigma[d\{\partial L/\partial \dot{q}_i \delta q_i\}/dt - \{d(\partial L/\partial \dot{q}_i)/dt - \partial L/\partial q_i\}\delta q_i]$

右辺第 2 項はオイラー・ラグランジュ方程式から 0 なので (4.1–8) を代入して，

$\Sigma[d\{(\partial L/\partial \dot{q}_i) S_i\}/dt = dW/dt$. これから (4.1–9) を得ます．

4.2 “ラグランジュ・ハミルトン力学”：電磁場中の荷電粒子の運動

電磁場中の荷電粒子 a の運動は前節ハミルトンの原理に従い，荷電粒子 a のラグランジュアンの時間積分で与えられる作用積分 S が $\delta\mathbf{x}(t_1) = \delta\mathbf{x}(t_2) = 0$ の境界条件の下で極値になるように運動します．

$$S[\mathbf{x}(t)] = \int_{t_1}^{t_2} L_a(\mathbf{x}, \dot{\mathbf{x}}, t)\,dt \tag{4.2-1}$$

$$L_a(\mathbf{x}, \dot{\mathbf{x}}, t) = \frac{1}{2} m_a \dot{\mathbf{x}}^2 + e_a \mathbf{A}(x, t) \cdot \dot{\mathbf{x}} - e_a \Phi(\mathbf{x}, t) \tag{4.2-2}$$

ここで，ラグランジュアン L_a は速度に依存する一般化ポテンシャル $V = e\Phi(\mathbf{x}, t) - e\mathbf{v}\cdot\mathbf{A}(\mathbf{x}, t)$ を用いています．作用積分を極小化するラグランジュの運動方程式 (4.1−3) は，

$$\frac{d}{dt}\frac{\partial L_a}{\partial \dot{\mathbf{x}}} - \frac{\partial L_a}{\partial \mathbf{x}} = 0 \tag{4.2-3}$$

と表せます [4-3]．ここで Φ は静電ポテンシャルです．これに，

$$\frac{\partial L_a}{\partial \dot{\mathbf{x}}} = m_a \dot{\mathbf{x}} + e_a \mathbf{A},\ \frac{\partial L_a}{\partial \mathbf{x}} = -e_a \frac{\partial \Phi}{\partial \mathbf{x}} + e_a \frac{\partial (\mathbf{A}\cdot\dot{\mathbf{x}})}{\partial \mathbf{x}} \tag{4.2-4}$$

を代入し，$\nabla(\mathbf{A}\cdot\mathbf{v}) = \mathbf{v}\cdot\nabla\mathbf{A} + \mathbf{v}\times\nabla\times\mathbf{A}$（$\nabla$ は $\mathbf{v} = \dot{\mathbf{x}} = d\mathbf{x}/dt =$ 一定での偏微分），$d\mathbf{A}/dt = \partial\mathbf{A}/\partial t + \mathbf{v}\cdot\nabla\mathbf{A}$，$\mathbf{E} = -\nabla\Phi - \partial\mathbf{A}/\partial t$ を用いると，

$$m_a \frac{d^2\mathbf{x}}{dt^2} = e_a[\mathbf{E} + \mathbf{v}\times\mathbf{B}] \tag{4.2-5}$$

という電磁場中でローレンツ力を受けて運動する荷電粒子の運動方程式（ローレンツ方程式）が得られます．マックスウェル方程式とローレンツ方程式を合わせた方程式系は，$G(\mathbf{x}, t)$ を任意の関数としてゲージ変換 $\mathbf{A} \to \mathbf{A} + \nabla G$，$\Phi \to \Phi - \partial G/\partial t$ に対して不変であるという性質（ゲージ不変性）を持っています．これは，ゲージ変換を (4.2−2) に代入すると，ラグランジュアンが $L + dG/dt$ となることからも容易に分ります．

(3.4) 節ノート 3 で述べたように，可積分であるためには対称性が鍵になりましたが，荷電粒子の運動においても対称性は運動の保存量を見いだす鍵となります．

一般に系のラグランジュアン L がある座標 q_j に対して移動対称性を持っている場合，一般化運動量 p_j は保存量になります．軸対称性を持つトカマクにおいては ζ が循環座標となり以下となります．

$$p_\zeta = \frac{\partial L}{\partial \dot{\zeta}} = m_a R^2 \dot{\zeta} + e_a R A_\zeta = \text{constant} \tag{4.2-6}$$

荷電粒子の運動はハミルトン形式でも記述できます．一般化運動量 $\mathbf{p} = \partial L_a / \partial \dot{\mathbf{x}}$ とハミルトニアン $H = \mathbf{p} \cdot \dot{\mathbf{x}} - L(\mathbf{x}, \dot{\mathbf{x}}, t)$ は，(4.2−4) と (4.2−2) から，

$$\mathbf{p} = m_a \mathbf{v} + e_a \mathbf{A} \tag{4.2-7}$$

$$H(\mathbf{p}, \mathbf{x}, t) = \frac{1}{2} m_a \dot{\mathbf{x}}^2 + e_a \Phi(\mathbf{x}, t) = \frac{1}{2m_a} (\mathbf{p} - e_a \mathbf{A})^2 + e_a \Phi(\mathbf{x}, t) \tag{4.2-8}$$

で与えられます．(4.2−7) 右辺第 1 項は力学的運動量で，第 2 項は電磁場の運動量成分です．ハミルトン形式では **p, q** をそれぞれ独立変数と考えます．

▶ノート：相対論的荷電粒子力学 [4-3]

荷電粒子の速度が光速に近づいて相対論的効果が重要になってくるとラグランジュアンやハミルトニアンも相対論的な式を用いる必要があります．

自由粒子に対する作用は慣性系全てに対して不変（Lorenz 変換に対して不変）な形であることが必要条件となります．この条件を満たす作用として可能な形は世界間隔 s($ds \equiv (c^2 dt^2 - dx^2 - dy^2 - dz^2)^{1/2}$) の積分 ($S = C\int ds$) となります．非相対論的な極限で (4.2−2) 第 1 項に一致する条件から，$C = -m_{a0}c$ が得られ自由粒子の作用は $S = -m_{a0}c\int ds$ で与えられます．

$$S_{\text{FreeParticle}} = -m_{a0}c\int_1^2 ds = -m_{a0}c^2 \int_{t_1}^{t_2} \sqrt{1 - \frac{v^2}{c^2}}\, dt \tag{4.2-9}$$

一方，粒子と場の相互作用を記述する作用は，元々のマックスウェル方程式が Lorenz 変換に対する不変性を保っていることから作用の形は変わりません．しかし，一般化ポテンシャルは相対論的には 4 元ポテンシャルの共変成分 $\{A_\mu\} = (\Phi, -\mathbf{A})$ の**世界線**上の経路積分として解釈されます．

$$S_{\text{Field-Particle}} = -e_a \int_1^2 A_\mu dx^\mu = -\int_{t_1}^{t_2} e_a \Phi\, dt + \int_{t_1}^{t_2} e_a \mathbf{A} \cdot d\mathbf{x} \tag{4.2-10}$$

ここで，右辺第 2 項は磁力線の軌道を与える作用（3.4–3）と一致します．以上のことから，相対論的なラグランジュアンは次式で与えられます．

$$L_a(\mathbf{x}, \mathbf{v}, t) = -m_{a0}c^2\sqrt{1-\left(\frac{v}{c}\right)^2} + e_a(\mathbf{v}\cdot\mathbf{A} - \Phi) \tag{4.2–11}$$

相対論的な一般化運動量 $\mathbf{p}(=\partial L/\partial \mathbf{v})$ は，

$$\mathbf{p} = \frac{m_{a0}\mathbf{v}}{\sqrt{1-(v/c)^2}} + e_a\mathbf{A} \tag{4.2–12}$$

ハミルトニアン $H(=\mathbf{v}\cdot\partial L/\partial \mathbf{v} - L)$ は，

$$H(\mathbf{p}, \mathbf{q}, t) = \frac{m_{a0}c^2}{\sqrt{1-(v/c)^2}} + e_a\Phi(\mathbf{x}, t) \tag{4.2–13}$$

関係 $(H-e_a\Phi)^2 = m_{a0}{}^2c^2 + (\mathbf{p}-e_a\mathbf{A})^2$ を利用すると，

$$H(\mathbf{p}, \mathbf{q}, t) = \sqrt{m_{a0}c^4 + c^2(\mathbf{p}-e_a\mathbf{A})^2} + e_a\Phi(\mathbf{x}, t) \tag{4.2–14}$$

ここまで作用としては**自由粒子の作用**と**場と粒子の相互作用に関する作用**の 2 つだけを考慮しましたが，これら以外に場そのものの作用 S_{Field} が存在します．電磁場中の荷電粒子の運動を対象とする限りこの項は不要ですが，電磁場そのものを対象とする場合には本質的になります．電磁場は，重ね合わせの原理が成り立つことから，**場の作用**は場（電場及び磁場）の二次形式であることがわかります．これから，S_{Field} として以下が得られます．

$$S_{Field} = \int_1^2\left[\frac{\varepsilon_0\mathbf{E}^2}{2} - \frac{\mathbf{B}^2}{2\mu_0}\right]dVdt \tag{4.2–15}$$

4.3 “リトルジョンの変分原理”：ガイド中心の軌道力学

電磁場中の荷電粒子の軌道は 1GHz (10^9Hz) 程度の速いジャイロ運動 ($\rho(t)$) と遅いドリフト運動 (～100KHz) のガイド中心 (案内中心とも言います) の運動 ($r(t)$) の重ね合わせで表せます．プラズマ閉じ込めで重要なのは平均化した遅いドリフト運動の挙動なので，速いジャイロ運動を平均化したドリフトの運動方程式が重要な役割を果たします．場の時間変化が無視できる場合を考えます．これをガイド中心の運動方程式と言います．ガイド中心の運動方程式は，アルベン [4-4] によって導かれましたが，力学系の重要な性質である全てのハミルトン系は相空間での体積が保存されるというリウビルの定理 (5.1 節参照) を満たしていないという欠点を持っていました．リウビルの定理を満たすガイド中心の運動方程式は (4.2−2) 式で与えられる非相対論的な荷電粒子のラグランジュアンのジャイロ平均 (速いジャイロ運動についての平均化) に対する変分原理から得られます．4.1 節に述べたように，変分原理にはラグランジュ形式とハミルトン形式があります．Littlejohn [4-5] はハミルトン形式の変分原理を拡張し，相空間の**非正準変数** $\mathbf{z}=\mathbf{z}(\mathbf{q},\mathbf{p},t)$ であっても変分原理が定式化できる (4.6 節参照) ことを用いてリウビルの定理を満たすガイド中心の運動方程式を求めました．一種のコロンブスの卵ですが **Littlejohn の変分原理**と言うことにします．$\mathbf{z}=(\mathbf{x},\mathbf{v})$ とすると系のラグランジュアン L は，

$$L(\mathbf{x},\mathbf{v},t)=(e_a\mathbf{A}+m_a\mathbf{v})\cdot\dot{\mathbf{x}}-H(\mathbf{x},\mathbf{v},t) \tag{4.3−1}$$
$$H(\mathbf{x},\mathbf{v},t)=\frac{1}{2}m_a\mathbf{v}^2+e_a\Phi(\mathbf{x},t)$$

ここで，$\mathbf{v}$ と $\dot{\mathbf{x}}$ は結果として一致しますが異なる量と考えます．図 4.3 に示すように $\mathbf{x}(t)$ を荷電粒子の位置，$\mathbf{r}(t)$ をガイド中心の位置，$\rho(t)=\rho(t)[\mathbf{e}_x\cos\theta+\mathbf{e}_y\sin\theta]$ をジャイロ運動成分，$\rho=v_\perp/\Omega$ をジャイロ半径，$\mathbf{e}_x$，$\mathbf{e}_y$ を磁場方向単位ベクトル $\mathbf{b}$ と直交系を成す単位ベクトル ($\mathbf{b}\cdot(\mathbf{e}_x\times\mathbf{e}_y)=1$) とすると，$\mathbf{x}(t)=\mathbf{r}(t)+\boldsymbol{\rho}(t)$，$\mathbf{v}=v_{/\!/}\mathbf{b}-v_\perp\mathbf{c}$ ($\mathbf{c}=-\mathbf{e}_x\sin\theta+\mathbf{e}_y\cos\theta$) で与えられます．これらを考慮して (4.3−1) の右辺のジャイロ平均を考えます．ここで，L の独立変数は ($\mathbf{r}$, $v_{/\!/}$, $v_\perp$, θ) です．$\mathbf{A}\cdot\dot{\mathbf{x}}\cong[\mathbf{A}(\mathbf{r})+(\partial\mathbf{A}/\partial x)\rho\cos\theta+(\partial\mathbf{A}/\partial y)\rho\sin\theta]\cdot[\dot{\mathbf{r}}+\rho\dot{\theta}(-\mathbf{e}_x\sin\theta+\mathbf{e}_y\cos\theta)]$ を考慮し，

$$\langle\mathbf{A}\cdot\dot{\mathbf{x}}\rangle=\mathbf{A}(\mathbf{r})\cdot\dot{\mathbf{r}}+\frac{1}{2}\rho^2\dot{\theta}\left(\frac{\partial A_y}{\partial x}-\frac{\partial A_x}{\partial y}\right)=\mathbf{A}(\mathbf{r})\cdot\dot{\mathbf{r}}+\frac{1}{2}B\rho^2\dot{\theta} \tag{4.3−2}$$

また，$\langle \mathbf{v}\cdot\dot{\mathbf{x}}\rangle = \langle (v_{/\!/}\mathbf{b} - v_\perp(-\mathbf{e}_x \sin\theta + \mathbf{e}_y \cos\theta)(\dot{\mathbf{r}} + \rho\dot{\theta}(-\mathbf{e}_x \sin\theta + \mathbf{e}_y \cos\theta))\rangle = v_{/\!/}\mathbf{b}\cdot\dot{\mathbf{r}} - v_\perp\rho\dot{\theta}$を用いるとジャイロ平均ラグランジュアンLは，

$$L(\mathbf{r}, v_{/\!/}, \mu, \vartheta, t) = e_a \mathbf{A}^*(r, t)\cdot\dot{r} - (m_a/e_a)\,\mu\dot{\theta} - H(r, v_{/\!/}, \mu, t) \tag{4.3-3}$$

$$\mathbf{A}^* = \mathbf{A} + (m_a/e_a) v_{/\!/}\mathbf{b},\ \mu = \frac{m_a v_\perp^2}{2B} \tag{4.3-4}$$

$$H(\mathbf{r}, v_{/\!/}, \mu, t) = \frac{1}{2} m_a v_{/\!/}^2 + \mu B(\mathbf{r}) + e_a \Phi(\mathbf{r}, t) \tag{4.3-5}$$

ここで，$\mathbf{A}^*$は，Morozov-Solovev [4-6] が導入した**修正ベクトルポテンシャル**で，$\mu = m_a v_\perp{}^2/2B$は**磁気モーメント**，Hはガイド中心でのハミルトニアンです．また，ジャイロ平均ラグランジュアンLの変数を$(\mathbf{r}, v_{/\!/}, v_\perp, \theta)$から$(\mathbf{r}, v_{/\!/}, \mu, \theta)$に変えています．この作用関数Lを用いてガイド中心の運動方程式を与える変分原理は以下で表せます．

$$\delta S = \delta \int L dt = 0 \tag{4.3-6}$$

Lはジャイロ位相θを含まないのでθに対するオイラー・ラグランジュ方程式は$d/dt(\partial L/\partial\dot{\theta}) = 0$となり$d\mu/dt = 0$，つまり磁気モーメント$\mu$の保存則が得られます．また，作用関数Lが$\dot{v}_{/\!/}$を含まないことから$v_{/\!/}$に関するオイラー・ラグランジュ方程式は$\partial L/\partial v_{/\!/} = 0$となり$v_{/\!/} = \mathbf{b}\cdot\dot{\mathbf{r}}$が得られます．また，Lは$\dot{\mu}$も含まないことから$\mu$に関するオイラー・ラグランジュ方程式は$\partial L/\partial\mu = 0$となり$\dot{\theta} = -\Omega$が得られます．最後に，ガイド中心の運動方程式を与えるオイラー・ラグランジュ方程式は，

$$\frac{d}{dt}\left(\frac{\partial L}{\partial\dot{\mathbf{r}}}\right) - \frac{\partial L}{\partial\mathbf{r}} = 0 \tag{4.3-7}$$

ここで，$\partial L/\partial\dot{\mathbf{r}} = e_a\mathbf{A} + m_a v_{/\!/}\mathbf{b}$，$d/dt = \partial/\partial t + \dot{\mathbf{r}}\cdot\nabla$，及び，定数ベクトル$\mathbf{C}$に対して$\nabla(\mathbf{A}\cdot\mathbf{C}) = \mathbf{C}\cdot\nabla\mathbf{A} + \mathbf{C}\times\nabla\times\mathbf{A}$が成り立つことを考慮すると，

$$\frac{\partial L}{\partial\mathbf{r}} = e_a\,(\dot{\mathbf{r}}\cdot\nabla\mathbf{A}^* + \dot{\mathbf{r}}\times\nabla\times\mathbf{A}^*) - \mu\nabla B - e_a\nabla\Phi \tag{4.3-8}$$

$$\frac{d}{dt}\frac{\partial L}{\partial\dot{\mathbf{r}}} = m_a\frac{dv_{/\!/}}{dt}\mathbf{b} + e_a\left(\frac{\partial\mathbf{A}}{\partial t} + \dot{\mathbf{r}}\cdot\nabla\mathbf{A}\right) + m_a v_{/\!/}\left(\frac{\partial\mathbf{b}}{\partial t} + \dot{\mathbf{r}}\cdot\nabla\mathbf{b}\right) \tag{4.3-9}$$

となります．$\dot{\mathbf{r}}\cdot\nabla\mathbf{A}^* = \dot{\mathbf{r}}\cdot\nabla\mathbf{A} + (m_a v_{/\!/}/e_a)\,\dot{\mathbf{r}}\cdot\nabla\mathbf{b}$を考慮すると(4.3-7)から，次のよ

うなガイド中心の運動方程式が得られます.

$$m_a \frac{dv_\parallel}{dt} \mathbf{b} = e_a \dot{\mathbf{r}} \times \mathbf{B}^* + e_a \mathbf{E}^* - \mu \nabla B \tag{4.3–10}$$

$$\mathbf{B}^* = \nabla \times \mathbf{A}^* = \mathbf{B} + (m_a v_\parallel / e_a) \nabla \times \mathbf{b} \tag{4.3–11}$$

$$\mathbf{E}^* = -\frac{\partial \mathbf{A}^*}{\partial t} - \nabla \Phi = \mathbf{E} - (m_a v_\parallel / e_a) \frac{\partial \mathbf{b}}{\partial t} \tag{4.3–12}$$

(4.3−10)$\cdot\mathbf{B}^*$ 及び (4.3−10)$\times\mathbf{b}$ から，以下のガイド中心軌道方程式が得られます.

$$\frac{dv_\parallel}{dt} = -\frac{1}{B^*_\parallel} \mathbf{B}^* \cdot (\mu \nabla B - e_a \mathbf{E}^*) \tag{4.3–13}$$

$$\frac{d\mathbf{r}}{dt} = \frac{1}{B^*_\parallel} [v_\parallel \mathbf{B}^* + \mathbf{b} \times ((\mu / e_a) \nabla B - \mathbf{E}^*)] \tag{4.3–14}$$

$$B^*_\parallel = \mathbf{b} \cdot \mathbf{B}^* = B + (m_a v_\parallel / e_a) \mathbf{b} \cdot \nabla \times \mathbf{b} \tag{4.3–15}$$

場が時間依存性を持たない時はエネルギーが保存され，$v_\parallel$は独立変数ではなく空間の関数となり (4.3−6) から $v_\parallel \nabla v_\parallel = -\nabla(\mu B + e_a \Phi)$ が得られます．これを (4.3−14) に用いると次式が得られます.

$$\frac{d\mathbf{r}}{dt} = \frac{v_\parallel}{\mathbf{b} \cdot \mathbf{B}^*} \nabla \times \left(\mathbf{A} + \frac{m_a v_\parallel}{e_a} \mathbf{b} \right) \tag{4.3–16}$$

注：Morozov-Solovev 軌道方程式 [4–6]
(4.3−16) で $\mathbf{b} \cdot \mathbf{B}^* = B$ と近似すると Morozov-Solovev が与えた次式が得られます.

$$\frac{d\mathbf{r}}{dt} = \frac{v_\parallel}{B} \nabla \times (\mathbf{A} + \rho_\parallel \mathbf{B}) \qquad (p_\parallel = m_a v_\parallel / e_a B) \tag{4.3–17}$$

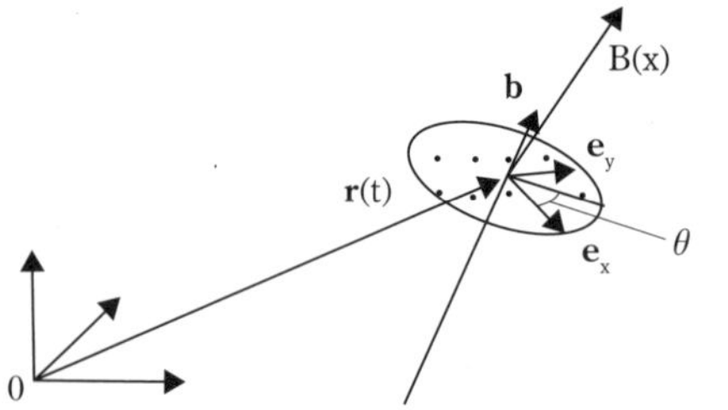

図 4.3　ガイド中心の変数 ($\mathbf{r}$(t)：ガイド中心，$\mathbf{b}$：磁場方向単位ベクトル，$\mathbf{e}_x$, $\mathbf{e}_y$：ジャイロ運動面での単位ベクトル)

4.4 “軌道力学”：磁束座標系のハミルトン軌道力学

プラズマが力学的な平衡状態にある場合 ($\mathbf{J}\times\mathbf{B}=\nabla P$) には，粒子運動を磁束座標系で議論することができます．特に，3.7 節で導入した Boozer-Grad 座標系（ϕ, α, χ）やブーザ座標系（ϕ, θ, ζ）で軌道方程式を分析するのが優れています．その主要な理由は磁場を共変ベクトル（勾配ベクトル）表示で与えていることにあります [4-7]．本節では Boozer-Grad 座標系での軌道方程式を導きます．まず，簡便な Morosov-Solovev の軌道方程式の表式を導いておきます．

$$\frac{d\mathbf{r}}{dt}=\frac{v_{/\!/}}{B}\nabla\times(\mathbf{A}+\rho_{/\!/}\mathbf{B}) \tag{4.4-1}$$

Boozer-Grad 座標系では $\mathbf{B}=\nabla\phi\times\nabla\alpha=\nabla\times(\phi\nabla\alpha)$, $\mathbf{B}=\nabla\chi+\beta\nabla\phi$ と表せることから，ゲージ変換分を除いて $\mathbf{A}=\phi\nabla\alpha$ なので

$$\begin{aligned}\frac{d\mathbf{r}}{dt}&=\frac{v_{/\!/}}{B}\nabla\times[\phi\nabla\alpha+\rho_{/\!/}\nabla\chi+\rho_{/\!/}\beta\nabla\phi]\\&=\frac{v_{/\!/}}{B}\left[\nabla\phi\times\nabla\alpha\left(1-\frac{\partial\rho_{/\!/}\beta}{\partial\alpha}\right)+\nabla\alpha\times\nabla\chi\frac{\partial\rho_{/\!/}}{\partial\alpha}+\nabla\chi\times\nabla\phi\left(\frac{\partial\rho_{/\!/}\beta}{\partial\chi}-\frac{\partial\rho_{/\!/}}{\partial\phi}\right)\right]\end{aligned} \tag{4.4-2}$$

直交関係 (3.3−1) $\nabla u^i\cdot\partial\mathbf{x}/\partial u^j=\delta_{ij}$，ヤコビアンが $J=1/\nabla\phi\times\nabla\alpha\cdot\nabla\chi=1/B^2$ となり，以下のベクトル関係式が成り立つことを考慮すると，

$$\frac{d\mathbf{r}}{dt}=\frac{\partial\mathbf{r}}{\partial\theta}\frac{d\theta}{dt}+\frac{\partial\mathbf{r}}{\partial\zeta}\frac{d\zeta}{dt}+\frac{\partial\mathbf{r}}{\partial\phi}\frac{d\phi}{dt} \tag{4.4-3}$$

Boozer-Grad 座標系での軌道方程式は，

$$\frac{d\phi}{dt}=\frac{d\mathbf{r}}{dt}\cdot\nabla\phi=v_{/\!/}B\frac{\partial\rho_{/\!/}}{\partial\alpha} \tag{4.4-4}$$

$$\frac{d\alpha}{dt}=\frac{d\mathbf{r}}{dt}\cdot\nabla\alpha=v_{/\!/}B\left(\frac{\partial\rho_{/\!/}\beta}{\partial\chi}-\frac{\partial\rho_{/\!/}}{\partial\phi}\right) \tag{4.4-5}$$

$$\frac{d\chi}{dt}=\frac{d\mathbf{r}}{dt}\cdot\nabla\chi=v_{/\!/}B\left(1-\frac{\partial\rho_{/\!/}\beta}{\partial\alpha}\right) \tag{4.4-6}$$

ここで，$\rho_{/\!/}$ はハミルトニアン H と磁気モーメント μ が定数として以下の (4.4−7)

から求めるか (4.4−8) のように時間発展から求めます.

$$H=(e_a^2B^2/2m_a)\,\rho_{/\!/}^{\,2}+\mu B+e_a\Phi \tag{4.4-7}$$

$$\frac{d\rho_{/\!/}}{dt}=\frac{d\mathbf{r}}{dt}\cdot\nabla\rho_{/\!/}=v_{/\!/}B\left[\frac{\partial\rho_{/\!/}}{\partial\chi}-\rho_{/\!/}\left(\frac{\partial\beta}{\partial\chi}\frac{\partial\rho_{/\!/}}{\partial\alpha}-\frac{\partial\beta}{\partial\alpha}\frac{\partial\rho_{/\!/}}{\partial\chi}\right)\right] \tag{4.4-8}$$

リウビルの定理を満たす軌道方程式は (4.3−7) から求まります. ガイド中心の運動に無関係な右辺第 2 項を省略すると以下の **Taylor ラグランジュアン** [4-8] を得ます.

$$L(\mathbf{r},\dot{\mathbf{r}})=e_a\mathbf{A}\cdot\dot{\mathbf{r}}+(m_a/2e_a)(\dot{\mathbf{r}}\cdot\mathbf{b})^2-\mu B(\mathbf{r})-e_a\Phi(\mathbf{r},t) \tag{4.4-9}$$

この Taylor ラグランジュアンを Boozer-Grad 座標系で書き下すと以下を得ます.

$$L=e_a\phi\dot{\alpha}+\frac{m_a}{2B^2}(\dot{\chi}+\beta\dot{\phi})^2-\mu B-e_a\Phi \tag{4.4-10}$$

ここで次の関係を用いました.

$$e_a\mathbf{A}(\mathbf{r},t)\cdot\dot{\mathbf{r}}=e_a\phi\nabla\alpha\cdot\frac{\partial\mathbf{r}}{\partial\alpha}\dot{\alpha}=e_a\phi\dot{\alpha} \tag{4.4-11}$$

$$\mathbf{b}\cdot\dot{\mathbf{r}}=\frac{1}{B}\left(\nabla\chi\cdot\frac{\partial\mathbf{r}}{\partial\chi}\dot{\chi}+\beta\nabla\phi\cdot\frac{\partial\mathbf{r}}{\partial\phi}\dot{\phi}\right)=(\dot{\chi}+\beta\dot{\phi})/B$$

α, χ に共役な正準運動量 $P_\alpha=\partial L/\partial\dot{\alpha}$, $P_\chi=\partial L/\partial\dot{\chi}$, 及びハミルトニアン H は (4.4−11) 式 $v_{/\!/}=(\dot{\chi}+\beta\dot{\phi})/B$ を用いると,

$$P_\alpha=e_a\phi \tag{4.4-12}$$

$$P_\chi=\frac{m_a}{B_2}(\dot{\chi}+\beta\dot{\phi})=e_a\rho_{/\!/} \tag{4.4-13}$$

$$H=\frac{B^2}{2m_a}P_\chi^2+\mu B+e_a\Phi \tag{4.4-14}$$

ハミルトン方程式は,

$$\frac{d\alpha}{dt}=\frac{\partial H}{\partial P_\alpha},\ \frac{dP_\alpha}{dt}=-\frac{\partial H}{\partial\alpha} \tag{4.4-15}$$

$$\frac{d\chi}{dt}=\frac{\partial H}{\partial P_\chi},\ \frac{dP_\chi}{dt}=-\frac{\partial H}{\partial \chi} \tag{4.4-16}$$

ハミルトン方程式はP_ω，P_χ，α，χを独立変数としていますが(4.4−12)と(4.4−13)からϕ，$\rho_{/\!/}$は定数を除いてP_ω，P_χと一致することに留意すると，ϕ，$\rho_{/\!/}$，α，χを独立変数とする以下の軌道方程式が得られます．

$$\frac{d\alpha}{dt}=\frac{\partial H}{e_a\partial\phi}=\left[e_a\Phi'(\phi)+\left(\mu+\frac{e_a\rho_{/\!/}^2B}{m_a}\right)\frac{\partial B}{\partial\phi}\right] \tag{4.4-17}$$

$$\frac{d\chi}{dt}=\frac{\partial H}{e_a\partial\rho_{/\!/}}=\frac{e_a^2\rho_{/\!/}B^2}{m_a} \tag{4.4-18}$$

$$\frac{d\phi}{dt}=-\frac{\partial H}{e_a\partial\alpha}=-e_a^{-1}\left(\mu+\frac{e_a\rho_{/\!/}^2B}{m_a}\right)\frac{\partial B}{\partial\alpha} \tag{4.4-19}$$

$$\frac{d\rho_{/\!/}}{dt}=-\frac{\partial H}{e_a\partial\chi}=-e_a^{-1}\left(\mu+\frac{e_a\rho_{/\!/}^2B}{m_a}\right)\frac{\partial B}{\partial\chi} \tag{4.4-20}$$

同様にしてブーザ座標系(ϕ, θ, ζ)でもやや複雑な軌道方程式が得られます[4-9]，[4-10]．ヘリカル系で良く使われるこの式は付録に示します．

注：磁気座標系での正準運動量とハミルトニアン

磁場が可積分であるという条件を課さなくても3.4節で導入した磁気座標系(ϕ, θ, ζ)でTaylorラグランジュアンは次式で与えられます．

$$L=e_a(\phi\dot{\theta}-\psi\dot{\zeta})+\frac{m_a}{2B^2}(B_\phi\dot{\phi}+B_\theta\dot{\theta}+B_\zeta\dot{\zeta})^2-\mu B-e_a\Phi \tag{4.4-21}$$

θ, ζに共役な正準運動量$P_\theta=\partial L/\partial\dot{\theta}$，$P_\zeta=\partial L/\partial\dot{\zeta}$，及びハミルトニアンHは，

$$P_\theta=e_a(\phi+\rho_{/\!/}B_\theta) \tag{4.4-22}$$

$$P_\zeta=e_a(-\psi+\rho_{/\!/}B_\zeta) \tag{4.4-23}$$

$$H=\frac{e_s^2}{2m_a}\rho_{/\!/}^2B^2+\mu B+e_a\Phi \tag{4.4-24}$$

となります．ここで，以下の関係が満たされます．

$$\rho_{/\!/}=\frac{m_a v_{/\!/}}{e_aB}=\frac{m_a}{e_aB^2}(B_\phi\dot{\phi}+B_\theta\dot{\theta}+B_\zeta\dot{\zeta}) \tag{4.4-25}$$

$$\mathbf{B}=B_\phi\nabla\phi+B_\theta\nabla\theta+B_\zeta\nabla\zeta \tag{4.4-26}$$

4.5 “周期性と不変量”：磁気モーメントと縦断熱不変量

解析力学で知られているように，周期運動をする場合には断熱不変量と呼ばれる量が保存されます．断熱不変量Jは，

$$J=\oint \mathbf{p}\cdot d\mathbf{q} \tag{4.5-1}$$

ここで，周回積分は周期運動の閉軌道C(t)に沿って行います．実際，ハミルトンの運動方程式

$$\frac{d\mathbf{q}}{dt}=\frac{\partial H}{\partial \mathbf{p}},\ \frac{d\mathbf{p}}{dt}=-\frac{\partial H}{\partial \mathbf{q}} \tag{4.5-2}$$

を用い，sを軌道に沿ったパラメータとすると

$$\frac{dJ}{dt}=\oint\left[\frac{d\mathbf{p}}{dt}\cdot\frac{d\mathbf{q}}{ds}+\mathbf{p}\cdot\frac{d}{ds}\left(\frac{d\mathbf{q}}{dt}\right)\right]ds=\oint\left[-\frac{\partial H}{\partial \mathbf{q}}\cdot\frac{d\mathbf{q}}{ds}+\mathbf{p}\cdot\frac{d}{ds}\left(\frac{\partial H}{\partial \mathbf{p}}\right)\right]ds \tag{4.5-3}$$

$$=\oint\frac{d}{ds}\left(\mathbf{p}\cdot\frac{\partial H}{\partial \mathbf{p}}-H\right)ds=\left[\mathbf{p}\cdot\frac{\partial H}{\partial \mathbf{p}}-H\right]_A^B=0$$

となり周期運動では最初の位置Aと最後の位置Bが一致するのでJは保存されます [4-11]．断熱不変量の保存という性質は，運動がハミルトニアンで記述できることから来ています．

磁気モーメントの保存則：電磁場中の荷電粒子の周期運動であるラーマ運動に伴う断熱保存量は，正準運動量が (4.2-6) で与えられることを考慮すると，

$$J=\oint p\,dq=\oint\left[m_a v_\perp+e_a A_\perp\right]dq_\perp=2\pi m_a v_\perp\rho-e_a B\pi\rho^2=\mu(2\pi m_a/e_a) \tag{4.5-4}$$

と書けます．ここで，Aの周回積分はStokesの定理を使って磁束に書き直しています．Jが保存量であることから，**磁気モーメント** $\mu=m_a v_\perp^2/2B$ が保存量であることがわかります．これは4.3節で導いたとおりです．磁気モーメントが保存されるために磁場に沿った運動は制限を受けます．トーラス磁場配位では磁場に沿って磁場強度Bが周期的に増減します．エネルギーEが保存される場合，$v_{/\!/}=(2(E-\mu B)/m_a)^{0.5}$ なので，$B=E/\mu$ に達すると $v_{/\!/}=0$ になってしまいます．これ以上強い磁場の場所には粒子はいけず反射されてしまいます．反射された粒子は反対方向に

運動しますが $B=E/\mu$ の地点でまた反射されます．これを磁気ミラー効果と言い，このようにして磁場強度の低い領域に捕捉される粒子を捕捉粒子と言います．

縦断熱不変量：捕捉粒子は，磁場に沿った方向に周期運動を起こすことから，**縦断熱不変量**という新たな保存量が生まれます．

$$J=\oint \mathbf{p}\cdot d\mathbf{q}=\oint p_{/\!/}dl_{/\!/}=\oint m_a(v_{/\!/}-e_aA_{/\!/})\,dl_{/\!/}=m_a\oint v_{/\!/}dl_{/\!/} \tag{4.5-5}$$

ここで，$A_{/\!/}$ 項は周期性から消えますが $v_{/\!/}$ は反射の時に符号が変わるので消えません．Boozer-Grad 座標系 (ϕ, α, χ) で (4.5−5) を書き直すと，

$$J(H, \mu, \phi, \alpha)=m_a\oint v_{/\!/}dl_{/\!/}=\oint p_\chi d\chi=e_a\oint \rho_{/\!/}d\chi \tag{4.5-6}$$

であることが分ります．一方，$v_{/\!/}$ は (4.3−6) 式から

$$m_av_{/\!/}=\pm\sqrt{2m_a(H-\mu B-e_a\Phi)} \tag{4.5-7}$$

と書けることから，$\partial v_{/\!/}/\partial H=1/m_av_{/\!/}$ であることが分ります．これを用いると，断熱不変量 J の H, ϕ, α 微分から捕捉粒子軌道（その形からバナナ軌道とも呼ばれます）の大域的な運動について重要な関係が得られます．J のハミルトニアン H での偏微分は捕捉粒子軌道を周回（バウンス運動）する時間 τ_b になります．実際，

$$\frac{\partial J}{\partial H}=\oint\frac{\partial m_av_{/\!/}}{\partial H}dl_{/\!/}=\oint\frac{\partial}{\partial H}\pm\sqrt{2m_a(H-\mu B-e_a\Phi)}\,dl_{/\!/}=\oint\frac{dl_{/\!/}}{v_{/\!/}}=\tau_b \tag{4.5-8}$$

一方，(4.4 — 4) から，$d\phi/dt=v_{/\!/}B\partial\rho_{/\!/}/\partial\alpha$ となることから，

$$\frac{\partial J}{\partial\alpha}=e_a\oint\frac{\partial\rho_{/\!/}}{\partial\alpha}d\chi=e_a\oint\frac{d\phi/dt}{v_{/\!/}B}Bdl_{/\!/}=e_a\oint(d\phi/dt)\,dt=e_a\Delta\phi \tag{4.5-9}$$

つまり，捕捉粒子がバナナ軌道を周回する毎に半径方向に $\Delta\phi=(\partial J/\partial\alpha)/e_a$ 移動します．また，(4.4−5) から $d\alpha/dt=v_{/\!/}B(\partial\beta\rho_{/\!/}/\partial\chi-\partial\rho_{/\!/}/\partial\phi)$ となることから，

$$\frac{\partial J}{\partial\phi}=e_a\oint\left(\frac{\partial\beta\rho_{/\!/}}{\partial\chi}d\chi-\frac{d\alpha/dt}{v_{/\!/}B}Bdl_{/\!/}\right)=-e_a\oint(d\alpha/dt)\,dt=-e_a\Delta\alpha \tag{4.5-10}$$

つまり，捕捉粒子がバナナ軌道を周回する毎にクレプシュ角度の変化 $\Delta\alpha=(\partial J/\partial\phi)/e_a$ をおこします．(4.5−8)，(4.5−9)，(4.5−10) から捕捉粒子の径 (ϕ) 方向ド

リフトとα方向の歳差運動方程式は以下で与えられます.

$$\frac{d\phi}{dt} = \frac{1}{e_a}\frac{\partial J/\partial \alpha}{\partial J/\partial H} \qquad (4.5\text{–}11)$$

$$\frac{d\alpha}{dt} = -\frac{1}{e_a}\frac{\partial J/\partial \phi}{\partial J/\partial H}$$

(4.5−11) を用いると縦断熱不変量 J が実際保存されていることも導けます.

$$\frac{dJ}{dt} = \frac{\partial J}{\partial \phi}\frac{d\phi}{dt} + \frac{\partial J}{\partial \alpha}\frac{d\alpha}{dt} = \frac{1}{e_a}\left(\frac{\partial J}{\partial \phi}\frac{\partial J}{\partial \alpha} - \frac{\partial J}{\partial \alpha}\frac{\partial J}{\partial \phi}\right)\Bigg/\frac{\partial J}{\partial H} = 0 \qquad (4.5\text{–}12)$$

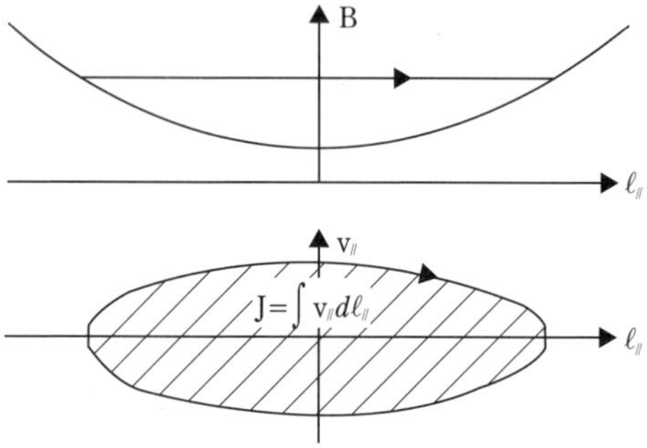

図 4.5 磁場方向距離 $\ell_{/\!/}$ の関数としての磁場強度変化と磁場方向速度 $v_{/\!/}$. 縦断熱不変量 J は ($\ell_{/\!/}$, $v_{/\!/}$) 平面における斜線面積になる.

4.6 “座標不変性”：非正準変分原理とリー変換

変分原理の利点に任意の座標系に対して成り立つということがあります．ある新しい座標系での運動方程式は，単にラグランジュアンを新しい座標系で書き直し，その座標に対して変分をとることで得られます．これはラグランジュアンがスカラーであることによります．プラズマ中の荷電粒子の軌道力学を議論する上では，4.3 節で述べたように非正準座標を用いると便利です．ここでは非正準座標系の変分原理について述べることにします．座標に対する不変性は，フランスの数学者**エリ・カルタン** (E. Cartan, 1869−1951) による**微分形式**にも共通の性質で，微分形式の概念は微分方程式を座標によらない形で記述するために生み出されており変分原理と共通性をもっています [4−12]，[4−13]．作用 $S=\int Ldt$ の積分記号を取った Ldt は微分形式と呼ばれ，ここでは $Ldt=\gamma$ と書くことにします．以下，微分形式での表現を交えながら議論を進めます [4−14]，[4−15]．ラグランジュアン L は正準形式で $L=\mathbf{p}\cdot\dot{\mathbf{q}}-H(\mathbf{q},\mathbf{p},t)$（微分 1 形式では $\gamma=\mathbf{p}\cdot d\mathbf{q}-Hdt$）と表せますが，これは任意の 6 次元座標系 $\mathbf{z}=\mathbf{z}(\mathbf{p},\mathbf{q})$ で以下のように書き下すことができます．

$$L(\mathbf{z},\dot{\mathbf{z}},t)=\sum_{i=1}^{6}\gamma_i\dot{z}^i-h \tag{4.6–1}$$

(4.6−1) 式は微分形式では $\gamma=\gamma_\mu dz^\mu=\gamma_i dz^i-hdt$ (Poincare-Cartan の**基本 1 形式**と呼ばれる）となります．これを**ラグランジュアン微分 1 形式**と呼びます．ここで，$\mu=0,6\,(z^0=t,\gamma_0=-h)$，$i=1,6$ については総和を取ります（アインシュタインの規則）．$\mathbf{z}$ は独立であることを除けば一般的な位置と速度変数で非正準変数でもかまいません．正準変数と新座標系の関係が $\mathbf{q}=\mathbf{q}(\mathbf{z},t)$，$\mathbf{p}(\mathbf{z},t)$ で与えられるとすると，

$$\gamma_i(\mathbf{z},t)=\mathbf{p}\cdot\frac{\partial\mathbf{q}}{\partial z_i} \tag{4.6–2}$$

$$h(\mathbf{z},t)=H(\mathbf{q}(\mathbf{z},t),\mathbf{p}(\mathbf{z},t),t)-\mathbf{p}\cdot\frac{\partial\mathbf{q}}{\partial t} \tag{4.6–3}$$

この時，$\delta S=\delta(\gamma_i(dz^i/dt)-h)=[(\partial\gamma_j/\partial z^i-\partial\gamma_i/\partial z^j)(dz^j/dt)-(\partial h/\partial z^i+\partial\gamma_i/\partial t)]\delta z^i+d(\gamma_i\delta z^i)$ であることから，$\delta S=0$ を満たす Euler-Lagrange 方程式は，$\omega_{ij}=\partial\gamma_j/\partial z^i-\partial\gamma_i/\partial z^j$ として $\omega_{ij}(dz^j/dt)=\partial h/\partial z^i+\partial\gamma_i/\partial t$ で与えられます．γ_i の定義 (4.6−2) から $\omega_{ij}=[z^i,z^j]\equiv(\partial\mathbf{p}/\partial z^i)\cdot(\partial\mathbf{q}/\partial z^j)-(\partial\mathbf{p}/\partial z^j)\cdot(\partial\mathbf{q}/\partial z^i)$ を得ます．こ

こで，$[z^i, z^j]$ は**ラグランジュ括弧**と呼ばれます [4-1]．解析力学で知られているようにω_{ij}の逆行列π_{ij}は，$\pi_{ij} = \{z^i, z^j\} \equiv (\partial z^i/\partial \mathbf{q})\cdot(\partial z^j/\partial \mathbf{p}) - (\partial z^i/\partial \mathbf{p})\cdot(\partial z^j/\partial \mathbf{q})$で与えられます [4-1]．ここで，$\{z^i,\ z^j\}$ は**ポアソン括弧**と呼ばれます．この時，**非正準座標** z_i の運動方程式は $dz^i/dt = \pi_{ij}(\partial h/\partial z^j + \partial \gamma_j/\partial t)$ と与えられますが γ_j が t に陽に依存しない場合には $\partial \gamma_j/\partial t = 0$ であることから，$dz^i/dt = \pi_{ij}\partial h/\partial z^j = \{z^i, z^j\}$ $\partial h/\partial z^j$ から次式を得ます．

$$\frac{dz^i}{dt} = \{z^i, h\} \qquad (4.6\text{–}4)$$

また，**非正準座標系** $\mathbf{z} = \{z^\mu\} = \{t, z^i\}$ から他の非正準座標系 $\bar{\mathbf{z}} = \{\bar{z}^\mu\} = \{t, \bar{z}^i\}$ に移った時の**ラグランジュアン微分 1 形式**の表式は，$\gamma = \gamma_\mu dz^\mu = \Gamma_\nu dz^\nu$ $(\mu, \nu = 0,\ \cdots,\ 6)$ と表せます．この時, 座標変換に伴う γ の変換則は次式で与えられることが分ります．

$$\Gamma_\mu = \frac{\partial z^\nu}{\partial \bar{z}^\mu}\gamma_\nu \qquad (4.6\text{–}5)$$

プラズマに小さな揺動が加わった時の荷電粒子の軌道を求める際に有力になるノルウェーの数学者**ソフス・リー**（M. S. Lie: 1842−1899）によって定式化された**リー変換**の概要をノートに記載します．

▶ノート：リー変換 [4-15]

$\mathbf{z} = \{z^\mu\}$ 座標系から新たな $\bar{\mathbf{z}} = \{\bar{z}^\mu\}$ 座標系への変換として，ε を微小パラメータとして，$\partial \bar{z}^\mu(\mathbf{z}, \varepsilon)/\partial\varepsilon = g^\mu(\bar{\mathbf{z}})$ (n−1) を満たす変換を考えます（ここで $z^0 = \bar{z}^0 = t$ は不変 $(g^0 \equiv 0)$ とします）．g^μ が ε に陽に依存しないことが特徴のこの変換を**リー変換**と言い，ベクトル $\{g^\mu\}$ を**変換の生成ベクトル**と言います．またその逆変換を $z^\mu = z^\mu(\bar{\mathbf{z}}, \varepsilon)$ とすると恒等式 $z^\mu(\bar{z}^\mu(z, \varepsilon), \varepsilon) = z^\mu$ が得られます．両辺を ε で微分し (n−1) を考慮すると $z^\mu(\bar{\mathbf{z}}, \varepsilon)$ が満たすべき関係 $\partial z^\mu(\bar{\mathbf{z}}, \varepsilon)/\partial\varepsilon = -g^\nu(\bar{\mathbf{z}})\partial z^\mu(\bar{\mathbf{z}}, \varepsilon)/\partial \bar{z}^\nu$(n−2) が得られます．

[スカラー関数のリー変換]：リー変換によってスカラー関数に持ち込まれる ε 依存性を調べます．$s(\mathbf{z})$ を座標系系 $\{z^\mu\}$ で定義されたスカラー関数，$S(\bar{\mathbf{z}}, \varepsilon)$ を座標系 $\{\bar{z}^\mu\}$ で定義されを $S(\bar{\mathbf{z}}, \varepsilon) = s(\mathbf{z})$ 満たす関数とします．ここで S に陽に ε 依存性が入るのは座標変換が ε 依存性をもつからです．$S(\bar{\mathbf{z}}(\mathbf{z}, \varepsilon), \varepsilon) = s(\mathbf{z})$ を ε で微分すると，$\partial S(\bar{\mathbf{z}}, \varepsilon)/\partial\varepsilon = -g^\mu(\bar{\mathbf{z}})\partial S(\bar{z}, \varepsilon)/\partial \bar{z}^\mu$(n−3) が得られます．$y^\mu$ を任意の座標として作用素 $L = g^\mu \partial/y^\mu$ で定義します．ここで y^μ は z^μ でも $\bar{z}^\mu$ でも構いません．この時，(n−3) は $\partial S(\mathbf{y}, \varepsilon)/\partial\varepsilon = -LS(\mathbf{y}, \varepsilon)$ となります．$S(\mathbf{y}, \varepsilon)$ のテーラ展開を考え $\partial^n S(\mathbf{y}, \varepsilon)/\partial\varepsilon^n|_{\varepsilon=0} =$

$(-L)^n S(\mathbf{y},0)$ と $S(\mathbf{y},0)=s(\mathbf{y})$ を考慮すると $S(\mathbf{y},\varepsilon)=\exp(-\varepsilon L)s(\mathbf{y})$ (n−4) を得ます. 当然のことですが, 座標変換 (n−1) とスカラー関係式 (n−4) は変換法則が逆になっています. (n−4) は s が陽に ε 依存性を持っていても成り立ちます. $s(\mathbf{z},\varepsilon)=s_0(\mathbf{z})+\varepsilon s_1(\mathbf{z})+(\varepsilon^2/2)s_2(\mathbf{z})+\cdots$ とおいて $S_n(\bar{\mathbf{z}},\varepsilon)=s_n(\mathbf{z}(\bar{\mathbf{z}},\varepsilon))$ について同様の議論を行うと, $S_n(\mathbf{y},\varepsilon)=\exp(-\varepsilon L)s_n(\mathbf{y})$ が得られ, $S(\mathbf{y},\varepsilon)=\exp(-\varepsilon L)s(\mathbf{y},\varepsilon)$ (n−5) を得ます.

[微分形式のリー変換]：座標変換に伴う微分形式の変換式 (4.6–5) を (n−1) のリー変換について書き下すと $\Gamma_\mu(\bar{\mathbf{z}},\varepsilon)=(\partial z^\nu(\bar{\mathbf{z}},\varepsilon)/\partial\bar{z}^\mu)\gamma_\nu(\mathbf{z}(\varepsilon;\bar{\mathbf{z}}))$ (n−6) が得られます. スカラーと同様まずは γ が ε に依存しないとします. (n−6) を ε で微分して (n−2) と循環則 $(\partial\gamma_\mu/\partial z^\lambda)(\partial z^\lambda/\partial z^\nu)=\partial\gamma_\mu/\partial\bar{z}^\nu$ を用いると,

$$
\begin{aligned}
&\partial\Gamma_\mu(\bar{\mathbf{z}},\varepsilon)/\partial\varepsilon\\
&=-\{\partial/\partial\bar{z}^\mu[g^\lambda(\bar{\mathbf{z}})\partial z^\nu(\bar{\mathbf{z}},\varepsilon)/\partial\bar{z}^\lambda]\}\gamma_\nu(\mathbf{z}(\bar{\mathbf{z}},\varepsilon))-g^\lambda(\bar{\mathbf{z}})(\partial z_\nu(\bar{\mathbf{z}},\varepsilon)/\partial\bar{z}^\mu)\,\partial\gamma_\nu(\mathbf{z}(\varepsilon;\bar{\mathbf{z}})\partial\bar{z}^\lambda)\\
&=-\partial/\partial\bar{z}^\mu[g^\lambda(\partial z^\nu/\partial\bar{z}^\lambda)\gamma_\nu]-g^\lambda[(\partial z^\nu/\partial\bar{z}^\mu)(\partial\gamma_\nu/\partial\bar{z}^\lambda)-(\partial z^\nu/\partial\bar{z}^\lambda)(\partial\gamma_\nu/\partial\bar{z}^\mu)]\\
&=-\partial/\partial\bar{z}^\mu[g^\lambda\Gamma_\lambda]-g^\lambda[\partial/\partial\bar{z}^\lambda((\partial z_\nu/\partial\bar{z}^\mu)\gamma_\nu)-\partial/\partial\bar{z}^\mu((\partial z_\nu/\partial\bar{z}^\lambda)\gamma_\nu)]
\end{aligned}
$$

よって $\partial\Gamma_\mu(\bar{\mathbf{z}},\varepsilon)/\partial\varepsilon=-g^\lambda(\bar{\mathbf{z}})[\partial\Gamma_\mu(\bar{\mathbf{z}},\varepsilon)/\partial\bar{z}^\lambda-\partial\Gamma_\lambda(\bar{\mathbf{z}},\varepsilon)/\partial\bar{z}^\mu]-\partial[g^\nu(\bar{\mathbf{z}})\Gamma_\nu(\bar{\mathbf{z}},\varepsilon)]/\partial\bar{z}^\mu$

この式の右辺第 2 項はゲージ項であるため, 最後に考慮することにして第 1 項だけ考慮します. この式は $\bar{\mathbf{z}}$ だけで書かれており y を任意の座標として以下が成立します.

$$
\partial\Gamma_\mu(\mathbf{y},\varepsilon)/\partial\varepsilon=-g^\lambda(\mathbf{y})[\partial\Gamma_\mu(\mathbf{y},\varepsilon)/\partial y^\lambda-\partial\Gamma_\lambda(\mathbf{y},\varepsilon)/\partial y^\mu] \quad (4.6\text{–}6)
$$

任意の微分形式 ω に対する作用素 $(L\omega)_\mu=g^\lambda(\partial\omega_\mu/\partial y^\lambda-\partial\omega_\lambda/\partial y^\mu)$ で定義すると $\partial\Gamma_\mu(\bar{\mathbf{z}},\varepsilon)/\partial\varepsilon=-L\Gamma_\mu$ が得られます. スカラー同様, Γ_μ の Taylor 展開を考えると, スカラーの時 (n−5) と同様に $\Gamma(\mathbf{y},\varepsilon)=\exp(-\varepsilon L)\gamma(\mathbf{y},\varepsilon)$ (n−7) が成り立ちます. 多段の Lie 変換を行うために $T_n(\varepsilon)=\exp(-\varepsilon^n L_n)$ $(L_n\omega)_\mu=g_n^\lambda(\partial\omega_\mu/\partial y^\lambda-\partial\omega_\mu/\partial y^\lambda)$ (n−8) とおいて $T=\cdots T_3T_2T_1$ と定義します. これによるラグランジュアン微分 1 形式の変換公式はゲージ項 dS を考慮して,

$$
\Gamma=T\gamma+dS \quad (4.6\text{–}7)
$$

が得られます.

4.7 “リー摂動論”：ジャイロ中心の軌道力学

Littlejohn [4-14] と Carry [4-15] によって導入されたリー摂動論を用いたガイド中心軌道論は，Hahm と Brizard [4-16] によって揺動場中の軌道論である**ジャイロ運動論**として定式化されました．4.3 節で導いたガイド中心軌道方程式は場の時間変化が無い場合には使えますが，プラズマ中にジャイロ半径程度の波長を持った揺動 ($k_\perp \rho_i = O(1)$) が存在する場合には使えないという弱点があります．プラズマ中にそのような低周波揺動 ($\omega/\Omega_i \approx k_{/\!/}/k_\perp = O(\varepsilon)$) がある場合，4.5 節で導いた磁気モーメントの保存も破れてしまいます．しかしながら，揺動のレベルが小さいと ($e\tilde{\Phi}/T_e = O(\varepsilon)$) その破れはわずかなので，前節で述べたリー変換という数学的手法を用いて磁気モーメントが保存されるような座標変換を行うことができます．ここでは平衡状態での静電場 $\Phi_0 = 0$ で静電的摂動 $\delta\varphi$ が加わる場合のみを扱います [4-17]．ε をプラズマ中の揺動を特徴づける微小パラメータとし系のラグランジュアン微分 1 形式 Ldt は座標系 $\mathbf{z} = \{z_\mu\} = \{t, z_i\}$ で表すと，

$$\mathrm{Ldt} = \gamma = \gamma_i(\mathbf{z}, \varepsilon)\, dz_i(\bar{\mathbf{z}}, \varepsilon) - h(\mathbf{z}, \varepsilon)\, dt \tag{4.7-1}$$

これを，新しい座標系 $\bar{\mathbf{z}} = \{\bar{z}_\mu\} = \{t, \bar{z}_i\}$ では ε の依存性が無いように変換することを考えます．

$$\mathrm{Ldt} = \Gamma = \Gamma_i(\bar{\mathbf{z}})\, d\bar{z}_i - H(\bar{\mathbf{z}})\, dt + dS(\bar{\mathbf{z}}) \tag{4.7-2}$$

ここで，前節ノートで紹介したリー変換に伴う微分 1 形式の変換則を $\Gamma = T\gamma + dS$ を ε で Taylor 展開し $T = \cdots \exp(-\varepsilon^2 L_2)\exp(-\varepsilon L_1) = 1 - \varepsilon L_1 + \varepsilon^2((1/2)L_1^2 - L_2) + \cdots$ を用いて ε の各オーダーの関係を導くと次式を得ます．

$$\varepsilon^0 \text{ 次：} \Gamma_0 = dS_0 + \gamma_0 \tag{4.7-3}$$

$$\varepsilon^1 \text{ 次：} \Gamma_1 = dS_1 - L_1\gamma_0 + \gamma_1 \tag{4.7-4}$$

$$\varepsilon^2 \text{ 次：} \Gamma_2 = dS_2 - L_2\gamma_0 + \gamma_2 - L_1\gamma_1 + (1/2)L_1^2\gamma_0 \tag{4.7-5}$$

Γ は ε 依存性が無いように選ぶわけですが，そのような解があることを示すため，上式では ε での展開 $\Gamma = \Gamma_0 + \Gamma_1 + \Gamma_2 \cdots$ を仮定しています．電磁場中のラグランジュアン微分 1 形式 γ は (4.3-1) から $\mathbf{z} = (t, \mathbf{x}, \mathbf{v})$ として

$$\gamma(t, \mathbf{x}, \mathbf{v}) = (e_a \mathbf{A}(\mathbf{x}, t) + mv)\cdot d\mathbf{x} - [m_a v^2/2 + e_a \varphi(\mathbf{x}, t)]dt \tag{4.7-6}$$

ポテンシャル揺動を無視した場合のガイド中心でのラグランジュアン微分1形式 γ_0 と静電的な摂動による γ の1次の摂動項は (4.3-3) より，

$$\gamma_0(t, \mathbf{r}, v_{/\!/}, \mu, \theta) = (e_a \mathbf{A} + m_a v_{/\!/} \mathbf{b})\cdot d\mathbf{r} - (m_a/e_a)\mu d\theta - [m_a v_{/\!/}^2/2 + \mu B(\mathbf{r})]dt \tag{4.7-7}$$

$$\gamma_1 = -e_a \varphi(\mathbf{r} + \boldsymbol{\rho}, t)dt \tag{4.7-8}$$

$$\gamma_2 = 0 \tag{4.7-9}$$

γ_1 が t 成分だけ（$\gamma_{1t} = -h_1 = -e_a\varphi, \gamma_{1i} = 0$ (i = 1, 6)）なので $\Gamma_{1i} = 0$ (i = 1, 6) ととしてハミルトニアン $\Gamma_{1i} \neq 0$ のみで摂動を吸収することを考えます．(4.7-4) の i 成分から，

$$0 = 0 - (L_1\gamma_0)_i + (dS_1)_i \tag{4.7-10}$$

前節のノートの (n-8) から $(L_1\gamma_0)_i = g_1^j(\partial\gamma_{0i}/\partial z^j - \partial\gamma_{0j}/\partial z^i) = \omega_{ij} g_1^j$ なのでこれを (4.7-10) に代入すると，$\omega_{ij} g_1^j = \partial S_1/\partial z^j$ が得られ，(4.6-4) から (4.6-5) が導かれたのと同様にして変換の生成ベクトル g_1^i が次のように求まります．

$$g_1^i = \{S_1, z^i\} \tag{4.7-11}$$

(4.7-4) の t 成分に，$\Gamma_{1t} = -H_1, \gamma_{1t} = -e_a\varphi, (L_1\gamma_0)_t = g_1^j(\partial\gamma_{00}/\partial z^j - \partial\gamma_{0j}/\partial z^0) = -\{S_1, z^j\}\partial h_0/\partial z^j = -\{S_1, h_0\}$（揺動が無い時は $\partial\gamma_{0j}/\partial t = 0$ なので）を代入すると，

$$-H_1 = -e_a\varphi + \{S_1, h_0\} + \frac{\partial S_1}{\partial t}\left(H_1 = h_1 - \frac{dS_1}{dt}\right) \tag{4.7-12}$$

ここで，$\Gamma_{1t} = -H_1$ にジャイロ角依存性が無い解を求めることにします．ジャイロ角 θ 平均を $\langle\ \rangle$ と表し，(4.7-12) のジャイロ角平均を取ると，右辺第2項と3項は0になることから，$\langle H_1\rangle = H_1 = \langle e_a\varphi\rangle$ を得ます．$e_a\tilde{\varphi} = e_a(\varphi - \langle\varphi\rangle)$ とおいて，(4.7-12) に代入すると，S_1 を決める方程式 $0 = -e_a\tilde{\varphi} + \{S_1, h_0\} + \partial S_1/\partial t = -e_a\tilde{\varphi} + dS_1/dt$ を得ます．ポアソン括弧の主要項は $\{S_1, h_0\} \sim \Omega\partial S_1/\partial\zeta, \partial S_1/\partial t \sim \omega/\Omega = O(\varepsilon)$ であることから次式が得られます．

$$S_1 = -e_a\int\varphi\, dt \approx -\frac{e_a}{\Omega}\int\varphi\, d\zeta \tag{4.7-13}$$

ε の二次の関係式については，まず (4.7-5) の i 成分から，

$$\Gamma_{2i} = (dS_2)_i - (L_2\gamma_0)_i + \gamma_{2i} - (L_1\gamma_1)_i + (1/2)(L_1[dS_1 + \gamma_1 - \Gamma_1])_i \quad (4.7\text{-}14)$$

$L_1dS_1 \equiv 0$, $\Gamma_{2i} = \Gamma_{1i} = \gamma_{2i} = \gamma_{1i} = 0$ (i＝1, 6) を考慮すると$(L_2\gamma_0)_i = (dS_2)_i$が得られ，

$$g_2^i = \{S_2, z^i\} \quad (4.7\text{-}15)$$

同様に$\gamma_{1t} = -e_a\varphi$, $\gamma_{2t} = -h_2 = 0$を考慮してεの二次の関係式 (4.7−5) の t 成分から，

$$\Gamma_{2t} = (dS_2)_t - (L_2\gamma_0)_t + \gamma_{2t} - (L_1\gamma_1)_t + (1/2)(L_1[dS_1 + \gamma_1 - \Gamma_1])_t \quad (4.7\text{-}16)$$

つまり，

$$-H_2 = \frac{\partial S_2}{\partial t} + \{S_2, h_0\} + 0 + \frac{1}{2}\{S_1, h_1\} + \frac{1}{2}\{S_1, H_1\} \quad (4.7\text{-}17)$$

よって，$\Gamma_{2t} = -H_2$にジャイロ角依存性が無い解を求めるために (4.7−17) のジャイロ角平均を取ると，H_1にジャイロ角依存性がないことを考慮して，

$$H_2 = \langle H_2 \rangle = -\frac{1}{2}\langle\{S_1, h_1\}\rangle \quad (4.7\text{-}18)$$

以上のようにして，リー変換後のハミルトニアン$H = H_0 + H_1 + H_2$が決まったことになります．一方，リー変換で移動した座標系$\bar{\mathbf{z}} = \{\bar{z}_\mu\} = \{t, \bar{z}_i\}$は，

$$\bar{z}^\mu = z^\mu + \varepsilon \left.\frac{\partial \bar{z}^\mu}{\partial \varepsilon}\right|_{\varepsilon=0} + O(\varepsilon^2) = z^\mu + \varepsilon g(z^\mu) + O(\varepsilon^2) \quad (4.7\text{-}19)$$

から，以下で与えられることが分ります．

$$\bar{z}^\mu = z^\mu + \varepsilon\{S_1, z^\mu\} + O(\varepsilon^2) \quad (4.7\text{-}20)$$

第 4 章　参考図書

[4-1] H. Goldstein, Classical Mechanics, Addison-Wesley (1950)：ゴールドスタイン（野間進，瀬川富士訳），「古典力学」吉岡書店（1959）.

[4-2] 大貫義郎，吉田春夫，「力学」，岩波書店（2001）.

[4-3] L.D. Landau, E.M. Lifshitz, Classical Theory of Fields, 4th Edition, Pergamon Press, UK (1994)：ランダウ，リフシッツ（恒藤敏彦，広重徹訳）「場の古典論」，東京図書（1978）.

[4-4] H. Alfven, Ark. Mat., Astron. Fys. 27A (1940) 22.

[4-5] R.G. Littlejohn, J. Plasma Physics 29 (1983) 111.

[4-6] A.I. Morozov, L.S. Solovev, Reviews of Plasma Physics vol2 (1966) p201.

[4-7] J.B. Taylor, Phys. Fluids 7 (1964) 767.

[4-8] A. Boozer, Reviews of Modern Physics 76 (2004) 1071.

[4-9] R.H. Fowler, et al., Physics of Fluids 28 (1985) 338.

[4-10] A. Boozer and G. Kuo-Petravic, Physics of Fluids 24 (1981) 851.

[4-11] R.M. Kulsrud, "Plasma Physics for Astrophysics", Princeton U. Press (2005).

[4-12] 深谷賢治，「解析力学と微分形式」，岩波講座　現代数学への入門，岩波書店（1996）.

[4-13] H. Flanders, "Differential Forms with Applications to the Physical Sciences", Dover books (1989).

[4-14] R.H. Littlejohn, J. Math. Phys., 23 (1982) 742.

[4-15] J.R. Cary, R.G. Littlejohn, Annals of Physics 151 (1983) 1.

[4-16] A.J. Brizard, T.S. Hahm, Rev. Mod. Phys. 79 (2007) 421.

[4-17] T.S. Hahm, Physics of Fluids 31 (1988) 2670.

Chapter 5 プラズマの運動論：相空間の集団方程式

目　次

膨大な数の荷電粒子で構成されるプラズマの運動は，1個1個の粒子がニュートンの運動方程式で記述されるために，初期条件が与えられればその後の時間変化は全て決まると考えられます．N個の粒子の位置と運動量を指定する6N次元相空間での系の状態の確率密度の流れは**非圧縮性**という性質（**リウビルの定理**）を持っています．この性質は，孤立した**力学系**の重要な性質である「**ポアンカレの再帰定理**（時間の経過とともに初期状態に無限に近い状態に戻る）」を導きます．一方で，**ボルツマン方程式**で代表される運動論方程式は可逆な力学方程式から導かれますが，多くの場合非可逆な方程式となります．ボルツマン方程式では，**衝突数の仮定**という統計的な仮定が**時間の矢**をもつ衝突項を導きます．このように，可逆な力学方程式と運動論方程式の間には本質的な違いが生まれます．

高温プラズマの運動論方程式では，衝突効果が無視できる場合でも運動論方程式の作用素 $v\partial f/\partial x$ が連続スペクトルを持つために速度空間における**位相混合**という機構によって，電場が時間とともに減衰するという一見不思議な現象（ランダウ減衰）が起こります．この章では，クーロン衝突を含むプラズマの運動論方程式の基礎と実用上重要なガイド中心軌道方程式によるドリフト運動論方程式や，場の時間変化を考慮したジャイロ運動論方程式について概観することにします．

5.1 “相空間”：リウビルの定理とポアンカレの再帰定理

多数の電子とイオン（例えば10^{23}個）で構成されるプラズマのある時刻での運動状態は位置と速度によって決まります．それらは，初期値が与えられれば力学法則によって一意に決まります．1個のイオン/電子の情報としては3個の位置（x, y, z）と3個の速度（v_x, v_y, v_z）が必要です．10^{23}個の粒子の状態は，6×10^{23}個の変数の組が必要となります．この変数の組を“空間”と見立ててその空間内の軌道を考える“相空間”という道具を使います．4次元以上の次元を視覚化するのは不可能ですが，3次元空間の10^{23}個の粒子の運動状態を想像するより6×10^{23}次元の仮想空間（相空間）における1点で系の状態が記述されると見た方が分かり易く思えます．ニュートンの運動方程式に従ってN個の粒子が運動する時，系の状態を表わす点は6N次元の相空間$\mathbf{Z}=(\mathbf{q}_{3N}, \mathbf{p}_{3N})$（統計力学では“Γ**空間**”と言う）でハミルトンの方程式[5-1]に従って軌道を描きます．

$$\frac{dq_j}{dt}=\frac{\partial H}{\partial p_j} \qquad (j=1, 3N) \qquad (5.1\text{-}1)$$
$$\frac{dp_j}{dt}=\frac{\partial H}{\partial q_j}$$

上の考え方では系の状態は初期値さえ与えられればニュートンの方程式によって相空間では唯一の点として決まります．統計力学を建設した米国の物理学者**ギブス**（J. W. Gibbs, 1839−1903 [5-2]）は**アンサンブル**（集団）の概念（観測できる巨視的状態は非常に多くの微視的状態を含むと考える）を導入し相空間のある状態に系がある確率密度をDとします．つまり，系の状態に対して決定論的考え方から非決定論的な“**確率**”の概念を導入します．巨視的に同一条件である系は相空間で見るとある点の周りに滑らかに分布しその分布は**確率密度関数**で表せると仮定します．“なめらかさ”によって現象が起こる時間の向きを決める可能性を持つことになります．相空間の連続の式とハミルトン方程式を組み合わせると，確率密度の流れは非圧縮性であることが示されます．相空間内に任意にとった体積要素Ωは時間の変化とともにその形を変えて行きますが体積は変わりません．相空間の代表点の確率密度をDとすると6N次元の相空間における流れ場$\mathbf{v}$は$\nabla\cdot\mathbf{v}=0$を満たします．実際，(5.1−1)を使うと

$$\nabla\cdot\mathbf{v}=\sum_{j=1}^{3N}\left[\frac{\partial\dot{p}_j}{\partial p_j}+\frac{\partial\dot{q}_j}{\partial q_j}\right]=\sum_{j=1}^{3N}\left[\frac{\partial}{\partial p_j}\left(-\frac{\partial H}{\partial q_j}\right)+\frac{\partial}{\partial q_j}\frac{\partial H}{\partial p_j}\right]=0 \tag{5.1–2}$$

6N 次元の相空間における連続の式 $\partial D/\partial t+\nabla\cdot(D\mathbf{v})=0$ に $\nabla\cdot\mathbf{v}=0$ を代入すると，$dD/dt=\partial D/\partial t+\mathbf{v}\cdot\nabla D=0$ を得ます．

$$\frac{dD}{dt}=\frac{\partial D}{\partial t}+\sum_{j=1}^{3N}\left[\frac{\partial D}{\partial q_j}\frac{\partial H}{\partial p_j}-\frac{\partial D}{\partial p_j}\frac{\partial H}{\partial q_j}\right]=\frac{\partial D}{\partial t}+\{D,H\}=0 \tag{5.1–3}$$

ここで，{D, H} は**ポアソン括弧式**と言います．全微分，dD/dt は 6N 次元の相空間の流れに沿った系の確率密度の時間変化ですから，流れに沿って密度は変わらないことを意味しています．これを**リウビル (Liouville) の定理**と言います [5–1].

相空間における流れ場の非圧縮性は，孤立した力学系に関して“孤立した力学系は時間の経過の中でその出発点に無限に近い状態に戻る.”という「**ポアンカレの再帰定理**」[5–3] と呼ばれる興味深い性質を導きます（ノート参照）．この定理は，**時間の矢**を持つ熱力学法則を**時間反転対称性**を持つ力学方程式から導く時に出るパラドックスの議論で重要な役割を果たします [5–4].

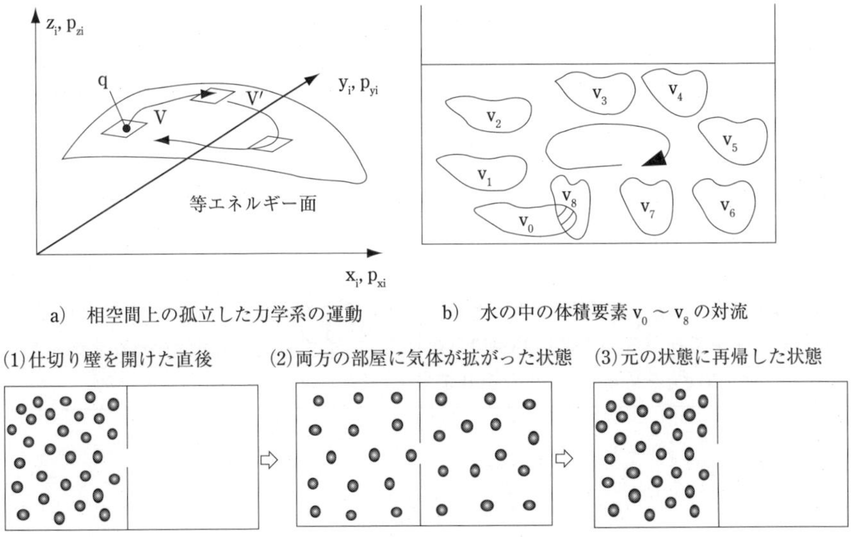

a)　相空間上の孤立した力学系の運動　　b)　水の中の体積要素 $v_0 \sim v_8$ の対流

c)　気体の分子の拡散((1)→(2))と再帰定理の予測(3)

図 5.1　a) 相空間における力学系の運動，b) 非圧縮性流体との類似性を利用したポアンカレの再帰定理の説明図，c) 気体分子の拡散と再帰定理が予測すること.

▶**ノート：ポアンカレの再帰定理 [5-5]，[5-6]**

N 個の粒子から成る孤立した力学系では全エネルギーが保存されることから，6N 次元相空間の軌道は図 5.1a）に示すように相空間の等エネルギー面上を描くことになります．ポアンカレの再帰定理が述べていることは，最初の相空間上の点 q_0 のいくらでも近い状態（q_0 の任意の近傍）に軌道は戻ってくるということです．これは図 5.1c）の左の箱に全ての気体分子が入った状態 (1) から仕切りをとって両方に気体が広がっても，いつかは (1) にいくらでも近い状態が実現されることを意味します．ポアンカレの再帰定理は数学で良く使われる背理法を使って証明されます．つまり，出発点に無限に近い状態に戻らないとすると矛盾が起こるということです．相空間上の運動が“非圧縮性流体のように振る舞う”ので，典型的な非圧縮性流体である水の運動に例えて背理法によるポアンカレの再帰定理の証明の考え方を説明することができます [5-5]．図 5.1b）のような水槽を考えます．水槽の中で水が対流しているとします．初期時刻 t_0 に水の中のある体積 V_0 を占めている水が後の時刻 t_1 で水は新たな体積 V_1 に移動します．V_0 と V_1 の形は異なるかも知れませんが体積は同じです．さらに後の時間 t_2，t_3，…で占める領域を V_2，V_3，…とします．もしどの時刻も元の体積と重ならないとすれば，水の体積は無限大になり容器の容積を越えてしまうので最初の仮定に矛盾します．これは，V_0 と重なる体積は無いとした最初の仮定が間違っているからです．数学的に少し正確に述べましょう．

ポアンカレの再帰定理 [5-6]：S を相空間の有界領域とし，g を S から S への体積（測度）を保つ 1 対 1 連続写像とします（gS＝S）．この時，領域 S の任意の点の近傍 V の中に，再び近傍 V に戻ってくる点 q∈V がある．即ち，写像 $g^n q$ が V に属するような $n>0$ が存在する．

証明：近傍 V の無限写像列 V，gV，g^2V，…g^nV，…を考えます．写像 g は体積（測度）を保存する写像ですから，これらの写像列はどれも同じ体積を持ちます．もし，これらが交わらなければ S の体積（測度）は無限になります．これは S が有界領域であるとした仮定と矛盾するので，写像列で交わるものが存在します．これらを g^kV と g^mV $(k>m\geq 0)$ とすると，$g^k V\cap g^m V\neq\varnothing$ となります．ここで∩は共通集合，∅は空集合を表わします．これから，$g^{(k-m)}V\cap V\neq\varnothing$ となります．そこで，共通集合から q を選ぶと，$q\in V$ に対して $g^n q\in V(n=k-m)$ となります．

5.2 "力学と運動論"：可逆な個別方程式と非可逆な集団方程式

"速度分布関数"という考え方は，1860年にイギリスの物理学者**ジェームズ・マックスウェル**(J. Maxwell, 1831–1879年）によって導入されました[5-7]．決定論的な力学方程式によって全ての粒子の状態を指定するかわりに，fをなめらかな関数として位置 $\mathbf{x}\sim\mathbf{x}+d\mathbf{x}$ と速度 $\mathbf{v}\sim\mathbf{v}+d\mathbf{v}$ の中に存在する粒子数が $f(\mathbf{x},\mathbf{v},t)d\mathbf{x}d\mathbf{v}$ で与えられるとします．このなめらかな分布関数は，本来離散的である分布関数を何らかの統計操作を行ってなめらかな分布関数に変換することになりますが，その時点で**決定論的な可逆方程式**が**非可逆な集団方程式**に変わってしまいます．プラズマが離散的な粒子集団であることを考慮した厳密な速度分布関数 F はデルタ関数を用いて以下のように表せ，相空間 $\mathbf{z}=(\mathbf{x},\mathbf{v})$（統計力学では"$\gamma$ **空間**"という）での流れに沿った粒子密度が時間変化しないという次の**クリモントビッチ方程式**(Klimontovich 方程式）に従います[5-8]．

$$F(\mathbf{x},\mathbf{v},t)=\sum_{i=1}^{N}\delta(\mathbf{x}-\mathbf{x}_i(t))\,\delta(\mathbf{v}-\mathbf{v}_i(t)) \tag{5.2-1}$$

$$\frac{dF}{dt}=\frac{\partial F}{\partial t}+\mathbf{v}\cdot\frac{\partial F}{\partial \mathbf{x}}+\mathbf{a}\cdot\frac{\partial F}{\partial \mathbf{v}}=0 \tag{5.2-2}$$

ここで，加速度 $\mathbf{a}=(e/m)(\mathbf{E}+\mathbf{v}\mathrm{x}\mathbf{B})$ には荷電粒子間のクーロン衝突による力や平均場による電磁力が含まれます．この方程式に対して，**アンサンブル平均**をとり速度分布関数 F を滑らかにします．$f=\langle F\rangle_{\mathrm{ensemble}}$ として"**衝突項**"を，

$$C(f)=\bar{\mathbf{a}}\cdot\frac{\partial f}{\partial v}-\left\langle \mathbf{a}\cdot\frac{\partial F}{\partial v}\right\rangle_{\mathrm{ensemble}} \tag{5.2-3}$$

で定義するといわゆる**ボルツマン型の輸送方程式**が得られます．

$$\frac{df}{dt}=\frac{\partial f}{\partial t}+\mathbf{v}\cdot\frac{\partial f}{\partial \mathbf{x}}+\bar{\mathbf{a}}\cdot\frac{\partial f}{\partial \mathbf{v}}=C(f) \tag{5.2-4}$$

$$C(f)=-\left\langle \tilde{\mathbf{a}}\cdot\frac{\partial \tilde{F}}{\partial v}\right\rangle_{\mathrm{ensemble}} \tag{5.2-5}$$

ここで，$\mathbf{a}$ と F を平均場と微視的な変動場の和に分け $(\mathbf{a}=\bar{\mathbf{a}}+\tilde{\mathbf{a}}, F=f+\tilde{F})$ (5.2–3) から (5.2–5) を得ます．つまり衝突項は微視的なクーロン場による加速度とそれに

よる離散的な分布関数の速度空間での勾配の相関であることが分ります．平均場に対する運動については決定論的に取り扱い，微視的なクーロン場による衝突は統計的に取り扱うというわけです．分布関数の「**なめらかさ**」はランダウ減衰として知られる無衝突減衰を「**位相混合**」で説明する際に重要な役割を果たします．プラズマにおける衝突項は5.6節で議論しますが，良く知られているように気体分子に関する衝突項はオーストリアの物理学者**ルードウィッヒ・ボルツマン**(1844–1906)によって求められました．「これから衝突しようとする2粒子の位置と運動量の間には統計的な相関は存在しない」という“**衝突数の仮定**(Stosszahl ansatz)”を用いました[5-9]，[5-10]．これを仮定してしまうと短距離離力による衝突によって相空間の $d\mathbf{x}d\mathbf{v}$ から単位時間に出ていく粒子数と入ってくる粒子数は1体分布関数 f を用いて計算でき，

$$C(f) = \int [f(\mathbf{v}')f(\mathbf{v}_1') - f(\mathbf{v})f(\mathbf{v}_1)]\,|\mathbf{v}_1 - \mathbf{v}|\,\sigma d\Omega d\mathbf{v}_1 \qquad (5.2\text{–}6)$$

ここで，$\mathbf{v}_1$ は衝突相手の速度，$\mathbf{v}'$，$\mathbf{v}_1'$ は衝突後の粒子の速度です．また，右辺第1項は $\mathbf{v}'$，$\mathbf{v}_1'$ からの逆衝突によって $d\mathbf{v}$ に入ってくる粒子数，第2項は衝突によって失われる粒子数です．ボルツマン方程式は不可逆方程式であり，可逆な力学方程式を用いて非可逆な運動論方程式が生まれるという結果を導きます(サロン参照)．

サロン

力学方程式の可逆性と運動論方程式の不可逆性 [5-4]，[5-10]，[5-11]，[5-12]

ニュートンが見いだした力学の方程式 $md^2x/dt^2 = F$ は，$t \rightarrow -t$ にしても方程式の形が変わらないことから，時間反転に対して対称です．一方で，熱い湯が冷えるとか気体が圧力の低いところに膨張するといった熱が関わる現象が逆に進行することはありません．このような現象を**不可逆過程**と呼びます．熱が物体を構成する原子や分子のミクロな運動であるとすると，可逆な力学法則から，**エントロピー増大の法則**等の不可逆な熱現象を説明できるかという疑問が起こります．

ミクロな分子に力学法則を当てはめ，不可逆な熱現象を説明するという問題に取り組んだのが**ボルツマン**でした．彼は，熱平衡の状態にない気体が分子間の衝突によって平衡状態へ移っていく過程を表わす方程式(ボルツマン方程式(5.2–4)及び(5.2–6))を作りました．このボルツマンの衝突項は，ボルツマンのH関数 $H = \int f \cdot \ln f d^3v$ が時間とともに単調減少するという結果(**ボルツマンのH定理**)を導きます．衝突過程には時間対称な力学方程式を用いましたが，衝突に係る粒子を数える時に行った統計的な操作で時間の矢を持つようになってしまっています[5-10]．これに対して，ドイツの物

理学者**ツェルメロ**等は前節の再帰定理がH定理と矛盾することを指摘しました [5-4]. ボルツマンのH定理は確率的な定理であることから，現れる確率が極めて小さい再帰状態（もしくは，決定論的な力学方程式の解として到達時間が極めて長くなる場合）は無視されています．ボルツマン方程式は再帰状態を排除し，実現確率の高い状態への変化を記述しています．力学と運動論の間に横たわるこのパラドックスについては，朝永 [5-11] で詳しく論じてあります．このような事情はプラズマのクーロン衝突項でも同じで，$H=\int f\cdot \ln f d^3v$ は時間とともに単調減少するという結果を導きます．

ポアンカレの再帰状態の実現性が確率的に極めて小さいことを5.1節のサロンで示した仕切りを開いた箱の中の粒子の拡散の問題を例に考えてみましょう．仕切りの左側だけにあった粒子群が，仕切りを開放した後に両方に広がりますが，ポアンカレが再帰定理で予測したように，力学的にはいつかは仕切りの左側だけにあつまるはずです．その状態を確率的に評価してみましょう．ある粒子が左右の箱に入る確率は等しいと考えられるので，左の箱に入る確率は1/2です．それぞれの粒子の存在確率は独立とすると，左の箱に全ての粒子が入っている確率は $(1/2)^N$（N：粒子数）となります．$N=10^{23}$ 個とすると，ポアンカレが予測した再帰状態が実現する確率は極めて小さいことがわかります．これは，再帰状態が実現される時間が膨大にかかることを意味しています. 初期値の観点からは, 短い時間で左半分の箱に戻るような初期値は存在する（拡散の時間反転解）ものの，全体に広がった粒子群が取り得る初期値としては極めて低い確率しか持ちません．

ちなみに，ある粒子が左右の部屋に入る確率が等しいことは明らかに見えますが，粒子が左右の空間の全ての場所に居る確率が等しいことは，必ずしも自明ではありません．この問題は，**エルゴード問題**と呼ばれる力学の問題の例になっています．良くしられている「**ワイルの撞球**」はその例になっています [5-12]．多粒子系における時間の矢とは，巨視的な操作（例えば，仕切り壁を取るという操作）によってあり得る運動状態の数が変化し，その中で圧倒的に確率の高い運動状態へ移行するわけです．ここで重要なのは，巨視的操作は微視的状態の場合の数を増やすことはできるけれど減らすことはめったにできないという事です．英国の天文物理学者**アーサー・エディントン (1882–1944)** は，1927年に「**時間の矢**」という言葉を作り出しました．物理現象には時間を逆転できない現象があり，起こる現象との関わりにおいて「時間」には方向性があると主張します．

5.3 “ブラゾフ方程式”：保存量，時間反転対称性と連続スペクトル

プラズマの構成粒子の温度が高くなってくると平均場に比べてクーロンポテンシャルによる微視的な電場による速度分布関数の変化である“衝突”はほとんどなくなり，いわゆる“**無衝突プラズマ** (collision-less plasma)”と呼ばれる状態になります．この時，(5.2–4) の右辺は無視できます．高温プラズマで衝突項が無視できることはロシアの物理学者**ブラゾフ** (A. Vlasov, 1900–1946) によって最初に指摘されたことから**ブラゾフ方程式**と呼ばれます [5–13].

$$\frac{df_s}{dt}=\frac{\partial f_s}{\partial t}+\mathbf{v}\cdot\frac{\partial f_s}{\partial \mathbf{x}}+\bar{\mathbf{a}}\cdot\frac{\partial f_s}{\partial \mathbf{v}}=0 \tag{5.3–1}$$

ここで $\bar{\mathbf{a}}=(e_s/m_s)(\mathbf{E}+\mathbf{v}\times\mathbf{B})$ は微視的なクーロン場を除いた平均場による加速度です．ブラゾフ方程式の f_s はアンサンブル平均した“なめらかな”分布関数です．(5.3–1) 式は，相空間 $\mathbf{z}=(\mathbf{x},\mathbf{v})$ を粒子軌道とともに動いていく観測者に対して密度 f_s は一定である (相空間の流れに沿った密度変化 df_s/dt (ラグランジェ微分と呼ぶ) がない) ことを意味しています．逆に言えば，相空間の f＝一定の曲面 (定 f 曲面) に沿って粒子は運動するということです．この性質から，$f(\mathbf{x},\mathbf{v},t=0)>0$ であれば，$f(\mathbf{x},\mathbf{v},t)>0\ (t>0)$ が満たされます．つまり，**相空間における粒子運動の軌跡 (特性曲線) は f の等高線に沿っている**ことになります．相空間で粒子が発生も消滅もしないとすると相空間における粒子保存則は，$\partial f_s/\partial t+\partial/\partial\mathbf{z}\cdot(\mathbf{u}f_s)=0\ (\mathbf{u}=(\mathbf{v},\bar{\mathbf{a}}))$ と表せることからブラゾフ方程式と比較することにより $(\partial/\partial\mathbf{z})\cdot\mathbf{u}=0$ が成り立つことがわかります．これは**相空間の流れが非圧縮性である**ことを意味しています．

衝突のある気体では孤立系では平衡状態でエントロピー S が保存されます．ブラゾフ方程式を満たす無衝突プラズマでは，$G(f_s)$ を f_s の任意の関数とし，$H=\int G(f_s)d\mathbf{z}$ で定義すると $dH/dt=0$ が成り立ち H は保存量であることが分ります．実際，

$$\frac{dH}{dt}=\int\frac{\partial G(f_s)}{\partial t}d\mathbf{z}=-\int G'(f_s)\,\mathbf{u}\cdot\frac{\partial f_s}{\partial \mathbf{z}}d\mathbf{z}=-\int\frac{\partial \mathbf{u}G(f_s)}{\partial \mathbf{z}}d\mathbf{z}=0 \tag{5.3–2}$$

が成り立ちます．G の任意性から**ブラゾフ方程式には無限個の保存量がある**ことになります．$G=f_s$ の場合は，粒子数の保存則を与えます．また，$G=-f_s\ln f_s$ の場合はボルツマンが与えたエントロピーになり無衝突プラズマにおけるエントロピー保

存則を与えます．このため，ブラゾフ方程式のこの性質は，**一般化されたエントロピー保存則**とも呼ばれています［5-14］，［5-15］．

ブラゾフ方程式は衝突がゼロになる極限で成立する方程式であることに注意する必要がありますが，興味深い性質を持っています．その一つに**時間反転に対する対称性**があります（ボルツマン方程式は時間反転に対する対称性を持っていない）．$\psi=(f_s, \mathbf{E}, \mathbf{B})$をブラゾフ方程式の解とすると，$T\psi(-t)$もまた解となり時間反転解と呼びます（ここで，Tは**時間反転演算子**で，磁場の反転を必要とすることに注意する必要があります）［5-16］．ボルツマン方程式では，衝突項の特性から必ずある平衡状態に向かって収束することが示されます．一方，ブラゾフ方程式の解は，その保存性や時間反転対称性から，ある平衡状態に収束するとは限らないことに注意する必要があります．$\psi(t)$が平衡状態に収束する解であるとするとそれから構成される時間反転解$T\psi(-t)$は平衡状態から遠ざかる解となります．

ブラゾフ方程式は波動方程式としての構造を持っていますが，その周波数は系の分散関係式から決まる特定の角周波数ωの波以外に，波数$\mathbf{k}$に対して粒子速度$\mathbf{v}$とともに連続的に変化する角周波数$\omega_c=\mathbf{k}\cdot\mathbf{v}$を持った波が存在し得ます．

実際，磁場の無い場合のブラゾフ方程式の静電波の解を$f_a=F_{a0}+f_{a1}$ $(f_{a1}\ll F_{a0})$と展開すると，線形ブラゾフ方程式とポアソン方程式は

$$\frac{\partial f_{a1}}{\partial t}+\mathbf{v}\cdot\frac{\partial f_{a1}}{\partial \mathbf{x}}=\frac{e_a}{m_a}\nabla\varphi\cdot\frac{\partial f_{a0}}{\partial \mathbf{v}} \tag{5.3-3}$$

$$\varepsilon_0\nabla^2\varphi=-e_a\int_{-\infty}^{\infty}f_{a1}d\mathbf{v} \tag{5.3-4}$$

となります．また，$f_{a1}=f_{a1\mathbf{k}\omega}\exp(i\mathbf{k}\cdot\mathbf{x}-i\omega t)$，$\omega=\omega_{\mathbf{k}\omega}\exp(i\mathbf{k}\cdot\mathbf{x}-i\omega t)$とすると，

$$(\omega-\mathbf{k}\cdot\mathbf{v})f_{a1\mathbf{k}\omega}=-\frac{e_a}{m_a}\varphi_{k\omega}\mathbf{k}\cdot\frac{\partial f_{a0}}{\partial \mathbf{v}} \tag{5.3-5}$$

となります．ここで，$xf(x)=g(x)$の一般解が$f(x)=g(x)P[x^{-1}]+\lambda\delta(x)$（Pは主値，$\delta(x)$はDiracのデルタ関数）で与えられることを用いると，

$$f_{a1\mathbf{k}\omega}=\left[-\frac{e_a}{m_a}(\mathbf{k}\cdot\partial f_{a0}/\partial\mathbf{v})P\frac{1}{\omega-\mathbf{k}\cdot\mathbf{v}}+\lambda\delta(\omega-\mathbf{k}\cdot\mathbf{v})\right]\varphi_{\mathbf{k}\omega} \tag{5.3-6}$$

と求まります．(5.3-6)のデルタ関数の項をフーリエ逆変換して時間依存性を求め

ると, $f_{a1}=\exp[-i\mathbf{k}\cdot(\mathbf{x}-\mathbf{v}t)]$ という解が得られます. これを自由運動項と言います. $\mathbf{k}\cdot\mathbf{v}$ は $-\infty$ から $+\infty$ までとれることから, 波のスペクトルとして **“連続スペクトル”** を持ちます. 実際, ポアソン方程式 (5.3–4) から,

$$\left[1+\frac{e_a}{\varepsilon_0 k^2 m_a}\int_{-\infty}^{\infty}\frac{P}{\omega-\mathbf{k}\cdot\mathbf{v}}\mathbf{k}\cdot\frac{\partial f_{a0}}{\partial \mathbf{v}}dv\right]+\frac{e_a}{\varepsilon_0 k^2}\lambda=0 \tag{5.3–7}$$

が得られます [5–17]. この方程式は波数 k が与えられた時には, 2 つの未知数 ω と λ との関係を与えます. これは, k を与えても角周波数 ω は任意であること, つまり固有値のスペクトルが連続であることを意味します. 線形ブラゾフ方程式のこのような性質は, 作用素 $A=\mathbf{k}\cdot\mathbf{v}(df/dt=-iAf)$ が **“連続スペクトル”** を持つ線形作用素であることに由来します [5–18]. 実数 ω に対して (5.3–7) 式で λ を決める (つまり, (5.3–7) の共鳴粒子の密度をうまく選ぶ) ことで非減衰波が得られ, これを **Van Kampen 波** (速度空間で特殊な構造を持つ) と言います. マックスウェル分布と絡んだ自由運動項 $f_{a1}=\exp[ikut-(u/u_{th})^2/2]$ を考えると, 図 5.3 のように十分な時間が経過すると速度空間で激しく振動し速度分布関数を積分して得られる電場等の実空間での物理量をゼロにしてしまいます. この構造消滅は波の様々な位相差の重なりで起こることから “位相混合” と呼び, 数学的には **Riemann-Lebesgue の定理**によって保証されます [5–16], [5–18]. このような速度空間における連続スペクトルがもたらす電場の無衝突減衰をランダウ減衰と言い次節で詳しく述べます.

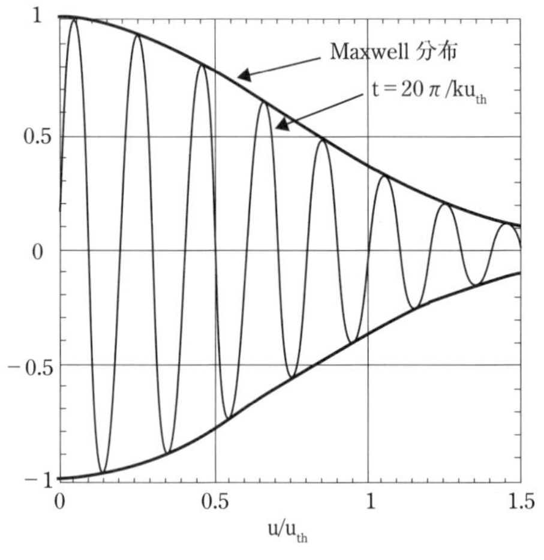

図 5.3 マックスウェル分布 $(\exp[-(u/u_{th})^2/2])$ と摂動分布関数 $f_1=\exp(ikut-u^2/2u_{th}^2)$ の位相混合 $(t=20\pi/ku_{th})$

5.4 “ランダウ減衰”：可逆方程式が生み出す非可逆現象

ブラゾフ方程式は時間反転に対して対称な方程式であることから，因果律（原因は結果に先立つ：**“時間の矢”**）を満たすために，時間についてラプラス変換（もしくはそれに等価な方法）を用います．これは，現象を $t\geq 0$ に限って分析する初期値問題と考えることに対応します．前節の電子プラズマ振動の問題を，電場がポアソン方程式に従ってプラズマ密度の摂動から決まるということを考慮して調べます．系の線形応答は空間についてフーリエ変換した線形ブラゾフ方程式とポアソン方程式を同時に満たす解です．

$$\frac{\partial f_{e1k}}{\partial t}+i\mathbf{k}\cdot\mathbf{v}f_{e1k}=-i\frac{e_a}{m_a}\varphi_k\mathbf{k}\cdot\frac{\partial f_{e0}}{\partial \mathbf{v}} \tag{5.4–1}$$

$$\varepsilon_0 k^2\varphi_k=-e\int_{-\infty}^{\infty}f_{e1\mathbf{k}}d\mathbf{v} \tag{5.4–2}$$

この式を初期値問題として正確に解く方法は，時間についてラプラス変換（$t\geq 0$ で積分する）をすることです．

$$f_{e1\mathbf{k}\omega}(\mathbf{v})=\frac{1}{2\pi}\int_0^{\infty}f_{e1\mathbf{k}}(\mathbf{v},t)e^{i\omega t}dt \tag{5.4–3}$$

$$\varphi_{\mathbf{k}\omega}=\frac{1}{2\pi}\int_0^{\infty}\varphi_{\mathbf{k}}(t)e^{i\omega t}dt \tag{5.4–4}$$

ここで重要なのはラプラス変換 (5.4–3), (5.4–4) の積分が収束するように $\mathrm{Im}(\omega)=\omega_{I0}$（$\omega_{I0}$：定数）が十分大きく選んで定義されていることです．これによって因果律が満たされるようになります．(5.4–1) と (5.4–2) をフーリエ・ラプラス変換すると，

$$(\omega-\mathbf{k}\cdot\mathbf{v})f_{e1\mathbf{k}\omega}(\mathbf{v})=if_{e1\mathbf{k}}(\mathbf{v},t=0)+\frac{e}{m_e}\varphi_{\mathbf{k}\omega}\mathbf{k}\cdot\frac{\partial f_{e0}}{\partial\mathbf{v}} \tag{5.4–5}$$

$$i\varepsilon_0 k^2\varphi_{\mathbf{k}\omega}=-e\int_{-\infty}^{\infty}f_{e1\mathbf{k}}(\mathbf{v},\omega)d\mathbf{v} \tag{5.4–6}$$

となり，(5.4–5) を (5.4–6) に代入して $f_{e1\mathbf{k}}(\mathbf{v},t)$ を消去すると，

$$\varphi_{\mathbf{k}\omega}=-\frac{ie}{\varepsilon_0 k^2 K(\omega,\mathbf{k})}\int_{-\infty}^{\infty}\frac{f_{e1\mathbf{k}}(v,t=0)}{\omega-\mathbf{k}\cdot\mathbf{v}}d\mathbf{v} \tag{5.4–7}$$

$$K(\mathbf{k}, \omega) = 1 + \frac{\omega_{pe}^2}{n_e k^2} \int \frac{\mathbf{k} \cdot \partial f_{e0}/\partial \mathbf{v}}{\omega - \mathbf{k} \cdot \mathbf{v}} d\mathbf{v} \tag{5.4-8}$$

が得られ，固有モードは $K(\mathbf{k}, \omega) = 0$ で与えられます．この式を分散式と言います．分散式の積分において $u \equiv \mathbf{k} \cdot \mathbf{v}/k = \omega/k$ が特異点（積分の分母がゼロになる点：ω/k は波の位相速度）なので積分の取り方が問題になります．プラズマにある波数（k：実数）の波が励起された時の初期値問題を考えます．波が成長または減衰する場合，ω は複素数になります．このため，(5.4-8) の積分は複素 u 平面での線積分として扱う必要がある訳です．ブラゾフはコーシー主値を取りましたが，ロシアのノーベル賞物理学者**ランダウ**（L.D. Landau：1908－1968）は前節で取り扱ったように初期値問題として取り扱うことが必要であることから，特異点を迂回する項（ランダウ減衰項）が付け加わることに気づきました [5-19]．この場合，$\mathrm{Im}(\omega) > 0$ であることから u の積分路としては特異点の下の経路を用いることになります．$\omega = \omega_r + i\omega_i$ として分散関数 K を実部と虚部に分離すると，

$$K(\mathbf{k}, \omega) = K_r(\mathbf{k}, \omega_r) + i\left[K_i(\mathbf{k}, \omega_r) + \omega_i \frac{\partial K_r(\mathbf{k}, \omega_r)}{\partial \omega_r}\right] = 0 \tag{5.4-9}$$

$$\omega_i = -\frac{K_i(\mathbf{k}, \omega_r)}{\partial K_r(\mathbf{k}, \omega_r)/\partial \omega_r} \tag{5.4-10}$$

$$K_r(k, \omega) = 1 + \frac{\omega_{pe}^2}{n_e k^2} P \int \frac{\mathbf{k} \cdot \partial f_{e0}/\partial \mathbf{v}}{\omega_r - \mathbf{k} \cdot \mathbf{v}} d\mathbf{v}, \quad K_i(\mathbf{k}, \omega_r) = -\pi \frac{\omega_{pe}^2}{k^2} \frac{\partial f_{e0}}{\partial v}\bigg|_{u=\omega_r/k} \tag{5.4-11}$$

となります．ここで，P はコーシーの主値積分を表します．電子がマックスウェル分布で波の位相速度が電子の熱速度 v_{te} より十分大きい（$\omega_r/k \gg v_{te}$）とすると $K_r(k, \omega) = 1 - (\omega_{pe}/\omega_r)^2 - 3(\omega_{pe}/\omega_r)^4 k^2 \lambda_D{}^2$ と表せることから，

$$\omega_r = \omega_{pe}(1 + 1.5k^2\lambda_D^2), \quad \omega_i = -\sqrt{\frac{\pi}{8}} \frac{\omega_{pe}}{k^3 \lambda_{De}^3} \exp\left[-\left(\frac{1}{2k^2\lambda_{De}^2} + \frac{3}{2}\right)\right] \tag{5.4-12}$$

となります．$\omega_i < 0$ となることから波は減衰します．衝突によるエネルギーの散逸が無いのに波の減衰が起こる（**無衝突減衰**という）この現象は，ランダウによって始めて見いだされました [5-19]．これを「**ランダウ減衰**」と言います．ランダウ減衰の物理機構は直感的には単純です．まず，減衰率が $u = \omega/k$ での留数から来ていることから，速度分布で位相速度にほとんど等しい速度を持つ粒子（共鳴粒子と言います）によって引き起こされていることが判ります．これらの粒子は波とともに

進むので直流的な電場を感じ波とのエネルギー交換ができます．ランダウ減衰では，波からエネルギーを得る粒子の方が波にエネルギーを与える粒子より多いために波のエネルギーが減衰するという訳です．ランダウ減衰は，サーフィンに例えることができます．サーフボードが波に乗れてないと，波は過ぎ去るだけでエネルギーを得ることはできません．しかし，サーフボードが波とほとんど同じ速度である場合，ボードは波に捕えられ押し続けられ，エネルギーを得ることができるという訳です．無衝突プラズマを記述するブラゾフ方程式はボルツマン方程式のような“衝突項”によって引き起こされる不可逆性という性質を持っていないにもかかわらず“**ランダウ減衰**”と呼ばれる波の減衰によって時間の矢を持っています．ボルツマン方程式の不可逆性は“**衝突数の仮定**”によって生み出されましたが，ランダウ減衰は前節で述べた“**位相混合**”という機構で生まれます．線形作用素 $L=\omega-\mathbf{k}\cdot\mathbf{v}$ の逆作用素 $L^{-1}=P[1/(\omega-\mathbf{k}\cdot\mathbf{v})]+\lambda\delta(\omega-\mathbf{k}\cdot\mathbf{v})$（$\lambda$：任意の定数）なのですが，初期値問題として $t=0$ でなめらかな速度分布関数の初期値に一致する条件を課すると，$\lambda=i\pi$ という特定の値を取る必要があるということです．(5.4–7) 式のラプラス逆変換

$$\mathbf{E}_k(t)=-\frac{e\mathbf{k}}{2\pi\varepsilon_0 k^2}\int_{-\infty}^{\infty}dvf_{e1k}(\mathbf{v},t=0)\int_{-\infty+i\omega_{10}}^{\infty+i\omega_{10}}\frac{\exp(-i\omega t)d\omega}{K(\omega,\mathbf{k})(\omega-\mathbf{k}\cdot\mathbf{v})} \quad (5.4\text{–}13)$$

において ω 積分の極 $\omega=\mathbf{k}\cdot\mathbf{v}$ から自由伝搬項 $\exp(-i\mathbf{k}\cdot\mathbf{v}t)$ が生まれ，その位相混合によって自由伝搬項の密度揺動は次第に打ち消され初期の密度擾乱は最後には0に近づきます．この“**位相混合**”によって生まれる無衝突減衰に対して，ブラゾフ方程式の可逆性と矛盾するのではないかと思うかもしれません（ボルツマン方程式の非可逆性に対するロシュミットの“**可逆性のパラドックス**”と似た議論）．解 $f_{e1k}(\mathbf{v},t)$ に対して $f_{e1k}(\mathbf{x},-\mathbf{v},-t)$ もブラゾフ方程式の解であることからこの解に対する密度 $n_1(\mathbf{x},t)$ は指数関数的に増大することになります．この時間反転解はある時間 t_1 経った後の解 $f_{e1k}(\mathbf{x},\mathbf{v},t_1)$ を初期条件として時間反転ブラゾフ方程式を解くことになります．$f_{e1k}(\mathbf{x},\mathbf{v},t_1)$ は，$\exp(-i\mathbf{k}\cdot\mathbf{v}t_1)$ を含むことから u のなめらかな関数ではなくなっています．なめらかでない初期条件からスタートして t_1 経過したところで最大に達しそこでは f_{e1k} はなめらかな関数になります．その後，再度“位相混合”によって密度は減衰して0になります [5–16]．

5.5 “クーロン対数”：クーロン場中の集団現象

さて，前節まで無視してきたクーロン場における衝突について考えてみましょう．プラズマは，荷電粒子（イオンと電子）で成り立っているので，同種荷電粒子間には斥力が，異種荷電粒子間には引力が働きます．このため電解質におけるデバイ遮蔽と同じように電場の遮蔽が起こります．ちなみに引力だけが働く重力多体系では遮蔽現象は起こりません．プラズマ中に密度変化がおこりポテンシャルϕが作られると電子とイオンは**ボルツマン分布**$n_e = n_{e0}\exp(e\phi/kT)$，$n_i = n_{i0}\exp(-eZ_i\phi/kT)$に従います．中心にあるイオンの周りに作られるポテンシャルを考えます．エネルギー$e\phi$より熱エネルギーkTの方が十分大きい（$e\phi \ll kT$）と仮定しϕに関するポアソン方程式を解くと，

$$\phi = \frac{e}{4\pi\varepsilon_0 r} e^{-r/\lambda_D} \tag{5.5-1}$$

となります．ここで，$\lambda_D{}^{-2} = \lambda_{De}{}^{-2} + \Sigma\lambda_{Di}{}^{-2}$，$\lambda_{De}{}^{2} = (\varepsilon_0 kT/e^2 n_e)^{0.5} (= 7.43 \times 10^3 [T_e(eV)/n_e(m^{-3})]^{0.5}[m])$，$\lambda_{Di}{}^{2} = (\varepsilon_0 kT/e^2 Z_i^2 n_i)^{0.5}$です．この電場の遮蔽効果をデバイ遮蔽と呼び，$\phi$をデバイポテンシャルと呼びます．この関係はポテンシャル分布の中（つまり半径がデバイ長の球の中）に統計的に意味があるほどに多くの粒子がいる場合にだけ有効なので$n\lambda_D{}^3 \gg 1$である必要があります．この条件が成り立つ時に集団効果によるクーロン場の遮蔽が作用します．この条件はまた，$kT \gg e^2/4\pi\varepsilon_0 d$（$d = n^{-1/3}$：電子間距離）と変形でき電子間のポテンシャルエネルギーに比べて運動エネルギーが十分大きい（気体論で言う理想気体に近い）ということです．プラズマ中のクーロン衝突は概ねデバイ半径内で起こりますが，衝突に伴う散乱の度合いは衝突パラメータの値によって大きく変わります．クーロン散乱では重心系での衝突パラメータbは散乱角θの関係は次式で与えられます（図5.5参照）[5-1]．

$$b = b_0 \cot\left(\frac{\theta}{2}\right) \tag{5.5-2}$$

ここで，$b_0 = e_a e_b/(4\pi\varepsilon_0 m_{ab} u^2) = 7.2 \times 10^{-10} Z_a Z_b/E_r(eV)$ (m) は90度散乱を起こす衝突パラメータで**ランダウパラメータ**と呼ばれています．ここで$m_{ab} = m_a m_b/(m_a + m_b)$は換算質量，$u$は相対速度，$E_r = m_{ab}u^2/2$は重心系の粒子エネルギーです．クーロン衝突によってθ方向の微小立体角$d\Omega = 2\pi\sin\theta d\theta$に散乱される**微分断面積**

$\sigma(\theta)=b(db/d\theta)/\sin\theta$ に (5.5–2) を代入すると，よく知られた**ラザフォード散乱断面積**が得られます [5–1].

$$\sigma(\theta)=\frac{b_0^2}{\sin^4(\theta/2)} \tag{5.5–3}$$

粒子 a の速度 $\mathbf{v}_a$ は重心速度 $\mathbf{V}$ と相対速度 $\mathbf{u}=\mathbf{v}_a-\mathbf{v}_b$ を用いて $\mathbf{v}_a=\mathbf{V}+m_b\mathbf{u}/(m_a+m_b)$ と表されることから，粒子 a の速度変化は $\Delta\mathbf{v}_a=(m_{ab}/m_a)\Delta\mathbf{u}$ となります. また，弾性衝突では u が保存されることから，$\mathbf{u}$ の速度変化は 2 等辺三角形の公式を用いて $\Delta\mathbf{u}=u\sin\theta\mathbf{n}-2\sin^2(\theta/2)\mathbf{u}$ と求まります $(\sin^2(\theta/2)=b_0{}^2/(b_0{}^2+b^2))$. ここで，$\mathbf{n}$ は $\mathbf{u}$ に垂直な単位ベクトルです. デバイ面積 $(\pi\lambda_D{}^2)$ 内だけで相互作用が起こると考え，a を囲むデバイ面積を時間 Δt の間に通過する速度 $\mathbf{v}_b$ を持った b 粒子束 $\Delta\phi_b=\delta n_b(\mathbf{v}_b)u\Delta t$ とのクーロン散乱による a の速度の変化 $\Delta\mathbf{v}_a$ を求めると，

$$\Delta v_a=\Delta\phi_b\frac{m_{ab}}{m_a}\int_0^{\lambda_D}\Delta\mathbf{u}2\pi b db=-4\pi b_0^2\Delta\phi_b\mathbf{u}\frac{m_{ab}}{m_a}\int_0^{\lambda_D}\frac{b}{b^2+b_0^2}db \tag{5.5–4}$$

となります. ここで，積分の $b=0$ は正面衝突 $(\theta=\pi)$ に対応し $b=\lambda_D$ は散乱角 $\theta_{min}\sim b_0/\lambda_D$ に対応します. また $\Delta\mathbf{v}_a$ の $\mathbf{u}$ に垂直な成分は衝突の回転対称性から消えます. 積分項は $(1/2)\ln(1+(\lambda_D/b_0)^2)\sim\ln(\lambda_D/b_0)$ となり，$\ln\Lambda\equiv\ln(\lambda_D/b_0)$ を**クーロン対数**と呼びます.

クーロン対数の起源となるデバイ遮蔽には全く疑問がないわけではありません. 図 5.5 の磁場核融合のパラメータを例に考えてみましょう. デバイ球の中には膨大な数の荷電粒子を含みます $(n\lambda_D{}^3=4\times10^7)$ が，イオンを取り囲む電子雲によって作られるデバイポテンシャル (5.5–1) を積分すると電子雲の電荷数は 1 にすぎません. この値はデバイ球中の電子数の揺らぎ $((n\lambda_{De}{}^3)^{1/2}=6000)$ に比べても極めて少ない数です. このため，デバイ球を Van Kampen は，「**いささか幻のような存在** “Some what ghost like existence”」と表現しています [5–16]. クーロン対数は対数積分となっていることから，粒子間距離によって衝突の状況は異なります. $0\leq b<3b_0=2\times10^{-13}m(0.2\pi<\theta\leq\pi)$では粒子間の散乱は大角散乱領域にあります. この領域の対数積分は 1.15 です. $3b_0\leq b<\lambda_D/3.7=2\times10^{-5}$m では小角散乱の近似が成り立ちかつデバイ遮蔽効果 $(e^{-1/3.7}=0.76)$ も概ね無視できます. この領域の対数積分は 18.4 となります. Van Kampen が疑問を呈したデバイポテンシャルが効いている領域の対数積分は 1.3 と寄与が少ないのでデバイ半径で切断するという粗い近似で精

度が得られるというわけです．一方で，$d(=n^{-1/3}=2\times10^{-7}\mathrm{m})<b$ では他粒子とのクーロン相互作用が無視できない（2体相関が効いてくる）ので，そこで2体衝突近似が成り立つことに対して疑問が残りますが統計的には効かないと考えているわけです．プラズマにおけるクーロン対数の議論は Van Kampen [5-16] にあります．

プラズマ中の衝突過程とボルツマンが考えた分子間衝突との違いを議論しておきましょう．分子間衝突は分子半径（$r_0\sim1$Å）に近よった時に初めて相互作用をします．r_0 は分子間距離 $n^{-1/3}$ より極めて短い（$r_0\ll n^{-1/3}$）ことから2体相関は小さいと予想されます．一方，プラズマの衝突相互作用はデバイ半径 $\lambda_D(\gg n^{-1/3})$ 内に粒子が入ってくると相互作用を始めます．クーロン力は遠距離力であることから衝突時間 t_c は比較的長く（$t_c\sim\lambda_D/v_{th}=10^{-10}$ 秒），次の衝突相手に接近するまでの平均時間（$t_{mfp}\sim1/n^{1/3}v_{th}=10^{-13}$ 秒）より長くなります．つまり，分子間の衝突では成り立っていた t_c（衝突時間）$\ll\Delta t\ll t_{mfp}$（平均自由時間）という関係は全く成り立ちません．多体系の衝突過程の一般論は Balescu [5-20] 等で議論されています．

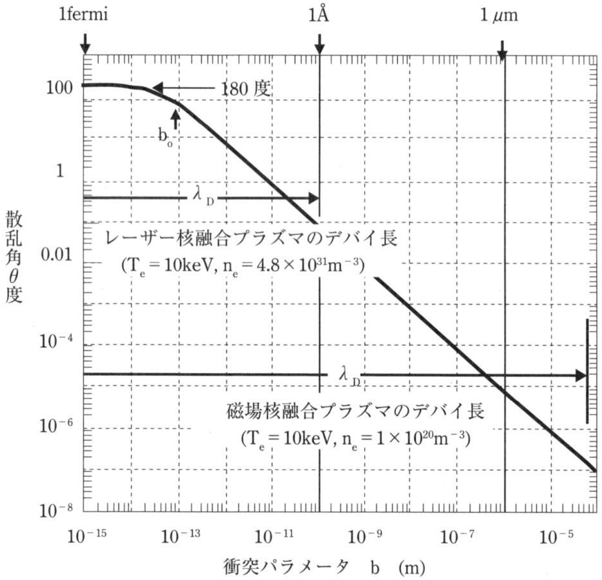

図 5.5 相対エネルギー $E_r=10\mathrm{keV}(b_0=7.2\times10^{-14}\mathrm{m})$ のクーロン散乱における衝突パラメータ b と散乱角 θ の関係．磁場核融合の代表パラメータ（$T_e=10\mathrm{keV}$, $n_e=1\times10^{20}\mathrm{m}^{-3}$, $d=n_e^{-1/3}=2\times10^{-7}\mathrm{m}$, $\lambda_D=7.4\times10^{-5}\mathrm{m}$）とレーザー核融合の代表的パラメータ（$T_e=10\mathrm{keV}$, $n_e=4.8\times10^{31}\mathrm{m}^{-3}$, $d=n_e^{-1/3}=2.8\times10^{-11}\mathrm{m}$, $\lambda_D=1.1\times10^{-10}\mathrm{m}$）．

5.6 "フォッカー・プランク方程式"：柔らかいクーロン衝突の統計

前節で述べたように，クーロン相互作用による運動量変化は衝突パラメータ b がランダウパラメータ b_0 程度の狭い領域を除けば非常に小さく小角散乱が大勢を占めます．小角散乱が主要な過程は**フォッカー・プランク過程**と呼ばれ衝突項の形は詳細な衝突力学の情報が無くても決めることができます．粒子に働くランダムな力の相関時間を t_c とすると $\Delta t(\gg t_c)$ に対しては，作用する力は，前の値と統計的に無関係であると仮定できます．この時，$t+\Delta t$ での状態は過去の履歴に関係なく時刻 t での状態だけで決まります．このような過程を**マルコフ過程** (Markoff Process) と言います．この時，速度 v を持った粒子が Δt 時間後に $\Delta\mathbf{v}$ だけ速度を変える確率を $P(v;\ \Delta\mathbf{v},\ \Delta t)$ とすると速度分布関数 $f(\mathbf{v}, t)$ は次式で表せます．

$$f_a(\mathbf{v}, t) = \int d\Delta\mathbf{v} f_a(\mathbf{v}-\Delta v, t-\Delta t) P(\mathbf{v}-\Delta\mathbf{v};\ \Delta\mathbf{v},\ \Delta t) \tag{5.6–1}$$

ここで $P(\mathbf{v};\ \Delta\mathbf{v},\ \Delta t)$ は $|\Delta\mathbf{v}|$ が増えるにつれて急速に減少する関数です．この時，右辺を Taylor 展開の第2項まで取ると $C(f_s)=\Delta f_s/\Delta t$ として次式が得られます．

$$C(f_a) = -\frac{\partial}{\partial\mathbf{v}}\cdot\left(\frac{\langle\Delta\mathbf{v}\rangle}{\Delta t} f_a\right) + \frac{\partial^2}{\partial\mathbf{v}\partial\mathbf{v}}:\left(\frac{\langle\Delta\mathbf{v}\Delta\mathbf{v}\rangle}{2\Delta t} f_a\right) \tag{5.6–2}$$

と表せます．これを**Fokker-Planck衝突項**と言います．Fokker-Planck 衝突項の係数，$<\Delta\mathbf{v}>/\Delta t$ と $<\Delta\mathbf{v}\Delta\mathbf{v}>/2\Delta t$ は $\mathbf{u}=\mathbf{v}_a-\mathbf{v}_b$ 方向を第1座標にとると，$\mathbf{u}$ 軸周りの対称性から，

$$\langle\Delta\mathbf{v}\rangle/\Delta t = \begin{bmatrix}\langle\Delta v_{/\!/}\rangle/\Delta t\\ 0\\ 0\end{bmatrix},\ \frac{\langle\Delta\mathbf{v}\Delta\mathbf{v}\rangle}{2\Delta t} = \begin{bmatrix}\langle\Delta v_{/\!/}^2/\Delta t\rangle & 0 & 0\\ 0 & \langle\Delta v_\perp^2/2\Delta t\rangle & 0\\ 0 & 0 & \langle\Delta v_\perp^2/2\Delta t\rangle\end{bmatrix} \tag{5.6–3}$$

と書けることがわかります．(5.5–4) 式に $\Delta\phi_b=\delta n_b(\mathbf{v}_b)u\,\Delta t$ と $\delta n_b=f_b(\mathbf{v}_b)d\mathbf{v}_b$ を代入して $\mathbf{v}_b$ 積分を行うと

$$\left\langle\frac{\Delta\mathbf{v}_a}{\Delta t}\right\rangle = -\frac{e_a^2 e_b^2 \ln\Lambda}{4\pi m_a^2 \varepsilon_0^2}\left(1+\frac{m_a}{m_b}\right)\int\frac{\mathbf{u}}{u^3} f_b(\mathbf{v}_b)\,d\mathbf{v}_b \tag{5.6–4}$$

ここで，(5.5–4) 式で b が小さいところの積分の寄与は少ないもののそこでは小角散乱の仮定は成り立っていないことに注意する必要があります．同様にして，

$\sin^2\theta = 2[1 - b_0{}^2/(b_0{}^2 + b^2)]b_0{}^2/(b_0{}^2 + b^2)$ を用いると，

$$\left\langle \frac{\Delta v_\perp^2}{\Delta t} \right\rangle = \frac{e_a^2 e_b^2}{4\pi m_a^2 \varepsilon_o^2}\left(\frac{1}{2} + \ln\Lambda\right)\int \frac{1}{u} f_b(\mathbf{v}_b) d\mathbf{v}_b \tag{5.6–5}$$

$$\left\langle \frac{\Delta v_{/\!/}^2}{\Delta t} \right\rangle = \frac{e_a^2 e_b^2}{16\pi m_a^2 \varepsilon_o^2}\int \frac{1}{u} f_b(\mathbf{v}_b) d\mathbf{v}_b \tag{5.6–6}$$

となります．クーロン対数がかかっていない (5.6–5) の 1/2 や (5.6–6) は通常無視されます．これらから，

$$\left\langle \frac{\Delta \mathbf{v}_a}{\Delta t} \right\rangle = \frac{e_a^2 e_b^2 \ln\Lambda}{4\pi m_a^2 \varepsilon_o^2}\frac{\partial h_a(v_a)}{\partial \mathbf{v}_a} \tag{5.6–7}$$

$$\frac{\langle \Delta \mathbf{v}_a \Delta \mathbf{v}_a \rangle}{2\Delta t} = \frac{e_a^2 e_b^2 \ln\Lambda}{8\pi m_a^2 \varepsilon_o^2}\int \frac{u^2\mathbf{I} - \mathbf{uu}}{u^3} f_b(\mathbf{v}_b)\, d\mathbf{v}_b = \frac{e_a^2 e_b^2 \ln\Lambda}{8\pi m_a^2 \varepsilon_o^2}\frac{\partial^2 g_a(\mathbf{v}_a)}{\partial \mathbf{v}_a \partial \mathbf{v}_a} \tag{5.6–8}$$

$$h_a(\mathbf{v}_a) = \left(1 + \frac{m_a}{m_b}\right)\int \frac{f_b(\mathbf{v}_b)}{u} d\mathbf{v}_b \tag{5.6–9}$$

$$g_a(\mathbf{v}_a) = \int u f_b(\mathbf{v}_b)\, d\mathbf{v}_b \tag{5.6–10}$$

となります．ここで，$\partial u^{-1}/\partial \mathbf{v}_a = -\mathbf{u}/u^3$，$\partial^2 u/\partial \mathbf{v}_a \partial \mathbf{v}_a = u^{-3}(u^2\mathbf{I} - \mathbf{uu}) = \mathbf{U}$ を用います．また h_a，g_a は米国の理論物理学者マーシャル・ローゼンブルース (M. N. Rosenbluth, 1927–2003) によって導かれ，**Rosenbluth ポテンシャル**と呼ばれます．これらを代入すると，

$$C(f_a) = \frac{e_a^2 e_b^2 \ln\Lambda}{4\pi m_a^2 \varepsilon_o^2}\left[-\frac{\partial}{\partial \mathbf{v}_a}\cdot\left(\frac{\partial h_a}{\partial \mathbf{v}_a} f_a\right) + \frac{1}{2}\frac{\partial^2}{\partial \mathbf{v}_a \partial \mathbf{v}_a} : \left(\frac{\partial^2 g_a}{\partial \mathbf{v}_a \partial \mathbf{v}_a} f_a\right)\right] \tag{5.6–11}$$

となります．また，$\partial \mathbf{U}/\partial \mathbf{v}_a = -2\mathbf{u}/u^3$ が成り立つことから，$\mathbf{v}_b$ 積分に部分積分を当てはめると，$2\partial h_a/\partial \mathbf{v}_a = -(1 + m_a/m_b)\int(\partial \mathbf{U}/\partial \mathbf{v}_b) f_b(\mathbf{v}_b) d\mathbf{v}_b = (1 + m_a/m_b)\int(\mathbf{U}\partial f_b/\partial \mathbf{v}_b) d\mathbf{v}_b$ を得ます．さらに，$\partial/\partial \mathbf{v}_a \cdot [(\partial^2 g_a/\partial \mathbf{v}_a \partial \mathbf{v}_a) f_a(\mathbf{v}_a)] = \partial/\partial \mathbf{v}_a \cdot [\int \mathbf{U} f_b(\mathbf{v}_b) d\mathbf{v}_b f_a(\mathbf{v}_a)] = \int \mathbf{U}[-\partial f_b/\partial \mathbf{v}_b f_a(\mathbf{v}_a) + f_b(\mathbf{v}_b)\partial f_a/\partial \mathbf{v}_a] d\mathbf{v}_b$ が成り立ち，これらを (5.6–11) に代入すると，

$$C(f_a) = \frac{e_a^2 e_b^2 \ln\Lambda}{8\pi \varepsilon_o^2 m_a}\frac{\partial}{\partial \mathbf{v}_a}\cdot\int d\mathbf{v}_b \mathbf{U}\cdot\left[\frac{f_b(\mathbf{v}_b)}{m_a}\frac{\partial f_a(\mathbf{v}_a)}{\partial \mathbf{v}_a} - \frac{f_a(\mathbf{v}_a)}{m_b}\frac{\partial f_b(\mathbf{v}_b)}{\partial \mathbf{v}_b}\right] \tag{5.6–12}$$

これは，ランダウが 1936 年に与えた表式です [5-21]．彼はボルツマンの方程式がプラズマの場合に使えるものとして衝突項を求めましたが，結果的には正しい衝突項を与えたのです．実際，ボルツマンの衝突項は分子間衝突以外でも適用可能で Balescu [5-20] で詳しく議論されています．

議論を概念が曖昧なデバイ遮蔽に戻しましょう．5.2 節で議論したように粒子種 s のクーロン衝突項 $C(f_s)$ は微視的なクーロン場による加速度と離散的な分布関数となめらかな分布関数の差の速度空間での勾配の積の集団平均です．

$$C(f_a) = -\left\langle \tilde{\mathbf{a}} \cdot \frac{\partial \tilde{F}_a}{\partial \mathbf{v}} \right\rangle_{\text{ensemble}} \tag{5.6–13}$$

(5.2–2) に $\tilde{\mathbf{a}} = -(e_s/m_s)\nabla\phi$（$\phi$：静電ポテンシャル）を代入して線形化方程式 $\partial\tilde{F}_s/\partial t + v\cdot\partial\tilde{F}_s/\partial x = (e_s/m_s)\nabla\phi \cdot \partial f_s/\partial v$ を導き，ポアソン方程式 $-\nabla^2\phi = \sum(e_s/\varepsilon_0)\int\tilde{F}_s dx$ と連立させて $\tilde{F}$ を $\tilde{F}_s(x, v, t) = \tilde{F}_s(x - vt, v, 0) + (e_s/m_s)\int_0^\infty d\tau\nabla\phi(x - v\tau, t - \tau)\cdot\partial f_s/\partial v$ と求め (5.6–13) に代入すると，Balescu-Lenard 衝突項が以下のランダウ形式で求まります [5-15]．

$$C(f_a) = \frac{e_a^2 e_b^2}{8\pi\varepsilon_0^2 m_a}\frac{\partial}{\partial \mathbf{v}_a}\cdot\int d\mathbf{v}_b \mathbf{K}_{ab}(\mathbf{v}_a, \mathbf{v}_b)\cdot\left[\frac{f_b}{m_a}\frac{\partial f_a}{\partial \mathbf{v}_a} - \frac{f_a}{m_b}\frac{\partial f_b}{\partial \mathbf{v}_b}\right] \tag{5.6–14}$$

$$\mathbf{K}_{ab}(v_a, v_b) = \int d\mathbf{k}\,\delta(\mathbf{k}\cdot(\mathbf{v}_a - \mathbf{v}_b))\frac{\mathbf{kk}}{k^4|\kappa(\mathbf{k}, \mathbf{k}\cdot\mathbf{v}_a)|^2} \tag{5.6–15}$$

$$\kappa(k, \omega) = 1 + \frac{e_b^2}{\varepsilon_0 m_b k^2}\int d\mathbf{v}\frac{\mathbf{k}\cdot\partial f_b/\partial \mathbf{v}}{\omega - \mathbf{k}\cdot\mathbf{v}} \tag{5.6–16}$$

$\kappa = (k^2 + k_D{}^2)/k^2 (k_D = 1/\lambda_D)$ と近似する（デバイポテンシャルに対応）と，K_{ab} は

$$\mathbf{K}_{ab} \sim \int d\mathbf{k}\frac{\mathbf{kk}\delta(\mathbf{k}\cdot(\mathbf{v}_a - \mathbf{v}_b))}{|k^2 + k_D^2|^2} = \frac{1}{u^3}[u^2\mathbf{I} - \mathbf{uu}]\int\frac{dk}{k}\frac{k^4}{|k^2 + k_D^2|^2} \tag{5.6–17}$$

となります．この波数積分において，波数の小さい領域（長波長）での発散はデバイ遮蔽によって抑えられます．積分上限 k_{max} として熱速度に対するランダウパラメータ $b_0 = e_i e_j/(4\pi\varepsilon_0 T_e)$ の逆数を取ると波数積分からクーロン対数 $\ln(\lambda_D/b_0)$ が出てきます．この近似で Balescu-Lenard 衝突項はランダウの衝突項と一致します．

5.7 “ジャイロ中心の運動論”：ドリフト運動論とジャイロ運動論

衝突項を含むプラズマの運動論方程式は次式で表されます．

$$\frac{\partial f}{\partial t}+\mathbf{v}\cdot\frac{\partial f}{\partial \mathbf{x}}+(\mathbf{E}+\mathbf{v}\times\mathbf{B})\cdot\frac{\partial f}{\partial \mathbf{v}}=C(f) \tag{5.7–1}$$

ここで，C は衝突項です．この方程式は，速いラーマ運動とゆっくりしたドリフト運動を含むので，衝突輸送やイオンラーマ半径 ρ_i 程度の波長を持ったドリフト波乱流に伴う乱流輸送を調べるのには適していません．そこで 4.3 節で導いたガイド中心の軌道方程式 (4.3–13) と (4.3–14) を用いてガイド中心に対する運動論方程式（ドリフト運動論方程式と言う）を導いておきます．ガイド中心ポアソン括弧 {,} を以下で定義します．

$$\{X,Y\}=\frac{e_a}{m_a}\left(\frac{\partial X}{\partial \vartheta}\frac{\partial Y}{\partial \mu}-\frac{\partial X}{\partial \mu}\frac{\partial Y}{\partial \vartheta}\right)-\frac{\mathbf{b}}{e_a B_{/\!/}^{*}}\cdot \nabla X\times\nabla Y+\frac{\mathbf{B}^{*}}{m_a B_{/\!/}^{*}}\left(\nabla X\frac{\partial Y}{\partial v_{/\!/}}-\frac{\partial X}{\partial v_{/\!/}}\nabla Y\right) \tag{5.7–2}$$

ここで，X, Y は $\mathbf{z}=(\mathbf{r}, v_{/\!/}, \mu, \vartheta)$ の任意の関数です．そうすると，(4.3–5) のハミルトニアンを用いて磁気モーメント，ジャイロ角の発展方程式及び (4.3–13) と (4.3–14) は，

$$\frac{d\mu}{dt}=\{\mu,H\}=0 \tag{5.7–3}$$

$$\frac{d\vartheta}{dt}=\{\vartheta,H\} \tag{5.7–4}$$

$$\frac{dv_{/\!/}}{dt}=\{v_{/\!/},H\}=-\frac{\mathbf{B}^{*}}{m_a B_{/\!/}^{*}}\nabla H \tag{5.7–5}$$

$$\frac{dr}{dt}=\{r,H\}=\frac{b}{e_a B_{/\!/}^{*}}\times\nabla H+\frac{\mathbf{B}^{*}}{m_a B_{/\!/}^{*}}\frac{\partial H}{\partial v_{/\!/}} \tag{5.7–6}$$

となります．ガイド中心速度分布関数を F とすると $\partial F/\partial\vartheta=0$，また $d\mu/dt=0$ なので非常にゆっくりしたドリフト運動を扱う**ドリフト運動論方程式**は次のように与えられます．

$$\frac{\partial F}{\partial t}+\dot{\mathbf{z}}\cdot\frac{\partial F}{\partial \mathbf{z}}=\frac{\partial F}{\partial t}+\left\{F, H\right\}=\frac{\partial F}{\partial t}+\dot{\mathbf{r}}\cdot\frac{\partial F}{\partial \mathbf{r}}+\dot{v}_{/\!/}\frac{\partial F}{\partial v_{/\!/}}=C(F) \tag{5.7–7}$$

プラズマ中の乱流揺動はイオンジャイロ半径程度の波長領域にあることが実測されており，ジャイロ半径程度の電磁揺動を取り扱う場合，時間的に変動する電磁場中の運動を取り扱ういわゆる**ジャイロ運動論方程式**が定式化されています．特に，ドリフト波乱流では，分極ドリフト（7.5節参照）を考慮する必要があります．この節では電磁的な揺動を含めた定式化の概要に触れます（4.7節参照）．静電ポテンシャルとベクトルポテンシャルの揺動を（$\delta\varphi, \delta\mathbf{A}$）とすると，ラグランジュアンの摂動項$\delta\mathcal{L}$は，

$$\delta\mathcal{L}dt=e_a\delta_\star\mathbf{A}\cdot(d\mathbf{r}+d\boldsymbol{\rho})-e_a\delta_\star\varphi dt=-\delta H dt \tag{5.7–8}$$
$$\delta_\star\mathbf{A}=\delta\mathbf{A}(\mathbf{r}+\boldsymbol{\rho}),\ \delta_\star\varphi=\delta\varphi(\mathbf{r}+\boldsymbol{\rho})$$

ハミルトニアンの摂動項δHは，

$$\delta H=e_a\delta_\star\varphi-e_a\delta_\star\mathbf{A}\cdot\mathbf{v} \tag{5.7–9}$$

ジャイロ半径への依存性と$\mathbf{v}_\perp$が（5.7–9）に現れることから，摂動ハミルトニアンはジャイロ位相ϑに依存することになります．そのため，磁気モーメントμはそのままでは保存量ではなくなります（$\{\mu, \delta H\}\neq 0$）．そこで，相空間の座標変換を行い，新たに定義した磁気モーメントが保存されるような座標系$\mathbf{z}=(\mathbf{r}, v_{/\!/}, \mu, \vartheta)\Rightarrow\bar{\mathbf{z}}=(\bar{\mathbf{r}}, \bar{v}_{/\!/}, \bar{\mu}, \bar{\vartheta})$を作り上げます．その際，**リー摂動論**という手法を用います．そこで重要なのは，ラグランジュアンのゲージ任意性（L + dS/dt はLと同じ運動方程式を与える：4.1節参照）です．ハミルトニアンを$\bar{H}=\bar{H}_0+\bar{H}_1+\bar{H}_2+--$（$H_0=$（4.3–6）式）と摂動展開しゲージ任意性を用いて，

$$\bar{H}_1=\delta H-\frac{dS_1}{dt} \tag{5.7–10}$$

$$\bar{H}_2=\frac{e_a^2}{2m_a}|\delta_\star\mathbf{A}|^2-\frac{1}{2}\left\{S_1, \delta H\right\}-\frac{dS_2}{dt} \tag{5.7–11}$$

とおいて，S_1, S_2を逐次求め（5.7–10），（5.7–11）を求めるという手法を用います．

$$\bar{H}_1=e_a\langle\delta_\star\varphi\rangle-e_a\langle\delta_\star\mathbf{A}\rangle\cdot\mathbf{b}v_{/\!/}-e_a\langle\delta_\star\mathbf{A}\cdot\mathbf{v}_\perp\rangle \tag{5.7–12}$$

$$\overline{\mathrm{H}}_2=\frac{\mathrm{e}_\mathrm{a}^2}{2\mathrm{m}_\mathrm{a}}\left\langle|\delta_\star\mathbf{A}|^2\right\rangle-\frac{1}{2}\left\langle\left\{\mathrm{S}_1,\ \delta\mathrm{H}\right\}\right\rangle \tag{5.7–13}$$

この時，変換後の座標は

$$\bar{\mathrm{z}}_\mathrm{a}=\mathrm{z}_\mathrm{a}+\left\{\mathrm{S}_1,\ \mathrm{z}_\mathrm{a}\right\}+\mathrm{e}_\mathrm{a}\delta_\star\mathbf{A}\cdot\left\{\mathbf{r}+\boldsymbol{\rho},\ \mathrm{z}_\mathrm{a}\right\}+--- \tag{5.7–14}$$

で与えられます．このようにして求めたハミルトニアンと新たな座標系を用いて，ジャイロ運動論方程式は以下のように与えられます．

$$\frac{\partial\overline{\mathrm{F}}}{\partial \mathrm{t}}+\left\{\overline{\mathrm{F}},\ \overline{\mathrm{H}}\right\}=\overline{\mathrm{C}}(\overline{\mathrm{F}}) \tag{5.7–15}$$

もしくは，

$$\frac{\partial\overline{\mathrm{F}}}{\partial \mathrm{t}}+\dot{\bar{\mathbf{r}}}\cdot\frac{\partial\overline{\mathrm{F}}}{\partial\bar{\mathbf{r}}}+\dot{\bar{\mathrm{v}}}_{/\!/}\frac{\partial\overline{\mathrm{F}}}{\partial\bar{\mathrm{v}}_{/\!/}}=\overline{\mathrm{C}}(\overline{\mathrm{F}}) \tag{5.7–16}$$

のように与えられ，ジャイロ中心ハミルトン方程式は，

$$\frac{d\bar{\mathrm{v}}_{/\!/}}{dt}=\left\{\bar{\mathrm{v}}_{/\!/},\ \overline{\mathrm{H}}\right\}=-\frac{\mathbf{B}^*}{\mathrm{m}_\mathrm{a}\mathrm{B}^*_{/\!/}}\overline{\nabla}\,\overline{\mathrm{H}} \tag{5.7–17}$$

$$\frac{d\bar{\mathbf{r}}}{dt}=\left\{\bar{\mathrm{r}},\ \overline{\mathrm{H}}\right\}\frac{\mathbf{b}}{\mathrm{e}_\mathrm{a}\mathrm{B}^*_{/\!/}}\times\overline{\nabla}\,\overline{\mathrm{H}}+\frac{\mathbf{B}^*}{\mathrm{m}_\mathrm{a}\mathrm{B}^*_{/\!/}}\frac{\partial\overline{\mathrm{H}}}{\partial\bar{\mathrm{v}}_{/\!/}} \tag{5.7–18}$$

で与えられます．ジャイロ運動論については，Brizard-Hahm [5-23] に詳しく述べられていますが初等的には Brizard [5-24] が比較的解り易いです．

第５章　参考図書

[5-1] H. Goldstein, "Classical Mechanics", Addison-Wesley (1950)：ゴールドスタイン（野間進，瀬川富士訳），「古典力学」，吉岡書店（1959）.

[5-2] J.W. Gibbs, "Elementary Principles in Statistical Mechanics", Yale Univ. Press (1892).

[5-3] H. Poincare, Acta Mathematica, vol. 13 (1890) 67.

[5-4] D. Lindley, "Boltzmann's Atom", Free Press (2001)：デヴィッド・リンドリー（松浦俊輔訳），「ボルツマンの原子」，青土社（2003）.

[5-5] F. Diacu and P. Holmes, "Celestial Encounters", Springer Math. Club (1996)：F. ディアク/P. ホームズ（吉田春夫訳），「天体力学のパイオニアたち（上，下）」，シュプリンガー・フェアラーク東京（2004）.

[5-6] V.I. Arnold, "Mathematical Methods of Classical Mechanics", Springer (1978)：V. I. アーノルド（安藤韶一他訳），「古典力学の数学的方法」，岩波書店（1980）.

[5-7] J.C. Maxwell, Phylosophical Magazine(4)vol. 19, p19, vol. 20, p21, 33 (1860).

[5-8] Yu. L. Klimontovich, "The Statistical Theory of Nonequilbrium Processes in a Plasma", Pergamon (1964).

[5-9] 原島鮮，「熱力学　統計力学」，培風館（1966）.

[5-10] P.C.W. Davies, "The Physics of Time Asymmetry", Surrey University Press (1974): P.C.W. デイビス（戸田盛和，田中裕訳），「時間の物理学」培風館（1979）.

[5-11] 朝永振一郎，「物理学とは何だろうか　下」，岩波新書（1986）.

[5-12] 戸田盛和，物理読本　1「マックスウェルの魔」，岩波書店（1997）.

[5-13] A.A. Vlasov, Journal of Physics USSR 9 (1945) 25.

[5-14] N.A. Krall, A.W. Trivelpiece, "Principles of Plasma Physics", McGraw-Hill (1973).

[5-15] R.D. Hazeltine, F.L. Waelblock, "The Framework of Plasma Physics", Westview Press (2004).

[5-16] N.G. Van Kampen, B.U. Felderhof, "Theoretical Methods in Plasma Physics", North Holland Pub. (1967)：ファン・カンペン，フェルドホフ（西田稔訳），「プラズマ物理学」，紀伊国屋書店（1973）.

[5-17] B.B. Kadomtzev, "Collective Phenomena in Plasmas", Moscow, Nauka, 1976 (English tranolation, Elsevier Publishing Ltd. 1982) , 1976.; B.B. カドムツェフ，「プラズマ中の集団現象」，岩波書店（1979）.

[5-18] 吉田善章，「集団現象の数理」，岩波書店 (1995).

[5-19] L.D. Landau, J. Physics USSR 10 (1946) 25.

[5-20] R. Balescu, "Statistical Dynamics-Matter out of Equilibrium", Imperial College Press (1997).

[5-21] M. Rosenbluth, W. MacDonald, D. Judd, Phys. Rev. 107 (1957) 1.

[5-22] L.D. Landau, Physik. Z. Sowjetunion 10 (1936) 154.

[5-23] A.J. Brizard, T.S. Hahm, Rev. Mod. Phys. 79 (2007) 421.

[5-24] A.J. Brizard, Phys. Plasma 2 (1995) 459.

Chapter 6 磁気流体の安定性：エネルギー原理と流れと散逸

目　次

プラズマは非線形で散逸を含む媒質なのでその安定性を一般的に論ずることは簡単ではありません．ここでは安定性の一般論を概観したあと，線形安定性，特に線形作用素がエルミートである理想磁気流体安定性を中心に議論します．その上で，散逸効果として磁力線が再結合することによって磁気島を形成する非線形ティアリングと，散逸はなくても作用素が非エルミートになる流れを含む安定性に触れます．

6.1 "安定性"：一般論

高温プラズマを"トーラス"に閉じ込めるということは，位相数学的には合理的に見えても，実際には慎重な考察が必要になります．プラズマはその"柔らかさ"によって，内部エネルギーが大きくなる時にはしばしば不安定になります．

安定性の数学的理論は，太陽系の安定性問題を対象としてフランスの数学者**ポアソン** (S.D. Poisson: 1781−1840) 等によって発達してきましたが，安定性の完全に一般的な数学的定義はロシアの数学者**リャプノフ** (A.M. Lyapunov: 1857−1918) によって与えられました [6-1]．プラズマの振る舞いが次の発展方程式で表せるとします．

$$d\mathbf{X}/dt = N(\mathbf{X}) \tag{6.1-1}$$

ここで，系の発展が現在の状態だけで変化が決まることが重要で，このような系を**力学系**と呼びます．その平衡点 $\mathbf{X}_0$ $(N(\mathbf{X}_0)=0)$ に対して小さな変化を加えたとき時間の経過とともに最初の解からどんどん離れていくような他の解があるとき $\mathbf{X}_0$ は**リャプノフの意味で不安定性**と言います．逆にリャプノフ安定性は次のように表せます．

リャプノフ安定性：X_0 のどのような近傍 U に対してもある近傍 V が存在し，V 内から始まる軌跡が U に留まる時 X_0 はリャプノフの意味で安定と言います．

つまり，$d\Delta\mathbf{X}(t)/dt = N(\mathbf{X}_0+\xi)$ の解 ξ が常に有界であればリャプノフ安定です．

発展方程式 (6.1−1) を線形化すると線形化方程式 $d\boldsymbol{\xi}/dt = L\boldsymbol{\xi}$ を得ます．但し，$L=N'(\mathbf{X}_0)$, $\xi=\mathbf{X}-\mathbf{X}_0$．定常状態が流れを含まないとすると $d\boldsymbol{\xi}/dt=\partial\boldsymbol{\xi}/\partial t$ となり，$\partial/\partial t=\lambda$ とおけば，$L\boldsymbol{\xi}=\lambda\boldsymbol{\xi}$ という固有値問題に帰着できます．L は線形作用素ですが，有限の固有関数が L を張る場合には $L\boldsymbol{\xi}=\lambda\boldsymbol{\xi}$ は有限次元の行列方程式に帰着できますが，一般には L の固有関数は独立なものが無限個存在し，いわゆる"関数空間"を作ります [6-2]．

有限次元の線形空間で定義された行列 L が**正規行列** ($LL^*=L^*L$ を満たす) である場合は，固有関数は完全直交系が得られ**ユニタリー変換** $U^{-1}LU$ によって L を対角化でき，その固有値が対角に並びます．L が**自己共役行列** ($L^*=L$) の場合には，固有値は全て実数になります．負の固有値が存在する場合には系は不安定になります．無限次元の線形空間である関数空間で定義された線形作用素 L の固有値問題は，有限次元の固有値問題と異なった性質を示します．それは，"**連続スペクトル**"の存在です．一般に関数空間で定義された固有値問題の解は，離散的な固有値（**点ス**

ペクトル）だけでなく，実軸上のある線分が連続的に固有値となる場合（連続スペクトル）が起こります．量子力学では，束縛状態では点スペクトルが現れ，非束縛状態では連続スペクトルが起こります．プラズマ物理では，アルベン波や無衝突プラズマ中の縦波（5.3節）で連続スペクトルが起こります［6–3］．

プラズマ物理では，線形MHD作用素F（6.2節参照）や線形ブラゾフ作用素L（5.3節参照）等の線形作用素が現れます．これらの線形作用素はしばしば無限次元の線形作用素であり，上に述べた連続スペクトルによって**アルベン連続減衰**や**ランダウ減衰**と言った特異な現象を起こします．連続スペクトルに属す固有関数は，線形作用素が定義されている空間（**ヒルベルト空間**）に属さない特異固有関数（例えばディラックの**デルタ関数** $\delta(x)$）になります．

具体的に連続スペクトルを与える作用素について例示してみましょう．位置作用素 $Au(x)=xu(x)$ を考えます．Aに対する固有値問題は $xu=\lambda u$ となります．$(x-\lambda)u=0$ から $u=\delta(x-\lambda)$（δ はディラックのデルタ関数）となります．一方，λ はあらゆる実数をとることができることから位置作用素Aは連続スペクトルを与えています．

Aを線形作用素とするとき，固有値問題とは，$Au=\lambda u$ を満たす固有値 $\lambda(\in C)$ と固有ベクトルuを求めることです．これを書き換えると $(\lambda I-A)u=0$ となります．これは，線形作用素 $(\lambda I-A)$ のゼロ点集合を求めることになります．これは作用素 $(\lambda I-A)^{-1}$ の特異点を求めることに他なりません．無限次元線形空間における作用素では，固有値と固有関数の概念を一般化した理論が必要になります［6–4］，［6–5］．

プラズマの電磁流体力学的振る舞いは，ラグランジュアンを用いて変分原理の形に定式化することができます．散逸が無い場合には，系の全エネルギー（運動エネルギーとポテンシャルエネルギーの和）が保存され，ポテンシャルエネルギーの変化が負の場合には，運動エネルギーは増大することになり系は不安定です．逆に，ポテンシャルエネルギーの変化が正の場合，運動エネルギーは減少することになり，系は安定ということになります．このように系のポテンシャルエネルギーを調べることにより安定性を調べる手法を**エネルギー原理**と言います［6–6］．

電磁流体の線形方程式は，$\rho\partial_t^2\boldsymbol{\xi}=\mathbf{F}[\boldsymbol{\xi}]$ と表すことができます．ここで，Fは**自己共役作用素**（**エルミート作用素**）です．エルミート作用素の固有値（スペクトル）は実数です．しかしながら，定常状態が流れを含む場合には，電磁流体の線形方程式は，非エルミート作用素を含むようになり，取り扱いが難しくなります［6–7］．

6.2 “理想磁気流体”：作用原理とエルミート作用素

プラズマの電気伝導度は高温プラズマでは金属と同様高く磁場の運動は強く制限されます．アルベンの言葉に従えば，磁場はプラズマの運動に凍結されます．このようなプラズマは連続体近似で取り扱われ，**理想磁気流体力学**（Ideal Magneto Hydro Dynamics: Ideal MHD）と呼びます．Goldstein [6-8] に述べられているように連続体におけるラグランジュ力学は，**ラグランジュアン密度** $\mathcal{L}$ の時間空間積分を作用積分とする変分原理に帰着されます．理想 MHD 流体では [6-9]，

$$\mathcal{L}=\int\left[\frac{1}{2}\rho\mathbf{v}^2-\frac{P}{\gamma-1}-\frac{\mathbf{B}^2}{2\mu_0}\right]dV \tag{6.2-1}$$

となります．ここで，ρ，$\mathbf{v}$，P，$\mathbf{B}$ はそれぞれ質量密度，流体速度，プラズマ圧力，磁場です．積分の第 1 項はプラズマの運動エネルギー，第 2 項は断熱近似でのプラズマエネルギー，第 3 項は磁気エネルギーです．このラグランジュアンを用いて，作用 S は以下で表されます．

$$S=\int_{t_1}^{t_2}\mathcal{L}dt \tag{6.2-2}$$

プラズマの変位を $\boldsymbol{\xi}$ とすると理想磁気流体では，ρ，$\mathbf{v}$，P，$\mathbf{B}$ の変動は

$$\delta\mathbf{v}=\mathbf{v}\cdot\nabla\boldsymbol{\xi}-\boldsymbol{\xi}\cdot\nabla\mathbf{v}+\partial\boldsymbol{\xi}/\partial t \tag{6.2-3}$$

$$\delta\rho=-\nabla\cdot(\rho\boldsymbol{\xi}) \tag{6.2-4}$$

$$\delta P=-\gamma P\nabla\cdot\boldsymbol{\xi}-\boldsymbol{\xi}\cdot\nabla P \tag{6.2-5}$$

$$\delta\mathbf{B}=\nabla\times(\boldsymbol{\xi}\times\mathbf{B}) \tag{6.2-6}$$

を満たします．これらを利用すると作用積分の変分 δS は，

$$\begin{aligned}\delta S&=\int_{t_1}^{t_2}dt\int dv\left[\delta\rho\frac{\mathbf{v}^2}{2}+\rho\mathbf{v}\cdot\delta\mathbf{v}-\frac{\delta P}{\gamma-1}-\frac{\mathbf{B}\cdot\delta\mathbf{B}}{\mu_0}\right]\\&=\int_{t_1}^{t_2}dt\int dv\left[-\nabla\cdot(\rho\boldsymbol{\xi})\frac{\mathbf{v}^2}{2}+\rho\,\mathbf{v}\cdot(\mathbf{v}\cdot\nabla\boldsymbol{\xi}-\boldsymbol{\xi}\cdot\nabla\mathbf{v}+\partial\boldsymbol{\xi}/\partial t)\right.\\&\qquad\left.+\frac{\gamma P\nabla\cdot\boldsymbol{\xi}+\boldsymbol{\xi}\cdot\nabla P}{\gamma-1}-\frac{\mathbf{B}\cdot\nabla\times(\boldsymbol{\xi}\times\mathbf{B})}{\mu_0}\right]\end{aligned} \tag{6.2-7}$$

となり，変位の微分を含む項に対して部分積分を実行してやると，

$$\delta S = -\int_{t_1}^{t_2} dt \int dv \boldsymbol{\xi} \cdot \left[\frac{\partial(\rho \mathbf{v})}{\partial t} + \nabla \cdot (\rho \mathbf{v}\mathbf{v}) + \nabla P - \mathbf{J} \times \mathbf{B} \right] \tag{6.2–8}$$

と変形でき，変分原理 $\delta S = 0$ と次の MHD 運動方程式の等価性が分ります．

$$\rho \frac{\partial \mathbf{v}}{\partial t} + \rho \mathbf{v} \cdot \nabla \mathbf{v} = \mathbf{J} \times \mathbf{B} - \nabla P \tag{6.2–9}$$

ここで，質量密度ρに対する連続の方程式 $\partial\rho/\partial t + \nabla\cdot(\rho\mathbf{v}) = 0$ を用いています．プラズマの流れがない場合（$\mathbf{v}=0$）はプラズマが静的な力学平衡状態にあります．この場合の変分原理は，Kruskal-Krusrud [6–10] によって 1958 年に以下のように与えられました．

$$S = \int \mathcal{L} dV = \int \left[\frac{B^2}{2\mu_0} + \frac{P}{\gamma - 1} \right] dV \tag{6.2–10}$$

この変分原理の場合仮想変位 $\boldsymbol{\xi}$ に対して (6.2−5) と (6.2−6) を上式に代入すると，

$$\delta S = -\int \boldsymbol{\xi} \cdot \left[\mu_0^{-1} (\nabla \times \mathbf{B}) \times \mathbf{B} - \nabla P \right] dV \tag{6.2–11}$$

が導かれ，(6.1−10) を用いた変分原理 $\delta S = 0$ は平衡条件 $\mathbf{J} \times \mathbf{B} = \nabla P$ と一致することが分ります．力学平衡が成り立つ時（変分の変位に対する 1 次項 $=0$ となる時）は，変分 δS は変位の 2 次形式となり，その正負で力学平衡の安定性が議論されます．(6.2−9) を線形化すると線形発展方程式は以下のように得られます．

$$\rho \frac{\partial^2 \boldsymbol{\xi}}{\partial t^2} = \mathbf{F}(\xi) = \delta \mathbf{J} \times \mathbf{B} + \mathbf{J} \times \delta \mathbf{B} - \nabla \delta P \tag{6.2–12}$$

$$= \mu_0^{-1} \{\nabla \times [\nabla \times (\boldsymbol{\xi} \times \mathbf{B})]\} \times \mathbf{B} + \mu_0^{-1} (\nabla \times \mathbf{B}) \times [\nabla \times (\xi \times \mathbf{B})] + \nabla [\gamma P \nabla \cdot \boldsymbol{\xi} + \boldsymbol{\xi} \cdot \nabla P]$$

この線形方程式の線形作用素 $\mathbf{F}$ はエルミート演算子（自己共役演算子）であるという重要な性質を持っています．この性質は (6.2−12) を用いてかなり複雑な変形をして示すこともできますが [6–6]，理想 MHD 流体ではエネルギーが保存されることを利用すると簡単に示すことができます [6–9]．実際，理想 MHD 流体のエネル

ギーEは，運動エネルギーとポテンシャルエネルギーの和で表され，運動方程式(6.2−9)から一定であることが導けます．

$$E=\int\left[\frac{1}{2}\rho\mathbf{v}^2+\frac{P}{\gamma-1}+\frac{\mathbf{B}^2}{2\mu_0}\right]dV \tag{6.2−13}$$

この全エネルギーを，変位$\boldsymbol{\xi}$の関数として表すと，

$$E=\int\frac{1}{2}\rho\left(\frac{\partial\boldsymbol{\xi}}{\partial t}\right)^2 dV+W(\boldsymbol{\xi},\boldsymbol{\xi}) \tag{6.2−14}$$

となります．ここで，Wは変位$\boldsymbol{\xi}$の2次形式です．Wを実際に書き下すと複雑ですが，ここではそうせずにWの変位ξに関する2次までの展開を考えます．

$$W(\boldsymbol{\xi},\boldsymbol{\xi})=W_0+W_1(\boldsymbol{\xi})+W_2(\boldsymbol{\xi},\boldsymbol{\xi}) \tag{6.2−15}$$

エネルギーは保存されることからdE/dt=0です．つまり，

$$\frac{dE}{dt}=\int\rho\frac{\partial\boldsymbol{\xi}}{\partial t}\cdot\frac{\partial^2\boldsymbol{\xi}}{\partial t^2}dV+W_1\left(\frac{\partial\boldsymbol{\xi}}{\partial t}\right)+W_2\left(\frac{\partial\boldsymbol{\xi}}{\partial t},\boldsymbol{\xi}\right)+W_2\left(\boldsymbol{\xi},\frac{\partial\boldsymbol{\xi}}{\partial t}\right)=0 \tag{6.2−16}$$

$\partial\boldsymbol{\xi}/\partial t=\boldsymbol{\eta}$とおき$\rho\,\partial^2\boldsymbol{\xi}/\partial t^2=F(\boldsymbol{\xi})$を代入すると，

$$\int\boldsymbol{\eta}\cdot F(\boldsymbol{\xi})dV+W_1(\boldsymbol{\eta})+W_2(\boldsymbol{\eta},\boldsymbol{\xi})+W_2(\boldsymbol{\xi},\boldsymbol{\eta})=0 \tag{6.2−17}$$

が得られます．系が力学的な平衡状態にあることから任意の$\boldsymbol{\eta}$に対して$W_1(\boldsymbol{\eta})=0$を満たします．また，(6.2−17)左辺の$W_2(\boldsymbol{\eta},\boldsymbol{\xi})+W_2(\boldsymbol{\xi},\boldsymbol{\eta})$は$\boldsymbol{\eta}$と$\boldsymbol{\xi}$の交換に対して対称であることから，

$$\int\boldsymbol{\eta}\cdot F(\boldsymbol{\xi})dV=\int\boldsymbol{\xi}\cdot F(\boldsymbol{\eta})dV \tag{6.2−18}$$

を満たすことが分ります．理想MHDプラズマの線形作用素Fのこの性質をエルミート性(自己共役性)と言います．理想MHDプラズマの線形作用素**F**がエルミート性を持つことを明示的に示す表式はFreidbergによって与えられています[6-11].

6.3 “エネルギー原理”：ポテンシャルエネルギーとスペクトル

微小変位に対するエネルギー保存則は，電磁流体の線形方程式（6.2−12）に$\partial \xi/\partial t$をかけて時間で積分し，エルミート性を用いると次のように書けます．

$$\frac{1}{2}\int\rho\left(\frac{\partial\xi}{\partial t}\right)^2 dv=\frac{1}{2}\int\boldsymbol{\xi}\cdot F(\boldsymbol{\xi})\,dv \tag{6.3-1}$$

ここで，$\delta K=(1/2)\int\rho(\partial\boldsymbol{\xi}/\partial t)^2 dv$は運動エネルギーの変化，$\delta W=-(1/2)\int\boldsymbol{\xi}\cdot F(\boldsymbol{\xi})\,dv$とはポテンシャルエネルギーの変化です．系の全エネルギー$E=K+W$が保存されることから，ポテンシャルエネルギーの変化が負（$\delta W<0$）の場合には運動エネルギーは増大（$\delta K>0$）することになり系は不安定です．逆に，ポテンシャルエネルギーの変化が正（$\delta W>0$）の場合，運動エネルギーは減少する（$\delta K<0$）ことになり，系は安定ということになります．このように，系のポテンシャルエネルギーを調べることにより安定性を調べる手法を**エネルギー原理**と言います．δWを展開すると変位ξの二次形式としてδWが求まりますが，物理的に理解し易い形はFurthによって次のように与えられています [6-12]．

$$\delta W(\boldsymbol{\xi})=\int dV[\delta W_{SA}+\delta W_{MS}+\delta W_{SW}+\delta W_{IC}+\delta W_{KI}] \tag{6.3-2}$$

$$\delta W_{SA}=B_1^2/2\mu_0,\ \mathbf{B}_1=\nabla\times(\boldsymbol{\xi}\times\mathbf{B}),\ \delta W_{MS}=B^2(\nabla\cdot\boldsymbol{\xi}_\perp+2\,\boldsymbol{\xi}_\perp\cdot\boldsymbol{\kappa})^2/2\mu_0$$

$$\delta W_{SW}=\gamma p(\nabla\cdot\boldsymbol{\xi})^2/2,\ \delta W_{EX}=(\boldsymbol{\xi}_\perp\cdot\nabla p)(\boldsymbol{\xi}_\perp\cdot\boldsymbol{\kappa})/2,\ \delta W_{KI}=-J_{/\!/}\mathbf{b}\cdot(\mathbf{B}_{1\perp}\times\boldsymbol{\xi}_\perp)/2$$

ここで，δW_{SA}は**磁場の曲げエネルギー**で**シアアルベン**波の源です．δW_{MS}は**磁場の圧縮エネルギー**で**磁気音波**を生み出します．δW_{SW}は**プラズマの圧縮エネルギー**で**音波**を生み出します．これらのエネルギーは正値で安定化に作用します．一方，δW_{IC}は**曲がった磁場中の圧力の交換エネルギー**で正負の値を取り得ます．δW_{kI}は電流による**キンクエネルギー**で，正負値を取ることができます．ここで，曲率ベクトルは$\boldsymbol{\kappa}=\mathbf{b}\cdot\nabla\mathbf{b}$で与えられ$\boldsymbol{\kappa}\cdot\nabla p<0$の時，交換エネルギーは負になり不安定性の源になります．

Fがエルミート演算子であることを用いると，固有値ω^2は実数であることが分ります．実際，磁気流体の線形方程式（6.2−12）で$\boldsymbol{\xi}=\xi\exp(i\omega t)$とおき，$\boldsymbol{\xi}^*$との内積をとって体積積分を行うと，

$$\omega^2\int\rho\left|\boldsymbol{\xi}\right|^2 dV = -\int\boldsymbol{\xi}^*\cdot\mathbf{F}(\boldsymbol{\xi})\,dV \tag{6.3–3}$$

となります．(6.3−3) の複素共役と (6.3−3) の差をとり，F のエルミート性から $\int\boldsymbol{\xi}\cdot F(\boldsymbol{\xi}^*)dV = \int\boldsymbol{\xi}^*\cdot F(\boldsymbol{\xi})dV$ であることを考慮すると，

$$(\omega^2-\omega^{*2})\int\rho\left|\boldsymbol{\xi}\right|^2 dV = 0 \tag{6.3–4}$$

となります．つまり，固有値 ω^2 は実数になります．固有値 $\omega^2>0$ の場合は減衰の無い振動になり安定です．一方，$\omega^2<0$ の場合は固有モードが指数関数的に成長し，プラズマは不安定です．安定から不安定への境界は $\omega^2=0$ で起こります．複素 ω 平面で考えると根軌跡は実軸と虚軸上を移動することになります．

F がエルミートであることから ρ を重みとして固有関数の直交性が導けます．実際，ξ_m, ξ_n を異なる固有値 $\omega_m{}^2, \omega_n{}^2$ を持った固有関数とすると，$-\rho\omega_m{}^2\xi_m=\mathbf{F}(\xi_m)$，$-\rho\omega_n{}^2\xi_n=\mathbf{F}(\xi_n)$ に ξ_n, ξ_m との内積をとることで，

$$(\omega_m^2-\omega_n^2)\int\rho\,\xi_m\cdot\xi_n dV = \int[\xi_m\cdot F(\xi_n)-\xi_n\cdot F(\xi_m)]dV = 0 \tag{6.3–5}$$

となります．ここで，線形 MHD 方程式 (6.2−12) の一般的性質について少し述べておきます．$\omega^2=-\lambda$ とおくと (6.2−12) は次式で表せます．

$$[\lambda-\mathbf{F}/\rho]\xi = \mathbf{a} \tag{6.3–6}$$

ここで，a は (6.2−12) をラプラス変換する時の初期値，もしくは (6.1−12) では考慮しなかった外力の項 (実際，外部コイルでアルベンモード等を励起する) です．そうすると，

$$\xi = [\lambda-\mathbf{F}/\rho]^{-1}\mathbf{a} \tag{6.3–7}$$

となります．MHD 線形作用素は，一般には無限個の独立な固有関数と固有値 (数えられない場合もあるのでスペクトルと言う) を持っており **F** のスペクトル λ を調べることは $(\lambda-\mathbf{F}/\rho)^{-1}$ の特異点を調べることと対応します．$(\lambda-\mathbf{F}/\rho)\boldsymbol{\xi}=0$ が自明でない解を持つ場合は**点スペクトル**が現れ，$(\lambda-\mathbf{F}/\rho)^{-1}$ は存在するが非有界な場合には**連続スペクトル**が現れます (ノート参照)．

非一様なプラズマでは MHD 波であるアルベン波や遅い磁気音波，速い磁気音波

は連続スペクトルを持ち得ます．例えば，アルベン波は磁場方向に位相速度 $V_p = V_A$ を持ち，磁場に直交する方向に密度変化がある場合，異なる密度の層毎にそれぞれの局所アルベン速度で伝搬するために，個々の層の振動の位相が時間とともに互いにずれて任意の初期変動は時間とともに減衰します．ランダウ減衰は速度空間での位相混合で起こりましたが，非一様な媒質では連続スペクトルによる減衰が半径方向の位相混合で生まれます [6-13]．

▶ノート：エルミート（自己共役）作用素とスペクトル理論 [6-2]，[6-3]，[6-4]，[6-5]：

量子力学を作る時に，固有値問題の概念を一般化したスペクトル理論を築く必要がありました．量子力学における作用素は自己共役性をもっており関数解析におけるスペクトル理論として J. von Neumann（1903−1957）によって成し遂げられました．ただ，その理論は自己共役作用素に限られ，自己共役でない作用素については一般的なことはほとんど解っていません．無限次元空間の作用素では，一般的にスペクトル分解ができるのは自己共役作用素（あるいはユニタリ作用素）に限られます．

A を線形作用素とするとき，固有値問題とは，$Au = \lambda u$ を満たす固有値 λ $(\in C)$ と固有ベクトル u を求めることです．これを書き換えると $(\lambda I - A)u = 0$ となります．これは，線形作用素 $(\lambda I - A)$ のゼロ点集合を求めることになります．無限次元線形空間における作用素では，作用素 $(\lambda I - A)^{-1}$ の特異点を求めることに他なりません．スペクトルの分類として以下の 2 つが重要です．

[1] 点スペクトル（Point spectrum）：$(\lambda I - A)^{-1}$ が存在しない λ の集合，つまり $(\lambda I - A)x = 0$ を満たす 0 でない u が存在する λ の集合を点スペクトルと言います．

具体例；$A = -\partial_x^2$ とすると，固有値問題 $(\lambda I - A)u = 0$ を解くと，$\lambda = \{(n\pi)^2; n = 1, 2, \cdots\}$

[2] 連続スペクトル（Continuous spectrum）：$(\lambda I - A)^{-1}$ が存在し，その定義域が稠密であるが，不連続である λ の集合を連続スペクトルと言います．

具体例；$A = x$ とすると $(\lambda I - A)u = 0$ は $(\lambda - x)u = 0$ を意味し，その解は $u = \delta(x - \lambda)$ です．

6.4 "Euler-Lagrange 方程式"：理想磁気流体の Newcomb 方程式

理想 MHD 方程式のエネルギー積分は，直線円筒プラズマや軸対称プラズマの場合，その対称性を利用して極小化を行うと半径方向座標のみを含むオイラー・ラグランジェ方程式に帰着することができます．これを Newcomb 方程式と言います．円筒対称の場合は，A. Newcomb [6-14] によって導かれ，2 次元の場合は軸対称トーラスに対して Tokuda [6-15] によって導かれています．

円筒対称の場合円筒座標系 (r, θ, z) で対称性を考慮すると一般性を失うことなく $\xi_r, i\xi_\theta, i\xi_z$ が実数の基準モード $\exp(im\theta+ikz)$ で評価できます．安定性条件は対 (m, k) に対して得られることになります．$i\xi_\theta, i\xi_z$ に対するエネルギー積分 (6.3−2) の最小化は，変位の非圧縮性条件 $\nabla\cdot\boldsymbol{\xi}=0$ と $v=i(\xi_\theta B_z-\xi_z B_\theta)=\zeta_0(\xi_r, d\xi_r/dr)$ によって与えられ，$\xi=\xi_r$ を用いて z 方向単位長あたりのエネルギー積分 W は，

$$W=\frac{\pi}{2\mu_0}\int_0^a\left[f\left|\frac{d\xi}{dr}\right|^2+g\left|\xi\right|^2\right]dr+W_a+W_v \tag{6.4-1}$$

$$f=\frac{r(kB_z+(m/r)B_\theta)^2}{k^2+(m/r)^2},$$

$$g=\frac{1}{r}\frac{r(kB_z-(m/r)B_\theta)^2}{k^2+(m/r)^2}+r(kB_z+(m/r)B_\theta)^2-\frac{2B_\theta}{r}\frac{d(rB_\theta)}{dr}-\frac{d}{dr}\left(\frac{k^2B_z{}^2-(m/r)^2B_\theta{}^2}{k^2+(m/r)^2}\right)$$

$$\xi_0\left(\xi,\frac{d\xi}{dr}\right)=\frac{r}{k^2r^2+m^2}\left[(krB_\theta-mB_z)\frac{d\xi}{dr}-(krB_\theta+mB_z)\frac{\xi}{r}\right]$$

となります．ここで W_a, W_v はそれぞれ部分積分で生まれる表面項と真空中のエネルギー積分です．(6.4−1) を極小化する Euler-Lagrange(EL) 方程式は次式で与えられます．

$$\frac{d}{dr}\left(f\frac{d\xi}{dr}\right)-g\xi=0 \tag{6.4-2}$$

この方程式を **Newcomb 方程式**と呼びます．Newcomb 方程式の著しい特徴は，$f(r)=0$ を満たす場所（**有理面**）を特異点として持つことです．$f\geqq 0$ であることから $f(d\xi/dr)^2$ は常に安定化に寄与しますが，特異点では $f=0$ となるため (6.4−2) の特異点 r_s 近傍の局所解が非振動解である条件（振動解は不安点になる）から $q=rB_z/RB_\theta$ として局所モードに対する **Suydam 条件** $(q'(r)/q(r))^2+8\mu_0 p'(r)/rB_z{}^2>0$ が得

られます（トーラスプラズマでは $r(d\ln q/dr)^2/4+2\mu_0(dp/dr)(1-q^2)/B_z^2>0$ となり通常 $dp/dr<0$ なので，$q>1$ の領域では $dp/dr(1-q^2)>0$ となることから概ね安定になります：**Mercier 安定条件** [6-16]）．$q'(r)/q(r)$ は磁気シアによる安定化を表しています．プラズマ中に特異点が複数 $(r_1, r_2, \cdots)$ 存在する場合を考えると，EL 解が特異点で切り離されるために隣あう特異点間のエネルギー積分を独立に最小化すれば良いことになります．この時，特異点 r_1, r_2 間の EL 解のエネルギー積分は $W=(\pi/2\mu_0)\,[f\xi d\xi/dr]_{r_1}^{r_2}$ で与えられます．$x=r-r_s$ とすると，特異点近傍では $\xi\sim x^{-n_1}, x^{-n_2}$ という2つの固有解を持ち，n_1, n_2 は $n^2-n+\gamma=0$ を満たす実数になります（$\gamma=-rp'(r)/(B_z^2/2\mu_0)s^2$: $s=r(dq/dr)$ は磁気シア）．$n_1<n_2$ とすると，$\xi\sim x^{-n_1}$ を**小解**（Small solution），$\xi\sim x^{-n_2}$ を**大解**（Large Solution）と言います．Newcomb は (6.4−2) の EL 解の性質として 14 個の定理を導いています [6-14]．特に重要なのが第 10 定理です．

Newcomb の第 10 定理：(m, k) の組み合わせに対して特異点 r_1, r_2 で区切られる区間 I で安定である必要十分条件は，I の左端が特異点の場合にはそこで Suydam 条件を満たし，かつ左端で小解となる解が区間 I で決して 0 にならないことである．ここで Marginal な場合には右端でも 0 となる小解となる．

この定理を用いると，左端で $\xi=0, d\xi/dr=1$ を境界条件として Runge-Kutta 法等を用いて EL 方程式の数値計算を行い，区域内で $\xi=0$ を横切った場合には不安定という判定ができます．

軸対称トーラスの場合には，円筒対称の場合と同様，変位が非圧縮性条件 $\nabla\cdot\boldsymbol{\xi}=0$ を満たす場合にエネルギー積分は極小化します．軸対称系では磁場は (3.8−2) で表せ，$r=[2R_0\int_0^\psi(q/F)d\psi]^{1/2}$ を用いた磁場が直線になる磁束座標系 (r, θ, ζ)（ヤコビアン $J=g^{1/2}=R^2r/R_0$）で Grad-Shafranov 方程式は，

$$\frac{\partial}{\partial r}\left[r\frac{d\psi}{dr}\left|\nabla r\right|^2\right]+\frac{\partial(\nabla r\cdot\nabla\theta)}{\partial\theta}\frac{d\psi}{dr}=-\mu_0R^2\frac{dp}{d\psi}-F\frac{dF}{d\psi} \tag{6.4-3}$$

で与えられます．エネルギー積分 W を $\nabla\cdot\boldsymbol{\xi}=0$ の下で $X=\boldsymbol{\xi}\cdot\nabla r$, $V=r\boldsymbol{\xi}\cdot\nabla(\theta-\zeta/q)$ とおいて磁束座標系 (r, θ, ζ) で書き下すと次式を得ます．

$$W_p=\frac{\pi}{2\mu_0}\int_0^a dr\int_0^{2\pi}d\theta\,\mathcal{L}\left(X, \frac{\partial X}{\partial\theta}, \frac{\partial X}{\partial r}, V, \frac{\partial X}{\partial\theta}\right) \tag{6.4-4}$$

ここで $r=a$ はプラズマ表面です．円筒対称系では v に対する極小化は容易でしたが，軸対称系の V に関する極小化条件はエネルギー積分に $\partial V/\partial\theta$ を含むことから

少し複雑になりますが，∂V/∂r を含まないので次の EL 方程式で与えられます．

$$\frac{\partial}{\partial\theta}\left[\frac{\partial\mathcal{L}}{\partial(\partial V/\partial\theta)}\right]-\frac{\partial\mathcal{L}}{\partial V}=0 \tag{6.4-5}$$

(6.4−5) 式が可解であるためには，(6.4−5) を θ で $0-2\pi$ まで積分した時に $\partial\mathcal{L}/\partial(\partial V/\partial\theta)$ が $\theta=0, 2\pi$ で同じ値を取る（周期的境界条件）必要があります．これから，

$$\int_0^{2\pi}\frac{\partial\mathcal{L}}{\partial V}\,d\theta=0 \tag{6.4-6}$$

という可解条件が得られます．V と X を θ に関してフーリエ級数展開し以下の式を得ます．

$$X(r,\theta)=\sum_{m=-\infty}^{m=\infty}X_m(r)\exp(im\theta),\quad V(r,\theta)=-i\sum_{m=-\infty}^{m=\infty}V_m(r)\exp(im\theta) \tag{6.4-7}$$

これを (6.4−6) に代入すると V_m に対する線形方程式が得られ (6.3−4) に代入すると，$\mathcal{L}$ が $\mathbf{X}=(\cdots, X_{-2}, X_{-1}, X_0, X_1, X_2, \cdots)^t$ (t: 転置) と $d\mathbf{X}/dr$ のみで表せることになり，エネルギー積分 W を最小化する $\mathbf{X}$ を与える EL 方程式が求まります [6-15].

$$W_p=\frac{\pi^2}{\mu_0}\int_0^a\mathcal{L}\left(\mathbf{X},\frac{d\mathbf{X}}{dr}\right)dr,\ \frac{d}{dr}\frac{\partial\mathcal{L}}{\partial(d\mathbf{X}/dr)}-\frac{\partial\mathcal{L}}{\partial\mathbf{X}}=0 \tag{6.4-8}$$

これは，$\mathcal{L}$ が $\mathbf{X}$, $d\mathbf{X}/dr$ の二次形式であることから次の 2 階線形常微分方程式の構造を持ちます．

$$\frac{d}{dr}\mathbf{f}\frac{d\mathbf{X}}{dr}+g\frac{d\mathbf{X}}{dr}+\mathbf{h}\mathbf{X}=0 \tag{6.4-9}$$

ここで $\mathbf{f}, \mathbf{g}, \mathbf{h}$ は行列です．これを **2 次元 Newcomb 方程式**と言います．**f** の対角要素は 1 次元の Newcomb 方程式と同じく $(n/m-1/q)^2$ の依存性を持ち $q=m/n$ を満たす半径は特異点になります．特異点近傍では小解と大解が存在し，局所安定性として Mercier 条件が導かれます．Mericier 条件が満たされる場合，Newcomb の第 10 定理と同様の安定判別条件で調べることができます．また，2 次元 Newcomb 方程式を解くことで，Kink モード，Peeling モード等を調べることができます．

6.5 “磁力線の張力”：キンクとティアリング

第3章で述べたように高温プラズマを閉じ込めるために磁場をヘリカルに曲げてトーラスを密に覆います．マックスウェル方程式が教えるように，磁場は磁場方向に張力が働き，磁場は真っすぐになろうとします．磁場が真っすぐになると，プラズマの方がヘリカルに変形します．これが**キンクモード**や**ティアリングモード**と呼ばれる不安定性の発生機構です．キンクモードは，プラズマ抵抗が0の極限の理想MHDでも起こる変形で，ティアリングモードは理想MHDのNewcomb方程式の特異点となる有理面で有限抵抗によって，磁場の再結合によって磁場のトポロジーが変わることが許容される場合の変形です．

キンクモードには，**外部キンクモード**と**内部キンクモード**があり，そのエネルギー積分 $W=W_p+W_v$ は，円筒プラズマ近似（低ベータ大アスペクト比円形断面トカマク近似）で（6.4−1）から次のように求まります．

$$W_p=\frac{\pi^2 B_\zeta{}^2}{\mu_0 R_0}\left\{\int_0^a\left[\left(r\frac{d\xi}{dr}\right)^2+(m^2-1)\xi^2\right]\left(\frac{n}{m}-\frac{1}{q}\right)^2 r dr\right\} \tag{6.5–1}$$

$$W_v=\frac{\pi^2 B_\zeta{}^2}{\mu_0 R_0}\left[\frac{2}{q_a}\left(\frac{n}{m}-\frac{1}{q_a}\right)+(1+m\lambda)\left(\frac{n}{m}-\frac{1}{q_a}\right)^2\right]a^2\xi_a^2 \tag{6.5–2}$$

ここで，$\lambda=(1+(a/b)^{2m})/(1-(a/b)^{2m})$，aとbはプラズマ半径と完全伝導性の壁（理想壁）の半径です．ここで，壁の抵抗は有限なので理想壁として作用するのは壁の時定数 τ_{wall} より短い時間に限られます．プラズマ内部のエネルギー積分は $W_p \geq 0$ ですが，真空のエネルギー積分 W_v は $(m/n)(1-2/(m\lambda+1))<q_a<m/n$ の時に負値になります．このため，プラズマ内のエネルギー積分が小さい時には $q_a<m/n$（有理数）で外部キンクが不安定になります．

プラズマ表面の変位 $\xi_a=0$ でもプラズマ内部のみで変位がある不安定モードがあり得ます．これを**内部キンクモード**と言います．$\xi_a=0$ として，$m=1$，$d\xi/dr=0$ とすると $W_p=W_v=0$ となり，$q=1$ の面がプラズマ中に存在する場合（$q(0)<1$），中立安定であることが分ります．このモードは，トロイダル効果によるプラズマ圧力の不安定化効果を考慮すると，ポロイダルベータ値が0.3程度以上で弱く不安定になります．

実際上重要な不安定性は，共鳴有理面（共鳴面）での磁場の再結合を含む**ティアリングモード**です．このモードは，特異点での磁力線再結合で磁場のトポロジーが変化することで，理想 MHD の範囲では安定であったモードが不安定になるものです．線形領域ではモードの成長率 $\gamma \sim \eta^{3/5}$ に比例しますが，すぐに非線形領域に入るので，ここでは，P.H. Rutherford によって導かれた **Rutherford 領域**という非線形領域 [6-17] について述べることにします．オームの法則 $\mathbf{E}+\mathbf{v}\times\mathbf{B}=\eta\mathbf{J}$ を $\partial\mathbf{B}/\partial t=-\nabla\times\mathbf{E}$ に代入して r 方向成分の主要項を書き下すと，

$$\gamma B_r - \frac{B_\theta}{r}(m-nq)\,iv_r = \frac{\eta}{\mu_0}\frac{d^2B_r}{dr^2} \tag{6.5–3}$$

となります．(6.5–3) から分るように，共鳴面では $\mathbf{v}\times\mathbf{B}$ 由来の左辺第 2 項が 0 となることから右辺の抵抗性拡散の項が重要になってきます．逆に，共鳴面近傍以外では電気抵抗の効果は重要でないことが分ります．$\psi=irB_r/m$ とすると，共鳴面近傍では以下の磁場の拡散方程式で支配されます．

$$\frac{\partial\psi}{\partial t} = \frac{\eta}{\mu_0}\frac{\partial^2\psi}{\partial r^2} \tag{6.5–4}$$

これを**磁気島**の幅 w 内で積分すると，r_s を特異点として

$$w\frac{\partial\psi}{\partial t} = \frac{\eta}{\mu_0}\left[\frac{\partial\psi}{\partial r}(r_s+w/2) - \frac{\partial\psi}{\partial r}(r_s-w/2)\right] \tag{6.5–5}$$

となり，磁気島幅 w と ψ は $w=4(q\psi/q'B_\theta)^{1/2}$ の関係で結ばれているので，

$$\frac{dw}{dt} = \frac{\eta}{2\mu_0}\Delta'(w) \tag{6.5–6}$$

となります．ここで，$\Delta'(w)=[d\psi/dr(r_s+w/2)-d\psi/dr(r_s-w/2)]/\psi(r_s)$ です．P.H. Rutherford による詳細な計算によると，

$$\frac{dw}{dt} = 1.66\frac{\eta}{\mu_0}[\Delta'(w)-\alpha w] \tag{6.5–7}$$

ここで，$\Delta'(w)$ は抵抗拡散を無視した方程式の解（外部解）です．外部の ψ は，円筒プラズマがヘリカル変形を起こす場合の平衡方程式から求まります．共鳴面で $\psi=0$ になる $m=1$ を除いては共鳴面の十分近傍では ψ は一定とみなせます．

$$\frac{1}{r}\frac{d}{dr}\left(r\frac{d\psi}{dr}\right)-\frac{m^2}{r^2}\psi-\frac{\mu_0 dJ/dr}{B_\theta(1-nq/m)}\psi=0 \quad (6.5\text{–}8)$$

この方程式は本質的にはNewcomb方程式と同じで，共鳴面に近づくにしたがってその微分が対数的な発散をおこすので，$\Delta'(w)$ の精度を挙げるには対数発散項を分離して評価します．

図6.5に示すように磁気島の中に流れる摂動電流の向きは**磁気シア**（$s=(r/q)dq/dr$）が正の場合には最初の平衡電流と逆方向です．磁気島の形成によって，プラズマ圧力分布が平坦化するので，圧力勾配に比例してプラズマ中に自発的に流れる**ブートストラップ電流**（8.5節参照）が減少し，それは磁気島を拡大する方向に作用します．このようにして生まれるモードを**新古典ティアリングモード（NTM）**と言います．一方 $s<0$ の時には，摂動電流は平衡電流と同方向に流れNTM効果は磁気島を小さくします．

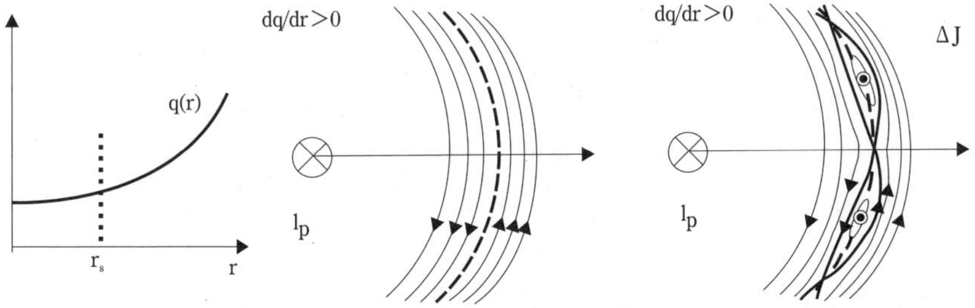

図6.5　磁気シア $s=rdq/dr/q>0$ の場合の共鳴面前後の磁場の相対流れと磁気再結合による磁気島形成．磁気島内の電流はプラズマ電流と反対方向に流れる．つまり，磁気島内でプラズマ電流と逆方向に電流が流れるような摂動があると磁気島が形成される（不安定化する）．一方，負の磁気シア $s<0$ では磁気島内の電流はプラズマ電流と同じ方向に流れます．つまり，磁気島の中にプラズマ電流と逆方向に電流が流れるような摂効では，磁気島は形成されず不安定にならない．

6.6 “磁場の曲率”：バルーニングと準モード展開

トーラスプラズマにおける磁力線に沿って振幅が変化しない局所モードは，平均極小磁場の効果（Mercier 安定条件における (q^2-1) 項））によって概ね安定化されますが，磁力線に沿って見た時に磁場が小さい領域（トーラス外側）で振幅が大きいバルーニングというモードが不安定になります．このモードは，磁力線方向には長い波長（$\lambda_{/\!/}\sim Rq$）を持ち磁場に垂直方向には短い波長を持ちますがポロイダルとトロイダルの両方向に周期的境界条件を満たす必要があります．クレプシュ座標系 (r, θ, α) で磁場は $\mathbf{B}=\nabla\alpha\times\nabla\psi$, $\alpha=\zeta-q\theta$ で与えられます．磁場に垂直方向の変位 $\boldsymbol{\xi}_\perp$ の流れ関数を Φ とすると，

$$\boldsymbol{\xi}_\perp=\frac{i\mathbf{B}\times\nabla\Phi}{B^2} \tag{6.6-1}$$

$$\Phi=F(r,\theta)\exp(iS(r,\alpha)) \tag{6.6-2}$$

と表せます．ここで，バルーニングは磁場に垂直方向の波長が短いので磁場に垂直な方向である (r, α) 依存性を持ったアイコナル表式を用い，$r\equiv a(\phi/\phi_a)^{1/2}$ はトロイダル磁束で定義された半径です．また，F は r と θ の緩やかに変化する関数です．モードはトロイダル方向にはフーリエ展開できるので $iS\sim-in\xi$ となるようなモードを考えます．$\alpha=\zeta-q\theta$ を考慮すると S の可能な解は $S(r,\alpha)=n(\alpha+\alpha_0(r))$ となります．$S(r,\theta+2\pi,\zeta)=S(r,\theta,\zeta)-2\pi q$ なので θ に対する周期条件を満たしません．これは 3.7 節で述べた磁気面上の磁力線の性質から当然のことです．このアイコナルの表式から磁場に垂直方向の波数は，

$$\mathbf{k}_\perp=\nabla S=n[\nabla\alpha+\alpha_0'(r)\nabla r] \tag{6.6-3}$$

となり磁力線に沿ってモードの位相は同じになりますが，3.7 節で述べたように有理面でない限り磁力線は交わることなく無限に周回するので (6.6-2) の形のモードは θ に関して $[0, 2\pi]$ で閉じるのではなく，無限に周回する磁力線に沿って $\pm\infty$ まで広がることになります．つまり，**Riemann 面**と同様 1 周する毎にカットを入れて無限大までの解を求めることが必要になります．ここで，$\theta\in[0,2\pi]$ に対して $y\in[-\infty,\infty]$ を**被覆空間** (covering space) と言います．$\alpha_0(r)$ の任意性を用いると被覆空間で求めた解から θ 周期条件を満たす解 Φ を求めることができます．被覆空間で定義された関数を $\Phi_0(y,r)=\varphi(y,r)\exp[-in(\alpha+\alpha_0(r))]$ とします．ここで $\varphi(y,r)$

は［$-\infty,\infty$］で定義された二重積分可能な非周期関数です．容易に分るようにΦ_0 (y, r) を2πずつずらした次のような関数和はθの周期条件$\Phi(\theta+2\pi, r)=\Phi(\theta, r)$を満たします（これを**準モード展開**と言います）．

$$\Phi(\theta, r)=\sum_{j=-\infty}^{\infty}\Phi_0(\theta+2\pi j, r)=\sum_{j=-\infty}^{\infty}\varphi(\theta+2\pi j, r)e^{inq(\theta-\theta_0+2\pi j)}e^{-in\zeta}=F(\theta, r)e^{-in\alpha} \quad (6.6\text{–}4)$$

ここで，$\theta_0=\alpha_0(r)/q$ です．モードが (6.6−4) で表せる時，(6.3−2) のエネルギー積分δWの主要項は，

$$\delta W_{SA}=\frac{B_1^2}{2\mu_0}\sim\frac{(\nabla\alpha)^2}{2\mu_0 B^2}|\mathbf{B}\cdot\nabla F|^2 \quad (6.6\text{–}5)$$

$$\delta W_{EX}=(\boldsymbol{\xi}_\perp\cdot\nabla p)(\boldsymbol{\xi}_\perp\cdot\boldsymbol{\kappa})/2\sim P'(\psi)[(\mathbf{B}\times\nabla\alpha)\cdot\boldsymbol{\kappa}/B^2]|F|^2 \quad (6.6\text{–}6)$$

となり，それ以外の項は O(1/n) となり n が大きい近似で無視できます（詳しくは，White [6–18]）．物理的には，バルーニング安定性は磁場の曲げエネルギーとプラズマ圧力の交換エネルギーのバランスによって決まります．この時，

$$W_p=\frac{1}{2\mu_0}\int\left[\frac{|\nabla\alpha|^2}{B^2}(\mathbf{B}\cdot\nabla F)^2-2\mu_0 P'(\psi)\kappa_w F^2\right]dV \quad (6.6\text{–}7)$$

となります．ここで$\kappa_w=(\mathbf{B}\times\nabla\alpha)\cdot\boldsymbol{\kappa}/B^2$は磁場曲率が悪い場所で負になり，$\kappa_w P'F^2$は不安定化項になります．$\mathbf{B}\cdot\nabla=\mathbf{B}\cdot((\nabla\psi)\partial/\partial\psi+(\nabla\theta)\partial/\partial\theta+(\nabla\alpha)\partial/\partial\alpha)=J^{-1}\partial/\partial\theta$ となることを考慮しエネルギー積分の極値を与える EL 方程式を求めると，

$$J^{-1}\frac{\partial}{\partial\theta}\left[\frac{|\nabla\alpha|^2}{JB^2}\frac{\partial F}{\partial\theta}\right]+\mu_0 P'(\psi)\kappa_w F=0 \quad (6.6\text{–}8)$$

となります．この方程式はクレプシュ座標系 (ψ, θ, α) で書かれていますが，(ψ, χ, ζ) 座標系で書き下すとバルーニングの正確な取り扱いを行った Connor 等 [6–19] の (9) 式と一致します（Connor 等は直交座標系 (ψ, χ, ζ)（ψ：ポロイダル磁束 RA_ζ，χ：ポロイダル方向の角度変数，ζ：トロイダル角度）を用いています [6–20]）．(6.6−8) はψ微分を含まないことからそれぞれの磁気面で$\Phi=F(\theta)e^{-in\alpha}$を求めれば良いことになります．(6.6−8) が線形方程式であることを考慮し (6.6−4) の準モード展開を用い $F=\sum_j\varphi(\theta+2\pi j)e^{inq(2\pi j-\theta_0)}=\sum_j F_1(\theta+2\pi j)$ とおくと，$F_1(y)$ は F と全く

同じEL方程式を満たしますが，定義域が $(-\infty, \infty)$ となります．

$$J^{-1}\frac{\partial}{\partial y}\left[\frac{|\nabla\alpha|^2}{JB^2}\frac{\partial F_1(y)}{\partial y}\right]+\mu_0 P'(\psi)\kappa_w F_1(y)=0 \tag{6.6–9}$$

安定判別は，Newcombの第10定理同様，$F_1(y)$ が0を横切らないことになります．マージナルな場合は $y\to\pm\infty$ で $F_1(y)\to 0$ となります．

注：準モードの径方向構造 [6-21]

Zakharov [6-21] は，準モードとは径方向（磁気面に垂直方向）のモードの無限の重なりであるという物理的解釈を示しました．あらゆる θ の周期関数はフーリエ展開ができるので，次のような Φ フーリエ変換を考えます．

$$\Phi=\sum_{k=-\infty}^{\infty}\Phi_k(q)e^{i(m+k)\theta}e^{-in\zeta} \tag{6.6–10}$$

ここで $q=m/n$ になるとします（我々は $n\to\infty$ の極限を考えているので，あらゆる無理数が有理数の極限として表せるという事実を用いることができます）．(6.6–10) の各フーリエスペクトルは異なる安全係数（空間位置）$q(r)=(m+k)/n$ で共鳴することに留意する必要があります．つまり $\Phi_k(q)$ は有理面 $q+\Delta q=(m+k)/n$ で共鳴するモードです．$\Phi_k(q)$ は包絡振幅を $a(\Delta q)$ として**移動対称性**を持つようになります．即ち $\Phi_k(q)=a(\Delta q)\,\Phi_0(q-\Delta q)$ （$\Delta q=k/n, \Phi_0(q)$ は $k=0$ の固有関数）です．$n\to\infty$ では $\Delta q=k/n$ は0になることから $a(\Delta q)=1$ とおけます．そこで $\Phi_0(q)$ を無限長領域（$nq\in(-\infty,\infty)$）でのフーリエ変換 $\Phi_0(q)=(2\pi)^{-1}\int F_0(s)\exp(isnq)ds$ で表します．この時 (6.6–10) は，次のように (6.6–4) と同じ式になります．

$$\begin{aligned}\Phi&=\frac{1}{2\pi}\sum_{k=-\infty}^{\infty}e^{ik\theta}e^{-in\alpha}\int_{-\infty}^{\infty}F_0(s)e^{is(nq-k)}ds=e^{-in\alpha}\int_{-\infty}^{\infty}F_0(s)e^{isnq}\sum_{k=-\infty}^{\infty}\delta(\theta-s+2\pi j)ds\\&=-e^{-in\alpha}\sum_{j=-\infty}^{\infty}F_0(\theta+2\pi j)e^{inq(\theta+2\pi j)}=F(\theta,r)e^{-in\alpha}\end{aligned} \tag{6.6–11}$$

ここで $F=-\sum_j F_0(\theta+2\pi j)e^{2\pi inj}=\sum_j F_1(\theta+2\pi j)$．また次のデルタ関数の公式を用いました．

$$\frac{1}{2\pi}\sum_{k=-\infty}^{\infty}e^{ik(\theta-s)}=\sum_{j=-\infty}^{\infty}\delta(\theta-s+2\pi j) \tag{6.6–12}$$

6.7 “流れ”：非エルミート Frieman-Rotenberg 方程式

トカマクのような軸対称系では，トロイダル方向の新古典粘性が小さいことから，音速の数分の1程度の大きなトロイダル回転が誘起されることがあります．この場合，力学平衡に流れを考慮する必要があります [6-22].

$$\rho(\mathbf{u}\cdot\nabla)\mathbf{u}+\nabla p-\mathbf{J}\times\mathbf{B}=0 \tag{6.7-1}$$

$$\nabla\times(\mathbf{u}\times\mathbf{B})=0 \tag{6.7-2}$$

$$\mathbf{B}=\nabla\zeta\times\nabla\psi+F\nabla\zeta \tag{6.7-3}$$

(6.7−2) から $\mathbf{u}\times\mathbf{B}=-\nabla\Phi$ が得られ，$\mathbf{B}\cdot\nabla\Phi=0$ なので，

$$\nabla\Phi=\Omega(\psi)\nabla\psi \tag{6.7-4}$$

となります．流速 $\mathbf{u}$ は磁気面上にあるので，

$$\mathbf{u}=\frac{\Phi_M}{\rho}\mathbf{B}+R^2\Omega\nabla\zeta \tag{6.7-5}$$

と表せます．トカマクでは，新古典粘性のためにポロイダル回転は小さくなるので，以下では，$\Phi_M=0$ とした純トロイダル回転の場合を考えます．その場合，$\mathbf{u}=R^2\Omega\nabla\zeta$ から $\rho(\mathbf{u}\cdot\nabla)\mathbf{u}=-\rho R\Omega^2\nabla R$ (遠心力項) を得ます．これを (6.7-1) に代入してζ成分を取ると，軸対称性から $(\mathbf{J}\times\mathbf{B})\cdot\nabla\zeta=0$ となることが分ります．一方，$\nabla\times$ (6.7−3) から

$$\mathbf{J}=\mu_0^{-1}[\nabla F\times\nabla\zeta+\Delta^*\psi\nabla\zeta] \tag{6.7-6}$$

が得られるので，ベクトル公式を用いると $(\mathbf{J}\times\mathbf{B})\cdot\nabla\zeta=0$ から $(\nabla\psi\times\nabla F)\cdot\nabla\zeta=0$，つまり $F=F(\psi)$ であることが分ります．この時，ベクトル公式を用いると次式が得られます．

$$\mu_0\mathbf{J}\times\mathbf{B}=-\frac{FF'(\psi)+\Delta^*\psi}{R^2}\nabla\psi \tag{6.7-7}$$

よって (6.7−1) 式から次式が得られます．

$$-\rho R\Omega^2\nabla R = -\nabla P - \frac{FF'(\psi)+\Delta^*\psi}{\mu_0 R^2}\nabla\psi \qquad (6.7\text{–}8)$$

左辺の遠心力項の存在によって，圧力は磁気面量でなくなります．(6.7–8)・$\partial\mathbf{x}/\partial R$ をとり直交関係 (3.3–1) を考慮すると次式を得ます．

$$\rho R\Omega^2 = \left.\frac{\partial P}{\partial R}\right|_{\psi} \qquad (6.7\text{–}9)$$

つまり，遠心力項は圧力の R 方向勾配成分によって補償されることになります．さらに，(6.7–8)・$\partial\mathbf{x}/\partial\psi$ をとり直交関係 (3.3–1) を考慮すると，次のような流れを含む Grad-Shafranov 方程式を得ます．

$$\Delta^*\psi = -\mu_0 R^2\partial P(\psi, R)/\partial\psi - FF'(\psi) \qquad (6.7\text{–}10)$$

温度 $T=T(\psi)$ と仮定し $M=\rho/n$ とおいて (6.7–9) の R 積分を行うと次式を得ます．

$$p(\psi, R) = p_0(\psi)\exp\left[\frac{M}{2T}R^2\Omega^2\right] \qquad (6.7\text{–}11)$$

流れのある磁気流体プラズマの作用原理は，Frieman-Rotenberg [6–7] によって以下のように与えられています．

$$S = \int \mathcal{L}\,dVdt \qquad (6.7\text{-}12)$$

$$\mathcal{L} = \frac{1}{4}\rho\,\dot{\boldsymbol{\xi}}^2 - \rho\boldsymbol{\xi}\cdot(\mathbf{u}\cdot\nabla)\dot{\boldsymbol{\xi}} + \frac{1}{2}\rho\boldsymbol{\xi}\cdot\mathbf{F}(\boldsymbol{\xi}) \qquad (6.7\text{-}13)$$

ラグランジュアン $\mathcal{L}$ から一般化運動量は $\boldsymbol{p}\equiv\partial\mathcal{L}/\partial\dot{\boldsymbol{\xi}} = \rho(\partial\boldsymbol{\xi}/\partial t)+\rho\mathbf{u}\cdot\nabla\boldsymbol{\xi}$ となります．またハミルトニアン $\mathcal{H}(=\boldsymbol{p}\cdot\dot{\boldsymbol{\xi}}-\mathcal{L})$ は以下のように与えられます．

$$\mathcal{H} = \frac{1}{2\rho}[\boldsymbol{p}-\rho\mathbf{u}\cdot\nabla\boldsymbol{\xi}]^2 - \frac{1}{2}\rho\dot{\boldsymbol{\xi}}\cdot\mathbf{F}(\xi) \qquad (6.7\text{-}14)$$

ハミルトン方程式 $d\boldsymbol{p}/dt = -\partial\mathcal{H}/\partial\boldsymbol{\xi}$ から，$d\boldsymbol{p}/dt = F(\xi) - \rho u\cdot\nabla[(\boldsymbol{p}/\rho) - \mathbf{u}\cdot\nabla\boldsymbol{\xi}]$ が得られます．これから，流れがある場合の磁気流体方程式として次の Frieman-Rotenberg 方程式 (FR 方程式) が得られます [6–7]．

$$\rho\frac{\partial^2\boldsymbol{\xi}}{\partial t^2}+2\rho(\mathbf{u}\cdot\nabla)\frac{\partial\boldsymbol{\xi}}{\partial t}=\mathbf{F}(\boldsymbol{\xi}) \quad (6.7\text{–}15)$$

$$\mathbf{F}(\boldsymbol{\xi})=\mathbf{F}_s(\boldsymbol{\xi})+\mathbf{F}_d(\boldsymbol{\xi})$$
$$\mathbf{F}_s(\boldsymbol{\xi})=\nabla[\boldsymbol{\xi}\cdot\nabla p+\gamma p\nabla\cdot\boldsymbol{\xi}]+(\nabla\times\mathbf{B}_1)\times\mathbf{B}+\mathbf{J}\times\mathbf{B}_1$$
$$\mathbf{F}_d(\boldsymbol{\xi})=\nabla\cdot[\rho\boldsymbol{\xi}(\mathbf{u}\cdot\nabla)\mathbf{u}-\rho\mathbf{u}(\mathbf{u}\cdot\nabla)\boldsymbol{\xi}]$$
$$\mathbf{B}_1=\nabla\times(\boldsymbol{\xi}\times\mathbf{B})$$

と与えられます．静的作用素 $\mathbf{F}_s(\xi)$，動的作用素 $\mathbf{F}_d(\xi)$ 共にエルミート作用素です [6-22]．一方，対流項 $L=2\rho(\mathbf{u}\cdot\nabla)\partial_t\boldsymbol{\xi}$ は反エルミート作用素（$L(\boldsymbol{\zeta},\boldsymbol{\xi})=-L^*(\boldsymbol{\xi},\boldsymbol{\zeta})$）であるため，全体としては自己共役性が満たされず，問題を固有値問題として解くことが困難です．このため，FR 方程式は初期値問題として解くか [6-23]，ラプラス変換でその解の性質を調べる [6-24] ことになります．例えば，ラプラス変換；$\boldsymbol{\xi}(t)\rightarrow\boldsymbol{\xi}(\omega)$（$t\in R, \omega\in C$）を行うと，

$$\mathcal{L}\boldsymbol{\xi}(\omega)=\mathbf{m}_0(\omega) \quad (6.7\text{–}16)$$

ここで，$\mathcal{L}=\omega^2\rho+2i\omega\rho(\mathbf{u}\cdot\nabla)+\mathbf{F}$, $\mathbf{m}_0(\omega)=i\omega\rho\boldsymbol{\xi}_0+\rho\mathbf{u}\times(\nabla\times\boldsymbol{\xi}_0)+\mathbf{B}\times(\nabla\times\boldsymbol{\eta}_0)+\rho\nabla\alpha-\beta\nabla s$. この方程式の固有値（点スペクトル）を ω_j（$j=1,$ –），連続固有値（連続スペクトル）を $\omega\in\sigma_c$ とすると解の固有モード分解は次のように与えられます．

$$\xi(t)=\sum_j\xi(\omega_j)\exp(-i\omega_j t)+\int_{\sigma_c}\xi(\omega)e^{-i\omega t}d\omega \quad (6.7\text{–}17)$$

ここで，点スペクトル ω_j（$j=1,$ –）に対する固有関数 $\boldsymbol{\xi}(\omega_j)$，連続スペクトルに対する特異固有関数 $\boldsymbol{\xi}(\omega)$ はそれぞれ次のように与えられます．

$$\boldsymbol{\xi}(\omega_j)=-(1/2\pi)\int_{\Gamma(\omega_j)}\boldsymbol{\xi}_\omega d\omega \quad (6.7\text{–}18)$$

$$\boldsymbol{\xi}(\omega)=(1/2\pi)[\boldsymbol{\xi}(\omega+i0)-\boldsymbol{\xi}(\omega-i0)] \quad (6.7\text{–}19)$$

第6章　参考図書

[6-1] Florin Diacu, Philip Holmes, "Celestial Encounters - The Origin of Chaos and Stability", Princeton University Press(1996): F. ディアク/P. ホームズ（吉田春夫訳）：「天体力学のパイオニアたち（上・下）」，シュプリンガー・フェアラーク東京（2004）.

[6-2] 吉田善章，新版，応用のための関数解析その考え方と技法，サイエンス社，2006年，第3章.

[6-3] 吉田善章，集団現象の数理，岩波書店（1995）.

[6-4] A.N. Kolmogorov, S.V. Fomin, "Elements of the theory of functions and functional analysis", Dover edition (1999): コルモゴロフ，フォーミン（山崎三郎訳），「関数解析の基礎（上・下）」，岩波書店（2002）.

[6-5] B. Friedman, "Principles and Techniques of Applied Mathematics", Dover Publications inc (1956).

[6-6] I.B. Bernstein, E.A. Frieman, M.D. Kruskal, and R.M. Kulsrud, Proc. Roy. Soc. A244(1958)17.

[6-7] E. Frieman, M. Rotenberg, Rev. of Mod. Physics 32(1960)898.

[6-8] H. Goldstein, Classical Mechanics, Addison-Wesley (1950): ゴールドスタイン（野間進，瀬川富士訳），「古典力学」，吉岡書店（1959）.

[6-9] R.M. Kulsrud, "Plasma Physics for Astrophysics", Princeton U. Press(2005).

[6-10] M.D. Kruskal and R.M. Krusrud, Physics of Fluids 1(1958)265.

[6-11] J.P. Freidberg, "Ideal Magnetohydrodynamics", Plenum New York(1987).

[6-12] H.P. Furth et al., in Plasma Phys. and Contr. Nucl. Fusion Research, (IAEA,Vienna, 1965) Vol1,p103.

[6-13] B.B. Kadomtzev, "Collective Phenomena in Plasmas", Moscow, Nauka, 1976 (English translation, Elsevier Publishing Ltd. 1982) , 1976.; B.B. カドムツェフ，「プラズマ中の集団現象」，岩波書店（1979）.

[6-14] A. Newcomb, Annals of Physics 10(1960)232.

[6-15] S. Tokuda and T. Watanabe, Physics of Plasmas 6(1999)3012.

[6-16] C. Mercier, Nuclear Fusion 1(1960)47.

[6-17] P.H. Rutherford, Physics of Fluids 16(1973)1903.

[6-18] R.B. White, "The Theory of Toroidally Confined Plasmas", Imperial College Press (2006).

[6-19] J.W. Connor, R.J. Hastie and J.B. Taylor, Phys. Rev. Lett. 40(1978)396.

[6-20] J.W. Connor, R.J. Hastie and J.B. Taylor: Proc. Roy. Soc. A365(1979)1.

[6-21] L.E. Zakharov, Proc. Int. Conf. Plasma Physics and Contr. Nucl. Fusion Res., Innsbruck 1978, (IAEA, Vienna, 1979) Vol.1, 689.

[6-22] S. Tokuda, Plasma and Fusion Research 74No5(1998)503.

[6-23] N. Aiba, S. Tokuda, et al., Computer Physics Communications 180(2009)1282.

[6-24] M. Hirota and Y. Fukumoto, Phys. Plasmas 15(2008)122101, also J. Math. Phys. 49(2008)083101.

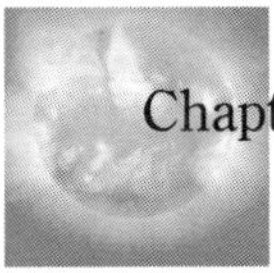

Chapter 7 波動力学：不均一プラズマ中の波の伝搬と共鳴

目　次

プラズマは分散性媒質であることから波の伝搬はランダウが導いたアイコナル方程式に従い，波のエネルギーも定義されます．プラズマ中に散逸が無い場合には，Lagrange-Hamilton 形式が使え保存則が得られます．分散性媒質の第0近似はプラズマの熱的効果を無視した散逸のない冷たいプラズマ近似です．この近似で共鳴と遮断が起こります．

閉じ込めプラズマで重要になる非均一プラズマでは，共鳴層の中でエネルギーの吸収がおこります．また，閉じ込めプラズマで普遍的に現れるドリフト波は臨界温度勾配を超えると不安定になり，波と波の相互作用によって乱流を生み出します．

7.1 “アイコナル方程式”：波動伝搬の力学

局所分散関係が$\omega=\Omega(\mathbf{k},\mathbf{x},t)$で与えられる波の伝搬は単純な平面波近似$e^{i(\mathbf{k}\cdot\mathbf{x}-\omega t)}$でなく，波の位相$\zeta$（**アイコナル**と言う）と振幅Aを未知関数とした波のアイコナル表示$\boldsymbol{\xi}=\mathbf{A}e^{i\zeta(\mathbf{x},t)}+cc$を用いてその運動が記述されます[7-1]．この時，角周波数ωと波数$\mathbf{k}$は，アイコナルζと次式で結ばれます．

$$\omega=-\frac{\partial\zeta}{\partial t} \tag{7.1-1}$$

$$\mathbf{k}=\frac{\partial\zeta}{\partial\mathbf{x}} \tag{7.1-2}$$

ここで，アイコナルの2階微分$\partial^2\zeta/\partial t\partial\mathbf{x}$が解析的である条件から$\omega$と$\mathbf{k}$は次式を満たすことが分ります．

$$\frac{\partial\mathbf{k}}{\partial t}=-\frac{\partial\omega}{\partial\mathbf{x}} \tag{7.1-3}$$

ここで，局所分散関係式$\omega=\Omega(\mathbf{k},\mathbf{x},t)$から，

$$\frac{\partial\omega}{\partial\mathbf{x}}=\mathbf{v}_g\cdot\frac{\partial\mathbf{k}}{\partial\mathbf{t}}+\left.\frac{\partial\Omega}{\partial\mathbf{x}}\right|_k \tag{7.1-4}$$

となります．ここで波束の群速度$\mathbf{v}_g=\partial\omega/\partial\mathbf{k}=\partial\Omega/\partial\mathbf{k}|_x$を使っています．(7.1-3)と(7.1-4)を組み合わせると，波束中心の位置$\mathbf{x}$の時間変化$d\mathbf{x}/dt$と群速度で移動する系で見た時の波数$\mathbf{k}$の時間変化$d\mathbf{k}/dt=\partial\mathbf{k}/\partial t+\mathbf{v}_g\partial\mathbf{k}/\partial\mathbf{x}$は以下のハミルトン方程式を満たすことが分ります．

$$\frac{d\mathbf{x}}{dt}=\left(\frac{\partial\Omega}{\partial\mathbf{k}}\right)_{\mathbf{x}} \tag{7.1-5}$$

$$\frac{d\mathbf{k}}{dt}=-\left(\frac{\partial\Omega}{\partial\mathbf{x}}\right)_{\mathbf{k}} \tag{7.1-6}$$

ここで，Ωは系のハミルトニアンの役割を果たし，$\mathbf{k}$は正準運動量の役割を果たしています．これらはまた，**アイコナル方程式**とも呼ばれます．アイコナル方程式を与える変分原理は，$\mathcal{L}=\mathbf{k}\cdot\dot{\mathbf{x}}-\Omega$とおくと$\delta\int\mathcal{L}dt=0$で与えられます．マックスウェ

ル方程式に，$\mathbf{E}, \mathbf{B} \sim \hat{\mathbf{E}}, \hat{\mathbf{B}} e^{i\zeta(\mathbf{x}, t)} + cc$ アイコナル表示を代入して主要部のみを取り出すと，

$$\mathbf{k} \times \hat{\mathbf{B}} = -i\mu_0 \hat{\mathbf{J}} - \frac{\omega}{c^2} \hat{\mathbf{E}} \tag{7.1-7}$$

$$\mathbf{k} \times \hat{\mathbf{E}} = \omega \hat{\mathbf{B}} \tag{7.1-8}$$

となります．波に対するプラズマの線形応答が $\boldsymbol{\sigma}$ を電気伝導度テンソルとして次の線形関係式で与えられるとします（7.3 節参照）．

$$\hat{\mathbf{J}}(\mathbf{k}, \omega) = \boldsymbol{\sigma}(\mathbf{k}, \omega) \hat{\mathbf{E}}(\mathbf{k}, \omega) \tag{7.1-9}$$

これを**オームの法則**と言います．この時（7.1-7）は，

$$\mathbf{k} \times \hat{\mathbf{B}} = -\frac{\omega}{c^2} \boldsymbol{\varepsilon}(\omega, \mathbf{k}) \cdot \hat{\mathbf{E}} \tag{7.1-10}$$

$$\boldsymbol{\varepsilon}(\omega, \mathbf{k}) = \mathbf{I} + \frac{i\boldsymbol{\sigma}}{\varepsilon_0 \omega} \tag{7.1-11}$$

となります．ここで $\boldsymbol{\varepsilon}$ は誘電率テンソルです．（7.1-8），（7.1-10）からわかるように，$\mathbf{k}$, $\boldsymbol{\varepsilon}(\omega, \mathbf{k}) \cdot \hat{\mathbf{E}}, \mathbf{B}$ はアイコナル近似の範囲では互いに直交するベクトルです．これらから $\mathbf{B}$ を消去すると，

$$\mathbf{M} \cdot \hat{\mathbf{E}} = 0 \tag{7.1-12}$$

$$\mathbf{M} = (\mathbf{kk} - k^2 \mathbf{I}) / k_0^2 + \boldsymbol{\varepsilon}, \ k_0 = \omega / c \tag{7.1-13}$$

電磁気学で良く知られているように，電磁場を支配するマックスウェルの方程式から，電磁場のエネルギー $\mathbf{B}^2/2\mu_0 + \varepsilon_0 \mathbf{E}^2/2$，ジュール損失 $\mathbf{J} \cdot \mathbf{E}$，ポインティングベクトル $\mathbf{S} = \mathbf{E} \times \mathbf{B}/\mu_0$ の間で次の**ポインティング定理**が成り立つことが導けます．

$$\frac{\partial}{\partial t}\left(\frac{\mathbf{B}^2}{2\mu_0} + \frac{\varepsilon_0 \mathbf{E}^2}{2}\right) = -\mathbf{J} \cdot \mathbf{E} - \nabla \cdot \mathbf{S} \tag{7.1-14}$$

この式は，ポインティングベクトル $\mathbf{S}$ がエネルギー束密度であることを示しています．緩やかに変化する媒質での振幅の時間空間変化の1次まで（$\omega + i\partial/\partial t, i\mathbf{k} + \nabla$）とると，$\mathbf{J}$ 及び $\mathbf{B}$ は

$$\hat{\mathbf{J}}+\delta\hat{\mathbf{J}}=\boldsymbol{\sigma}\,(\omega+\mathrm{i}\frac{\partial}{\partial t})\,(\hat{\mathbf{E}}+\delta\hat{\mathbf{E}})=\boldsymbol{\sigma}\,(\omega)\,\hat{\mathbf{E}}+\sigma\,(\omega)\,\delta\hat{\mathrm{E}}+\frac{\partial\boldsymbol{\sigma}}{\partial\omega}\,\mathrm{i}\,\frac{\partial\hat{\mathbf{E}}}{\partial t} \tag{7.1-15}$$

$$\mathrm{i}\omega\delta\hat{\mathbf{B}}=\mathbf{ik}\times\delta\hat{\mathbf{E}}+\frac{\partial\hat{\mathbf{B}}}{\partial t}+\nabla\times\hat{\mathbf{E}} \tag{7.1-16}$$

となります．ここで $\hat{\mathbf{B}}=\mathbf{k}\times\hat{\mathbf{E}}/\omega$ です．これらをポインティング定理 (7.1−14) に代入すると次式が得られます．

$$\frac{\partial \mathcal{E}}{\partial t}+\nabla\cdot\hat{\mathbf{S}}=Q \tag{7.1-17}$$

$$\mathcal{E}=\frac{1}{2}\left(\varepsilon_0\hat{\mathbf{E}}^*\cdot\frac{\partial(\omega\,\varepsilon_{\mathrm{h}})}{\partial\omega}\cdot\hat{\mathbf{E}}+\frac{1}{\mu_0}\hat{\mathbf{B}}^*\cdot\hat{\mathbf{B}}\right) \tag{7.1-18}$$

$$\hat{\mathbf{S}}=\mathrm{Re}\,(\hat{\mathbf{E}}^*\times\hat{\mathbf{B}})\,/\,\mu_0 \tag{7.1-19}$$

$$Q=\hat{\mathbf{E}}^*\cdot\boldsymbol{\sigma}_{\mathrm{h}}\cdot\hat{\mathbf{E}} \tag{7.1-20}$$

$$\boldsymbol{\varepsilon}_{\mathrm{h}}=(\boldsymbol{\varepsilon}+\boldsymbol{\varepsilon}^+)/2 \tag{7.1-21}$$

$$\boldsymbol{\sigma}_{\mathrm{h}}=(\boldsymbol{\sigma}+\boldsymbol{\sigma}^+)/2 \tag{7.1-22}$$

ここで，$\boldsymbol{\varepsilon}_{\mathrm{h}}$, $\boldsymbol{\sigma}_{\mathrm{h}}$ はそれぞれのエルミート成分で，$\mathbf{B}^*$, $\mathbf{E}^*$ は複素共役ベクトル，$\boldsymbol{\varepsilon}^+$, $\boldsymbol{\sigma}^+$ は複素共役なテンソルです．波のエネルギー $\mathcal{E}$ は (7.1−13) と (7.1−12) を用いると，

$$\mathcal{E}=\frac{\varepsilon_0}{2}\,\hat{\mathbf{E}}^*\cdot\frac{\partial(\omega\mathbf{M}_{\mathrm{h}})}{\partial\omega}\cdot\hat{\mathbf{E}} \tag{7.1-23}$$

$$\mathcal{E}=\omega\mathcal{J} \tag{7.1-24}$$

$$\mathcal{J}=\frac{\varepsilon_0}{2}\,\hat{\mathbf{E}}^*\cdot\frac{\partial\,\mathbf{M}_{\mathrm{h}}}{\partial\omega}\cdot\hat{\mathbf{E}} \tag{7.1-25}$$

ここで，$\mathcal{J}$ は **“波の作用”** と言い，次節で述べるように散逸が無い場合には断熱不変量となります．$\mathcal{E}$ の (7.1−18) のような形式は，分散性媒質のエネルギー密度として M. von Laue によって 1905 年に導かれています．

7.2 “ラグランジェ波動力学”：無散逸系と散逸系

Goldstein [7-2] に述べられているように連続体におけるラグランジェ力学は，ラグランジュアン密度 $\mathcal{L}$ の時間空間積分を作用積分とする変分原理に帰着されます．しかしながら，ラグランジュ形式は，散逸系では定式化が進んでおらず無散逸系だけに適用できます [7-3]．散逸が無い理想プラズマにおける波動力学についてはWhitham が 1965 年にラグランジェ力学を定式化しています [7-4]．作用積分 S は，

$$S = \int dt \int \mathcal{L} dx \tag{7.2-1}$$

$$\mathcal{L} = \mathcal{L}_M(\mathbf{A},\ \Phi) + \sum_a \mathcal{L}_a(\boldsymbol{\xi}_a, \mathbf{A},\ \Phi) \tag{7.2-2}$$

$$\mathcal{L}_M(\mathbf{A},\ \Phi) = \varepsilon_0 \left[\frac{\partial \mathbf{A}}{\partial t} + \nabla \Phi \right]^2 - \frac{1}{\mu_0} (\nabla \times \mathbf{A})^2 \tag{7.2-3}$$

$$\mathcal{L}_a(\boldsymbol{\xi}_a, \mathbf{A},\ \Phi) = n_a \left[\frac{m_a}{2} \dot{\boldsymbol{\xi}}_a^2 + e_a (\dot{\boldsymbol{\xi}}_a \cdot \mathbf{A}(\mathbf{x} + \boldsymbol{\xi}_a, t) - \Phi(\mathbf{x} + \boldsymbol{\xi}_a, t)) \right] \tag{7.2-4}$$

ここで，$\mathcal{L}_M$ (4.2−15)，$\mathcal{L}_a$ はそれぞれ場と粒子 a のラグランジュアンです．粒子 a のラグランジュアンを摂動展開して二次形式を求めると，

$$[\mathcal{L}_a(\boldsymbol{\xi}_a, \mathbf{A},\ \Phi)]_{lin} = n_a \left[\frac{m_a}{2} \dot{\boldsymbol{\xi}}_a^2 + e_a \boldsymbol{\xi}_a \cdot (\dot{\boldsymbol{\xi}}_a \times \mathbf{B}_0) + e_a \dot{\boldsymbol{\xi}}_a \cdot \tilde{\mathbf{A}} - e_a \boldsymbol{\xi}_a \cdot \nabla \tilde{\Phi} \right] \tag{7.2-5}$$

波のアイコナル表示 $\boldsymbol{\xi} = \boldsymbol{\xi}_0 e^{i\zeta(x,t)} + cc$ と $\mathbf{E} = -\partial \mathbf{A}/\partial t - \nabla \Phi$ を用いてラグランジュアン密度を書き直すと，

$$[\mathcal{L}]_{lin} = \varepsilon_0 \hat{\mathbf{E}}^* \cdot \mathbf{M} \cdot \hat{\mathbf{E}} \tag{7.2-6}$$

ここで，無散逸プラズマの代表例である冷たいプラズマの $\mathbf{M}$ は次節に与えられます．作用 S の $\hat{\mathbf{E}}^*$ に関する変分を取ると，局所的な分散関係が得られます．

$$\mathbf{M} \cdot \hat{\mathbf{E}} = 0 \tag{7.2-7}$$

また，アイコナル ζ に関する極小化から，次の EL 方程式を得ます．

$$\frac{\partial}{\partial t} \left[\frac{\partial \mathcal{L}}{\partial \omega} \right] + \frac{\partial}{\partial \mathbf{x}} \cdot \left[\frac{\partial \mathcal{L}}{\partial \mathbf{k}} \right] = 0 \tag{7.2-8}$$

ここで,

$$\mathcal{J}=\frac{\partial\mathcal{L}}{\partial\omega}=\frac{\partial\mathcal{L}}{\partial\dot{\zeta}}=\varepsilon_0\hat{\mathbf{E}}^*\cdot\frac{\partial\mathbf{M}}{\partial\omega}\cdot\hat{\mathbf{E}} \tag{7.2-9}$$

はアイコナル ζ に共役な運動量で断熱不変量になります. $\partial\mathcal{L}/\partial\mathbf{k}=(\partial\mathcal{L}/\partial\omega)(\partial\omega/\partial\mathbf{k})=\mathbf{v}_g(\partial\mathcal{L}/\partial\omega)=\mathbf{v}_g\mathcal{J}$ を用いると $\mathcal{J}$ は波束中の光子数に対応し (7.2-7) は光子数の保存則を与えます.

$$\frac{\partial\mathcal{J}}{\partial t}+\frac{\partial}{\partial\mathbf{x}}\cdot(\mathbf{v}_g\mathcal{J})=0 \tag{7.2-10}$$

ハミルトン力学はプラズマの力学における諸問題を解く上で強力な数学的手法ですが, そのままでは散逸系では使えません. 散逸系のハミルトン力学は, 共役変数法を用いると定式化できます [7-5]. n 変数 $\mathbf{x}$ の一般的な常微分方程式を考えます.

$$\frac{d\mathbf{x}}{dt}=\mathbf{f}(\mathbf{x},t) \tag{7.2-14}$$

ここで, あらたな n 個の変数 $\mathbf{p}$ を導入し

$$\mathcal{L}=\mathbf{p}\cdot\left(\frac{d\mathbf{x}}{dt}-\mathbf{f}\right)=\mathbf{p}\cdot\frac{d\mathbf{x}}{dt}-\mathcal{H} \tag{7.2-15}$$

とおくと, $\mathcal{H}=\mathbf{p}\cdot\mathbf{f}(\mathbf{x},t)$ はハミルトニアンの役割を果たします. また,

$$\frac{\partial\mathcal{L}}{\partial(d\mathbf{x}/dt)}=\mathbf{p} \tag{7.2-16}$$

となることから $\mathbf{p}$ は $\mathbf{x}$ に共役な変数となります. そうすると

$$\frac{d\mathbf{x}}{dt}=\frac{\partial\mathcal{H}}{\partial\mathbf{p}}=\mathbf{f}(\mathbf{x},t) \tag{7.2-17}$$

$$\frac{d\mathbf{p}}{dt}=-\frac{\partial\mathcal{H}}{\partial\mathbf{x}}=\frac{\partial\mathbf{f}(\mathbf{x},t)}{\partial\mathbf{x}}\cdot\mathbf{p} \tag{7.2-18}$$

となり, 散逸を含む任意の常微分方程式系は変数を倍にすることでハミルトン系に帰着できます. この定式化の散逸系プラズマ力学への適用は今後の課題です.

7.3 “冷たいプラズマ”：プラズマ波の分散関係と共鳴・遮断

Stix [7-6] で詳細に議論されているように，一様なプラズマ中の電磁場が平面波 $E = E_{\mathbf{k}\omega}\exp(i\mathbf{k}\cdot\mathbf{x} - i\omega t)$ で表せるとき，マックスウェル方程式 $\mathbf{k}\times\mathbf{B} = -i\omega\mu_0\mathbf{J} - \omega\mathbf{E}$ に電流に関するオームの法則 $\mathbf{J} = \boldsymbol{\sigma}\cdot\mathbf{E}$，を代入すると，$\mathbf{k}\times\mathbf{B} = -(\omega/c^2)\boldsymbol{\varepsilon}\cdot\mathbf{E}$ となります．ここで，$\boldsymbol{\varepsilon} = \mathbf{I} + i\boldsymbol{\sigma}/\varepsilon_0\omega$ は誘電テンソルです．$\mathbf{k}\times\mathbf{E} = \omega\mathbf{B}$ に代入すると，

$$\mathbf{M}\cdot\mathbf{E} = 0,\ \mathbf{M} = (\mathbf{kk} - \mathbf{I})\left(\frac{kc}{\omega}\right)^2 + \boldsymbol{\varepsilon} \tag{7.3–1}$$

可解条件として $\mathcal{M} = \det(\mathbf{M}) = 0$ が得られ，これを**分散関係**と言います．波の群速度 $\mathbf{v}_g$ は，分散関係式 $\mathcal{M}(\omega, \mathbf{k}, \mathbf{x}, t) = \det(\mathbf{M}) = 0$ の $\mathbf{k}$ 微分から $\mathbf{v}_g = \partial\Omega/\partial\mathbf{k} = (\partial\mathcal{M}/\partial\mathbf{k})/(\partial\mathcal{M}/\partial\omega)$ が得られます．プラズマの温度が低いもしくは対象とする波の位相速度 (ω/k) が熱速度より大きい時 $(v_{th} \ll \omega/k)$ にはプラズマの熱運動の効果を無視でき，冷たいプラズマ近似と呼びます．この時の誘電テンソルは波数 k に依存しないという特徴を持っています．

$$\boldsymbol{\varepsilon} = \begin{bmatrix} S & -iD & 0 \\ iD & S & 0 \\ 0 & 0 & P \end{bmatrix} \tag{7.3–2}$$

$$S = 1 - \sum_a \frac{\omega_{pa}^2}{\omega^2 - \Omega_a^2},\ D = \sum_a \frac{\Omega_a}{\omega}\frac{\omega_{pa}^2}{\omega^2 - \Omega_a^2},$$

$$P = 1 - \sum_a \frac{\omega_{pa}^2}{\omega^2},\ \omega_{pa}^2 = \frac{n_a e_a^2}{\varepsilon_0 m_a},\ \Omega_a = \frac{e_a B}{m_a}$$

磁場と波数ベクトルの成す角度を θ，屈折率 $n = kc/\omega$ とすると，次の分散関係を得ます．

$$[S\sin^2\theta + P\cos^2\theta]n^4 - [RL\sin^2\theta + PS(1 + \cos^2\theta)]n^2 + PRL = 0 \tag{7.3–3}$$

$$R = \frac{S + D}{2},\ L = \frac{S - D}{2}$$

屈折率 $n = 0$（位相速度 $= \omega/k = \infty$）となる状態を**遮断**と言い，$n = \infty$（位相速度 $= \omega/k = 0$）となる状態を**共鳴**と言います．(7.1−3) から，

遮断条件 $(n = 0)$：　$PRL = 0$　(7.3–4)

$$共鳴条件\ (n=\infty):\qquad \tan^2\theta = -\frac{P}{S} \tag{7.3-5}$$

となります．プラズマ中に遮断層があると，プラズマ波は伝搬できなくなります（エバネッセント波を除いて）．一方，共鳴はプラズマの加熱や不安定性の減衰機構として重要になります．磁場に平行な伝搬（$\theta=0$）を考えると $\omega=\Omega_a$ で S が∞になり共鳴を起こします．これはサイクロトロン共鳴です．磁場に垂直な伝搬（$\theta=\pi/2$）の場合の共鳴条件は $S=0$ になります．冷たいプラズマの誘電テンソルはいくつか対称性を持っています [7-3]．

時間対称性：運動方程式の時間対称性から，$\boldsymbol{\varepsilon}(-\omega)=\boldsymbol{\varepsilon}^*(\omega)$ が成り立つ．

オンサガー対称性：オンサガーの定理に対応して $\boldsymbol{\varepsilon}(-\mathbf{B})=\varepsilon^t(\mathbf{B})$ が成り立つ．

エルミート性：エネルギー保存に対応して $\boldsymbol{\varepsilon}=\boldsymbol{\varepsilon}^+$（＋：複素共役）が成り立つ．エネルギー保存が破れる場合には，エルミート性は成り立たなくなります．

▶ノート：因果律と時間の矢 [7-7]

プラズマは媒質として誘電体としての性質を示し，プラズマ中の集団現象として“波動”をおこします．プラズマ中の一点 $\mathbf{x}'$ に時刻 t' に擾乱として電場 $\mathbf{E}(\mathbf{x}', t')$ が励起されたとします．その作用により，プラズマ中の別の場所 $\mathbf{x}$ に時刻 t に応答として電流 $\mathbf{J}(\mathbf{x}, t)$ を生じたとします．

$$\mathbf{J}(\mathbf{x}, t) = \boldsymbol{\sigma}(\mathbf{x}, \mathbf{x}', t, t')\mathbf{E}(\mathbf{x}', t') \tag{7.3-6}$$

この時，電場が加わる前に電流が流れることは無いので $t<t'$ では $\boldsymbol{\sigma}(\mathbf{x}, \mathbf{x}'; t, t')=0$ を満たす必要があります（因果律の要請）．ここで通常のオームの法則では $\boldsymbol{\sigma}(\mathbf{x}, \mathbf{x}'; t, t')=\delta(\mathbf{x}-\mathbf{x}')\,\delta(t-t')$ となっています．線形応答を考えると，**重ね合わせの原理**が成り立ち，時間と空間で変動する電場によって誘起される電流は，

$$\mathbf{J}(\mathbf{x}, t) = \frac{1}{2\pi}\iint d\mathbf{x}'dt'\,\boldsymbol{\sigma}(\mathbf{x}, \mathbf{x}', t, t')\mathbf{E}(\mathbf{x}', t') \tag{7.3-7}$$

と求めることができます．さらに，空間と時間に対する**移動対称性**（媒質が**一様**でかつ**静止**している）を仮定すると $\boldsymbol{\sigma}$ は $\mathbf{x}-\mathbf{x}', t-t'$ のみの関数になります．

$$\mathbf{J}(\mathbf{x}, t) = \frac{1}{2\pi}\iint d\mathbf{x}'dt'\,\boldsymbol{\sigma}(\mathbf{x}-\mathbf{x}', t-t')\mathbf{E}(\mathbf{x}', t') \tag{7.3-8}$$

実空間の電気伝導度が空間と時間の差 $\mathbf{x}-\mathbf{x}'$ と $t-t'$ だけに依存するという事が $(\omega, \mathbf{k})$ 空間におけるオームの法則 $\mathbf{J}(\omega, \mathbf{k})=\boldsymbol{\sigma}(\omega, \mathbf{k})\mathbf{E}(\omega, \mathbf{k})$ という表式の結果として導かれ

ることを以下に示しましょう．擾乱電場のフーリエ変換とその逆変換は次式で与えられます．

$$\mathbf{E}(\omega, \mathbf{k}) = \frac{1}{2\pi}\iint d\mathbf{x}dt e^{-i(\mathbf{k}\cdot\mathbf{x}-\omega t)}\mathbf{E}(\mathbf{x}, t) \tag{7.3–9}$$

$$\mathbf{E}(\mathbf{x}, t) = \frac{1}{2\pi}\iint d\mathbf{k}d\omega e^{i(\mathbf{k}\cdot\mathbf{x}-\omega t)}\mathbf{E}(\omega, \mathbf{k}) \tag{7.3–10}$$

これらを使って $\mathbf{J}(\mathbf{x}, t)$ を求めると，

$$\begin{aligned}
\mathbf{J}(\mathbf{x}, t) &= \frac{1}{2\pi}\iint d\omega d\mathbf{k} e^{i(\mathbf{k}\cdot\mathbf{x}-\omega t)}\boldsymbol{\sigma}(\omega, \mathbf{k})\mathbf{E}(\omega, \mathbf{k}) \\
&= \frac{1}{2\pi}\iint d\omega d\mathbf{k} e^{i(\mathbf{k}\cdot\mathbf{x}-\omega t)}\left[\frac{1}{2\pi}\iint d\mathbf{x}''dt'' e^{-i(\mathbf{k}\cdot\mathbf{x}''-\omega t'')}\boldsymbol{\sigma}(\mathbf{x}'', t'')\right] \\
&\qquad \times\left[\frac{1}{2\pi}\iint d\mathbf{x}'dt' e^{-i(\mathbf{k}\cdot\mathbf{x}'-\omega t')}\mathbf{E}(\mathbf{x}', t')\right] \\
&= \frac{1}{(2\pi)^3}\iint d\omega d\mathbf{k} e^{i(\mathbf{k}\cdot(\mathbf{x}-\mathbf{x}'-\mathbf{x}'')-\omega(t-t'-t''))}\iint d\mathbf{x}''dt''\boldsymbol{\sigma}(\mathbf{x}'', t'')\iint d\mathbf{x}'dt'\mathbf{E}(\mathbf{x}', t') \\
&= \frac{1}{2\pi}\iint d\mathbf{x}'dt'\boldsymbol{\sigma}(\mathbf{x}-\mathbf{x}', t-t')\mathbf{E}(\mathbf{x}', t')
\end{aligned} \tag{7.3–11}$$

となります．ここでディラックのデルタ関数に関する関係，$\delta(\mathbf{x}-\mathbf{x}'-\mathbf{x}'') = (2\pi)^{-1}\int dk e^{ik(\mathbf{x}-\mathbf{x}'-\mathbf{x}'')}$，$\delta(t-t'-t'') = (2\pi)^{-1}\int d\omega e^{-i\omega(t-t'-t'')}$ を用いています．**“安定な媒質中の応答はいつもその励起の後に生ずる”**という**因果律**は，応答は励起の後に続かねばならず，それに先行してはならないことを要求します．簡単のため $\boldsymbol{\sigma}$ はスカラーとします．$t=0$ に励起が加えられたとすると $E=E_0\delta(t)$ です．これをフーリエ変換すると $E(\omega) = (2\pi)^{-0.5}\int dtE(t)e^{i\omega t} = E_0/2\pi$ となります．このとき，$J(t) = (E_0/2\pi)\int_{-\infty}^{\infty} d\omega\sigma(\omega)e^{-i\omega t}$ となります．ω の実部を ω_r，虚部を ω_i とすると $\exp(-i\omega t) = \exp(-i\omega_r t + \omega_i t)$ となり，$t<0$ では $\omega_i \to +\infty$ で $\exp(-i\omega t) \to 0$ となります．このため，複素 ω 平面で J を求める積分は $|\omega|$ が大きな上半面で半円形に閉じて良いことになります．これによって，コーシーの積分定理が使えるようになります．

7.4 “不均一プラズマ”：アルベン共鳴と連続スペクトル

不均一なプラズマで起こる**アルベン共鳴**は，トカマクプラズマにおける**アルベン固有（AE）モード**の減衰や**抵抗性壁モード**において重要な役割を果たすので少し説明を加えます．$n_{/\!/}=n\cos\theta, n_\perp=n\sin\theta$ とおいて，(7.3–3) を書き直すと，

$$n_\perp^2=\frac{(R-n_{/\!/}^2)(L-n_{/\!/}^2)}{S-n_{/\!/}^2} \tag{7.4–1}$$

となります．この場合，共鳴条件は $S=n_{/\!/}^2$ となります．周波数帯 $\Omega_i<\omega<\omega_{LH}$($\omega_{LH}=1/[(\Omega_i^2+\omega_{pe}^2)^{-1}+1/|\Omega_i\Omega_e|]^{1/2}$：**低域混成波周波数**）では $S<0$ なので，共鳴はイオンサイクロトロン周波数以下で起こります．$\omega<<\Omega_i$ では $S\sim 1+(c^2/V_A^2)[\Omega_i^2/(\Omega_i^2-\omega^2)]\sim c^2/V_A^2$ なので，アルベン共鳴条件は，

$$\omega=k_{/\!/}V_A \tag{7.4–2}$$

となります．図 7.4 に中心部で密度が高い閉じ込めプラズマでのアルベン共鳴が起こる様子を示します．アルベン共鳴では，空間的に非常に接近して遮断—共鳴—遮断の三重層が現れます．プラズマの外側から**シアアルベン波**の遮断（$L-n_{/\!/}=0$:$n_\perp=0$ at $r=r_s$），アルベン共鳴（$S-n_{/\!/}=0$:$n_\perp=\infty$ at $r=r_A$），**圧縮性アルベン波**の遮断（$R-n_{/\!/}=0$:$n_\perp=0$ at $r=r_s$）になります．共鳴点近傍での波動方程式は，(7.4–1) の $n_\perp$ を $-i(c/\omega)d/dx(x=r-r_A)$ と置き換えることで以下のように求まります．

$$\frac{c^2}{\omega^2}\frac{d^2E}{dx^2}+\frac{(R-n_{/\!/}^2)(L-n_{/\!/}^2)}{S-n_{/\!/}^2}E=0 \tag{7.4–3}$$

遮断点を含む共鳴点近傍で密度が x に比例すると仮定し，$y=xS'(0)/D(0)$ に変数変換すると (7.4–3) は次の**特異転回点方程式**に帰着されます．

$$\frac{d^2E}{dy^2}+\frac{\lambda^2(y^2-1)}{y+i\varepsilon}E=0 \tag{7.4–4}$$

$$\lambda^2=\left|\frac{D^3\omega^2}{c^2(dS(0)/dx)^2}\right| \tag{7.4–5}$$

ここで ε は負値無限小の定数です．Budden [7-9] [7-6] が示したように，特異転回点ではプラズマ波の完全吸収がおこります．$y=0$ での特異性は 6.2 節で述べた**位相**

混合 (Phase Mixing) を起こしアルベン波のエネルギーが粒子に吸収されます．

アルベン共鳴点近傍では，運動論的効果が効いてきて，運動論的アルベン波 (Kinetic Alfven Wave: KAW) というモードのモード変換が起こります [7-9]．運動論的誘電テンソルの導出は煩雑なので結果の概要を注に示し，結果だけ示すと KAW の分散関係は $(k_\perp \rho_i)^2<<1$ の時には次式で与えられます．

$$\omega^2 = k_{/\!/}^2 V_A^2\left[1 + k_\perp^2 \rho_i^2\left(\frac{3}{4} + \frac{T_e}{T_i}\right)\right] \quad (7.4\text{-}6)$$

KAW にモード変換されると電子のランダウ減衰によって波は減衰します．この

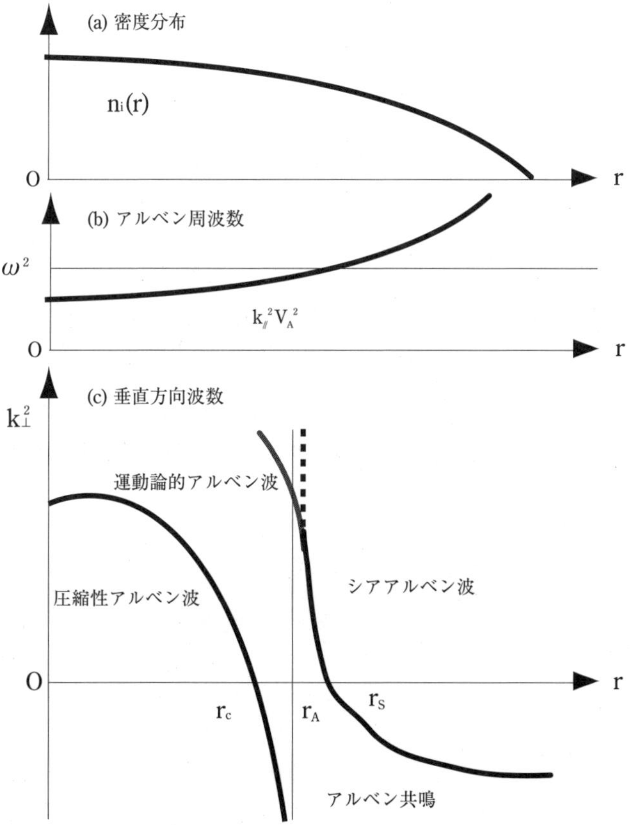

図 7.4　トカマクプラズマ中で起こるアルベン共鳴（冷たいプラズマ近似）と運動論的効果を考慮した運動論的アルベン波 [7-10]

波の減衰機構は，アルベン波の連続スペクトルが原因になっているので**連続減衰**（Continuous Damping）と呼ばれ，プラズマ周りの壁の電気抵抗が有限であるために起こる**抵抗性壁モード**（RWM mode）の安定化機構として有力視されています．

プラズマ中にアルベン速度と近い速度を持ったアルファ粒子のような高エネルギー粒子が存在すると，アルベン波が高エネルギー粒子からエネルギーをもらって不安定になろうとしますが，プラズマ中にアルベン共鳴点があると強い連続減衰が働き安定です．一方トロイダル効果によって，共鳴点が無いような周波数帯ができるとこの減衰機構が効かずアルベン固有モード（AE mode）として不安定化します [7–10].

注：運動論的誘電テンソル [7–11]：

温度の効果（音波，ランダウ減衰，サイクロトロン減衰等）が重要になる場合には，誘電テンソル $\boldsymbol{\varepsilon}$ は速度分布関数が $T_{/\!/}$ と $T_{\perp}$ を持ったマックスウェル分布とすると次のように与えられます．

$$\boldsymbol{\varepsilon}=\mathbf{I}+\sum_{a=i,e}\frac{{\omega_{pa}}^2}{\omega^2}\left[2\eta_0^2\lambda_T\mathbf{L}+\sum_n\left(\zeta_{0a}Z(\zeta_{na})-\left(1-\frac{1}{\lambda_{Ta}}\right)(1+\zeta_{na}Z(\zeta_{na}))\right)\exp(-b_a)\,\mathbf{X}_{na}\right]$$

$$\eta_{na}=\frac{\omega+n\Omega_a}{\sqrt{2}k_{/\!/}v_{T/\!/a}},\ \lambda_{Ta}=\frac{T_{/\!/a}}{T_{\perp a}},\ b_a=\left(\frac{k_\perp v_{T\perp a}}{\Omega_a}\right)^2,\ Z(\zeta)=\frac{1}{\sqrt{\pi}}\int_{-\infty}^{\infty}\frac{\exp(-\beta^2)}{\beta-\zeta} \qquad (7.4\text{–}7)$$

Z はプラズマ分散関数と呼ばれます．$\mathbf{X}_{na}$ は変形ベッセル関数を用いた 3×3 のテンソルです．$\zeta_{na}=(\omega-k_zV_a+n_a\Omega_a)/(2T_{/\!/a}/m_a)^{1/2}$，$\mathbf{L}$ は $L_{ZZ}=1$，他は 0 のテンソル，V_a は // 方向のドリフト速度です．

7.5 “ドリフト波”：閉じ込めプラズマ中の普遍波

閉じ込めプラズマでは半径方向に温度勾配 (∇T)，密度勾配 (∇n) や静電ポテンシャルの勾配 ($\nabla\Phi$) が発生します (8章参照)．これらは，磁気面上の1次流れを生み出しその流れ (ドリフト) 運動が磁場方向のイオン音波と結合することで，ドリフト波が生まれます．密度勾配のみがあり，衝突が無視でき ($\eta=0$)，磁場方向には電子は等温化している ($\nabla_{/\!/}T_e=0$) とすると，粒子保存則 ($\partial n/\partial t+\nabla\cdot(n\mathbf{V})=0$)，磁場方向のオームの法則 ($en_eE_{/\!/}+\nabla_{/\!/}P_e=0$)，及び磁場方向運動量バランス ($m_in\partial V_{/\!/}/\partial t=-\nabla_{/\!/}P$) は以下で表せます．

$$\text{粒子保存則}\quad:-i\omega\tilde{n}_e+ik_{/\!/}n_e\tilde{V}_{/\!/}+i\omega_*n_e\frac{e\tilde{\Phi}}{T_e}=0 \tag{7.5-1}$$

$$\text{オームの法則}\quad:-ik_{/\!/}en_e\tilde{\Phi}+ik_{/\!/}T_e\tilde{n}_e=0 \tag{7.5-2}$$

$$\text{運動量バランス}:-i\omega m_in_i\tilde{V}_{/\!/}+ik_{/\!/}(\tilde{p}_e+\tilde{p}_i)=0 \tag{7.5-3}$$

ここで，$\omega_*=-(k_\perp T/eB)(d\ln n_e/dr)$ はドリフト周波数です．(7.5−2) 式 ($\tilde{n}_e/n_e=e\tilde{\Phi}/T_e$) は“**ボルツマン条件**”と呼ばれます．イオンが断熱条件 $\tilde{p}_i=\gamma_iT_i\tilde{n}_i$ を満たすとしてこれらを組み合わせ $C_s=((Z_iT_e+\gamma_iT_i)/m_i)^{1/2}$ とすると電子のドリフト波の分散関係は，

$$\omega(\omega-\omega_*)=k_{/\!/}^2C_s^2 \tag{7.5-4}$$

となります．この条件のドリフト波は安定 (ωは実数) ですが，イオン温度勾配を考慮すると不安定になります．イオンのエネルギー方程式 ($(3/2)(\partial p_i/\partial t+V_E\cdot\nabla p_i+(5/2)p_i\nabla_{/\!/}V_{/\!/})=0$) は断熱式の代わりに $\gamma_i=5/2$ として以下となります．

$$-\frac{3}{2}i\omega\tilde{P}_i+\frac{3}{2}i\omega_*\tau(1+\eta_i)en_e\tilde{\Phi}+i\gamma_in_iT_ik_{/\!/}\tilde{V}_{/\!/}=0 \tag{7.5-5}$$

これに，(7.5−1)，(7.5−2)，(7.5−3) を組み合わせるとイオン温度勾配 (ITG: Ion Temperature Gradient) モードの分散関係を得ます．

$$\omega(\omega-\omega_*)=k_{/\!/}^2C_s^2\left[1+\frac{\omega_*}{\omega}\frac{Z_i}{\gamma_i\tau+Z_i}\left(\eta_i-\frac{\gamma_i-Z_i}{Z_i}\right)\right] \tag{7.5-6}$$

ここで，$\tau = T_i/T_e, \eta_i = d\ln T_i/d\ln n_e$ です．$Z_i = 1$，$\gamma_i = 5/2$, $\omega \sim k_{/\!/} C_s << \omega_*$ の時には，

$$\omega^2 \sim -\frac{k_{/\!/}^2 C_s^2}{2.5\,\tau + 1}\left(\eta_i - \frac{2}{3}\right) \tag{7.5–7}$$

というように，イオン温度勾配がある臨界値を超えると不安定になるという性質を持つようになります．現実のトーラスプラズマでは，モード構造は複雑になり，上記のように単純ではありませんがイオン温度勾配に閾値を持つことは変わりません．

ドリフト波がもたらす乱流状態を記述する方程式として，もっとも基本的な方程式に**長谷川—三間方程式** [7-12] があります．簡単のためガイド中心運動を用いて議論をします．ドリフト波は静電近似（$\mathbf{E} = -\nabla\Phi$）が当てはまるので，

$$\mathbf{v}_{i\perp} = -\frac{\nabla\tilde{\Phi}\times\mathbf{B}}{B^2} - \frac{m_i}{eB^2}\frac{d}{dt}\nabla_\perp\tilde{\Phi} \tag{7.5–8}$$

となります．ここで，第 1 項は $\mathbf{E}\times\mathbf{B}$ ドリフトで，第 2 項は**分極ドリフト**（Polarization drift）です．プラズマ中に急に電場が加わった時の粒子の運動を考えると，粒子はまず電場 $\mathbf{E}$ の方向に動きます．そのあと E が定常になると $\mathbf{E}$ に垂直方向に $\mathbf{E}\times\mathbf{B}$ ドリフトをおこします．この電場の時間変化に対応して過渡的に生まれるドリフトを分極ドリフトと言います．

$$\mathbf{v}_{pa} = -\frac{m_a}{eB^2}\frac{d\mathbf{E}}{dt} \tag{7.5–9}$$

これは，電子とイオンで逆方向のドリフトであることから E×B ドリフトと異なり荷電分離をおこします．また，質量に比例することからイオンで重要です．分極ドリフトで発生した荷電分離は，磁場方向の電子とイオンの動きによって消されます．電子は質量が小さいのでボルツマン分布 $\tilde{n}_e/n_e = e\tilde{\Phi}/T_e$ をすると仮定します．イオンの運動方程式（磁場方向に電場と圧力を受ける）と粒子の保存則は，

$$m_i n_i \frac{d\mathbf{v}_{i/\!/}}{dt} = -\nabla_{/\!/}(en\,\tilde{\Phi} + \gamma\, n_i T_i) \tag{7.5–10}$$

$$\frac{\partial n_i}{\partial t} + \nabla\cdot(n\mathbf{v}_i) = 0 \tag{7.5–11}$$

となります．ここで，静電ポテンシャルを

$$\tilde{\Phi}=\Phi_{\mathbf{k},\,\omega}\exp[ik_{\perp}y+k_{/\!/}z-i\omega t] \tag{7.5–12}$$

と置き，(7.3–8) と (7.3–10) から $v_{/\!/i}$ と $v_{\perp i}$ を求めて荷電中性条件 $\tilde{n}_e=\tilde{n}_i$ を考慮し，粒子保存則に代入し線形項だけ取り出すとドリフト波の分散関係を得ます．

$$\omega^2(1+\tau k_{\perp}^2\rho_i^2/2)-\omega\,\omega_{\star}=k_{/\!/}^2C_s^2 \tag{7.5–13}$$

ここで $C_s=[(T_e+\gamma T_i)/m_i]^{1/2}$ は音速，ρ_i はラーマ半径です．(7.5–5) との違いは分極ドリフトから生まれています．いずれにしても，ドリフト波は不均一プラズマで伝搬するイオン音波の一種です．静電ポテンシャルの空間フーリエ展開を，$\tilde{\Phi}=\Phi_k(t)\exp[ik_{\perp}y+k_{/\!/}z]$ とおいて，(7.5–11) の $n_i\mathbf{v}_i$ 項から生まれる波と波の非線形結合項から波数が k に一致するものだけを取り出すと次の**長谷川―三間方程式**を得ます．

$$\frac{\partial\Phi_k(t)}{\partial t}+i\omega_{k\star}\Phi_k(t)=\sum_{k=k_1+k_2}V_{k_1,k_2}\Phi_{k1}(t)\Phi_{k2}(t) \tag{7.5–14}$$

$$V_{k_1,k_2}=\frac{\rho_s^2}{(1+\tau k^2\rho_s^2)B}(\mathbf{k}_1\times\mathbf{k}_2)\cdot\mathbf{e}_z[k_2^2-k_1^2] \tag{7.5–15}$$

ここで，$\omega_{k\star}=\omega_{\star}/(1+\tau k_{\perp}^2\rho_i^2/2)$, $\rho_s=(T_e/m_i)^{1/2}/\Omega_i$.

長谷川―三間方程式 (7.5–14) の非線形項は分極ドリフトから生まれており，プラズマ乱流を議論する際に最も基本的な方程式として用いられます．

第7章　参考図書

[7−1] L.D. Landau and E.M. Lifschitz, Classical Theory of Fields, 4th Ed., p130, Pergamon Press (1975): ランダウ，リフシッツ（恒藤敏彦，広重徹訳），「場の古典論」，東京図書（1978）.

[7−2] H. Goldstein, Classical Mechanics, Addison-Wesley (1950): ゴールドスタイン（野間進，瀬川富士訳），「古典力学」，吉岡書店（1959）.

[7−3] R.D. Hazeltine, F.L. Waelbroeck, "The Framework of Plasma Physics", Frontiers in Physics, Westview Press, 2004.

[7−4] G.B. Whitham, Linear and Non-linear Waves, John Wiley & Sons (1974): also, G.B. Witham, J. Fluid Mechanics 22 (1965) 273.

[7−5] S.Tokuda, Plasma and Fusion Research 3 (1008) 057.

[7−6] T.H. Stix, Waves in Plasmas, American Institute of Physics (AIP) 1992.: T.H. スティックス（田中茂利，長照二訳），「プラズマの波動（上，下）」吉岡書店（1998）.

[7−7] S.Ichimaru, Basics Principles of Plasma Physics, A Statistical Approach, Frontier in Physics (1973).

[7−8] K.G. Budden, Physics of the Ionosphere, Report of Phys. Soc. Conf. Cavendish Lab. p320 (1955).

[7−9] A. Hasegawa, L. Chen, Phys. Rev. Lett. 35(1975)370; also Physics of Fluids 19 (1976) 1924.

[7−10] C.Z. Cheng, Liu Chen, M.S. Chance, Annals of Physics 161 (1985) 21.

[7−11] 宮本建郎，「プラズマ物理・核融合」，東京大学出版会，（2004）第12章.

[7−12] A.Hasegawa, T. Mima, Phys. Rev. Lett. 39 (1977) 205; also Physics of Fluids 21 (1978) 87.

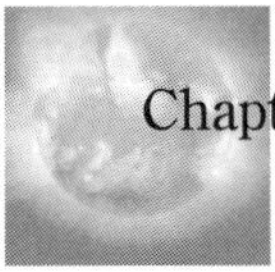

Chapter 8 衝突輸送：閉じた磁場配位の新古典輸送

目　次

高温の閉じ込めプラズマでは，クーロン衝突の平均自由行程が系（トーラス）の幾何学的寸法より長くなる，いわゆる無衝突領域に入ります．この時，粒子は磁場の鏡（ミラー）に捕捉される粒子と捕捉されない粒子に分かれます．これらの粒子群の軌道の違いによって速度分布関数に歪みが生まれ，マックスウェル分布からずれてしまいます．

これはプラズマの物性に大きな影響を与え，捕捉粒子が作り出す熱力学的な力が非捕捉粒子に作用して電気伝導度を下げたり電流（ブートストラップ電流）を生み出したり，磁場を横切る熱拡散を大きくします．これらは，総称して新古典輸送と呼ばれます．

8.1 "無衝突プラズマ"：モーメント方程式と新古典粘性

高温プラズマの閉じた磁場配位での衝突輸送は，衝突の平均自由行程が幾何学的な寸法（例：磁場に沿った連結距離 Rq）より長くなる（**無衝突領域**と言う）と，局所マックスウェル近似が成り立たなくなり 5 章で議論した運動論方程式を用いて評価する必要が出てきます．しかしながら，Hirshman and Sigmar [8–1] が示したように**モーメント法**を用いると運動論方程式を用いるのは最小限にすることができます．プラズマ中の粒子種 a に対する Vlasov-FP 方程式の v, $v^2\mathbf{v}$ のモーメントを取り $v^2\mathbf{v}$ のモーメントから対流熱流束の成分を除くと，次の運動量と熱流束に対するモーメント方程式を得ます．

$$m_a n_a \frac{d\mathbf{u}_a}{dt} = e_a n_a (\mathbf{E} + \mathbf{u}_a \times \mathbf{B}) - \nabla P_a - \nabla \cdot \mathbf{\Pi}_a + \mathbf{F}_{a1} + \mathbf{M}_a \tag{8.1-1}$$

$$m_a \frac{\partial}{\partial t}\left(\frac{\mathbf{q}_a}{T_a}\right) = \frac{e_a}{T_a}\mathbf{q}_a \times \mathbf{B} - \frac{5}{2} n_a \nabla T_a - \nabla \cdot \mathbf{\Theta}_a + \mathbf{F}_{a2} + \mathbf{Q}_a \tag{8.1-2}$$

ここで，n_a, $\mathbf{u}_a$, $\mathbf{q}_a$, P_a, $\mathbf{\Pi}_a$, $\mathbf{\Theta}_a$, $\mathbf{F}_{a1}$, $\mathbf{F}_{a2}$, $\mathbf{M}_a$, $\mathbf{Q}_a$ はそれぞれ，数密度，流速，伝導熱流束，平均プラズマ圧力，**粘性テンソル**（圧力の非等方成分），**熱粘性テンソル**，**摩擦力**，**熱摩擦力**，運動量源，熱運動量源です．強い磁場中の速度分布関数は，G.F. Chew, M.L. Goldberg, F.E. Low [8–2] が導いたように磁場に沿った方向と垂直方向で非等方性を示し，粘性テンソルと熱粘性テンソルは次のように表すことができます．

$$\mathbf{\Pi}_a = (P_{/\!/a} - P_{\perp a})\left(\mathbf{bb} - \frac{1}{3}\mathbf{I}\right) + O(\delta^2) \tag{8.1-3}$$

$$\mathbf{\Theta}_a = (\Theta_{/\!/a} - \Theta_{\perp a})\left(\mathbf{bb} - \frac{1}{3}\mathbf{I}\right) + O(\delta^2) \tag{8.1-4}$$

ここで，$\mathbf{b} = \mathbf{B}/B$ は磁場方向単位ベクトル $\delta = \rho_a/L$ はラーマ半径とプラズマの巨視的スケール長 L の比で摂動展開に用いる微小パラメータ，$\rho_a = v_{Ta}/\Omega_a$ はラーマ半径，$v_{Ta} = (2T_a/m_a)^{1/2}$ は熱速度，$\Omega_a = e_a B/m_a$ はサイクロトロン角周波数です．また $O(\delta^2)$ は δ^2 のオーダーの項を表します．磁場 **B** と (8.1–1) 及び (8.1–2) との外積をとり，アルベン時間スケール $O((\delta\Omega)^{-1})$ より十分長い時間スケールであるドリフト時間スケール $O((\delta^2\Omega)^{-1})$ では時間微分は無視できること，圧力，ポテンシャル，温度勾配に比べて小さいその他の $O(\delta^2)$ 項を無視して，プラズマ中の粒子種 a

の磁場に垂直な流速と熱流束の主要項を求めると，

$$\mathbf{u}_{\perp a}^{(1)}=\frac{\mathbf{E}\times\mathbf{B}}{B^2}+\frac{\mathbf{b}\times\nabla P_a}{m_a n_a \Omega_a} \qquad (8.1\text{–}5)$$

$$\mathbf{q}_{\perp a}^{(1)}=\frac{5}{2}P_a\frac{\mathbf{b}\times\nabla T_a}{m_a\Omega_a} \qquad (8.1\text{–}6)$$

となります．ここで，(8.1–5) の右辺第1項は電場による $\mathbf{E}\times\mathbf{B}$ ドリフト流速，第2項は圧力勾配がもたらす反磁性ドリフト流速です．(8.1–6) は温度勾配がもたらす反磁性ドリフト熱流束です．ドリフト時間スケールでは電場の $-\partial\mathbf{A}/\partial t$ 項は無視できるので $\mathbf{E}=-\nabla\Phi$ と書けます．一方，磁場 $\mathbf{B}$ と (8.1–1) 及び (8.1–2) との内積をとり磁気面平均 $\langle A\rangle$（第3.8節）をとると，次のような磁場方向の運動量と熱流束に関する磁気面平均バランス方程式を得ます．

$$\langle\mathbf{B}\cdot\nabla\cdot\mathbf{\Pi}_a\rangle=\langle\mathbf{B}\cdot\mathbf{F}_{a1}\rangle+e_a n_a\langle\mathbf{B}\cdot\mathbf{E}\rangle+\langle\mathbf{B}\cdot\mathbf{M}_a\rangle \qquad (8.1\text{–}7)$$

$$\langle\mathbf{B}\cdot\nabla\cdot\mathbf{\Theta}_a\rangle=\langle\mathbf{B}\cdot\mathbf{F}_{a2}\rangle+\langle\mathbf{B}\cdot\mathbf{Q}_a\rangle \qquad (8.1\text{–}8)$$

ここで，$\langle\mathbf{B}\cdot\mathbf{F}_{a1}\rangle$ と $\langle\mathbf{B}\cdot\mathbf{F}_{a2}\rangle$ は磁気面上の磁場方向の流れによって粒子種間に発生する摩擦力，$\langle\mathbf{B}\cdot\nabla\cdot\mathbf{\Pi}_a\rangle$ と $\langle\mathbf{B}\cdot\nabla\cdot\mathbf{\Theta}_a\rangle$ は磁場方向と磁場に垂直な方向の速度分布関数の非等方性を緩和しようとして発生する磁場方向の粘性力です．電子の場合について図8.1を用いて分布関数の非等方性の由来を説明します [8–3]．高温プラズマでは電子が磁場に沿って運動する時には，磁気モーメント μ が保存される（4.5節参照）ことから $B_{max}\geq E/\mu$ を満たす電子は磁場のミラーによって反射され磁場の弱い領域に捕捉された軌道（捕捉粒子軌道：その形からバナナ軌道とも言う）を描きます．密度が外に行くにつれて減少している $(dn/dr<0)$ 時とを考えます．ある磁気面での速度分布関数を考えると $v_{/\!/}>0$ の捕捉電子は半径方向の外側から回ってきており数が少なめですが，$v_{/\!/}<0$ の捕捉電子は半径方向の内側から回ってきており，数は多めです．一方，非捕捉電子は概ね磁気面にくっついて運動するために $v_{/\!/}>0$，$v_{/\!/}<0$ で数はほぼ同じです．そうすると，速度空間で捕捉―非捕捉境界で速度分布関数は不連続になります．微小なクーロン衝突はこの速度分布関数のギャップをなめらかにする働きをし，速度空間上で粒子の拡散が起こります．これが粘性力として磁場に平行方向に作用するわけです．速度分布関数 $f_a(\mathbf{v})$ のマックスウェル分布からのずれとしてドリフトと楕円変形を考慮すると，$f_a(\mathbf{v})$ は次のように展開できます [8–4]．

$$f_a(\mathbf{v}) = f_{aM}(\mathbf{v}) + f_{a1}(\mathbf{v}) + f_{a2}(\mathbf{v}) \tag{8.1-9}$$

$$f_{aM}(\mathbf{v}) = \frac{n_a(\psi)}{\pi^{3/2} v_{Ta}^3} \exp(-v^2/v_{Ta}^2) \tag{8.1-10}$$

$$f_{a1}(\mathbf{v}) = \frac{2\mathbf{v}}{v_{Ta}^2} \cdot \left[\mathbf{u}_a - \left(1 - \frac{2}{5} x_a^2\right) \frac{\mathbf{q}_\alpha}{P_a} \right] f_{aM}(\mathbf{v}) \tag{8.1-11}$$

$$f_{a2}(\mathbf{v}) = 2 \frac{\mathbf{vv} - \frac{v^2}{3}\mathbf{I}}{m_a n_a v_{Ta}^4} : \left[\mathbf{\Pi}_a + (\mathbf{\Theta}_a + \mathbf{\Pi}_a) \left(1 - \frac{2x_a^2}{7}\right) \right] f_{aM}(\mathbf{v}) \tag{8.1-12}$$

注：摩擦力と粘性力の定義

$$\mathbf{F}_{a1} \equiv \int m_a \mathbf{v} C(f_a) d\mathbf{v} \tag{8.1-13}$$

$$\mathbf{F}_{a2} \equiv \int m_a \mathbf{v} \left(\frac{m_a v^2}{2T_a} - \frac{5}{2} \right) C(f_a) d\mathbf{v} \tag{8.1-14}$$

$$P_{/\!/a} \equiv \int m_a (v_{/\!/} - u_{/\!/a})^2 f_a(\mathbf{x}, \mathbf{v}, t) d\mathbf{v} \tag{8.1-15}$$

$$P_{\perp a} \equiv \int \frac{m_a}{2} (\mathbf{v}_\perp - \mathbf{u}_{\perp a})^2 f_a(\mathbf{x}, \mathbf{v}, t) d\mathbf{v} \tag{8.1-16}$$

$$\Theta_{/\!/a} \equiv \int m_a (v_{/\!/} - u_{/\!/a})^2 \left(\frac{m_\alpha v^2}{2T_a} - \frac{5}{2} \right) f_a(\mathbf{x}, \mathbf{v}, t) d\mathbf{v} \tag{8.1-17}$$

$$\Theta_{\perp a} \equiv \int \frac{m_a}{2} (\mathbf{v}_\perp - \mathbf{u}_{\perp a})^2 \left(\frac{m_\alpha v^2}{2T_a} - \frac{5}{2} \right) f_a(\mathbf{x}, \mathbf{v}, t) d\mathbf{v} \tag{8.1-18}$$

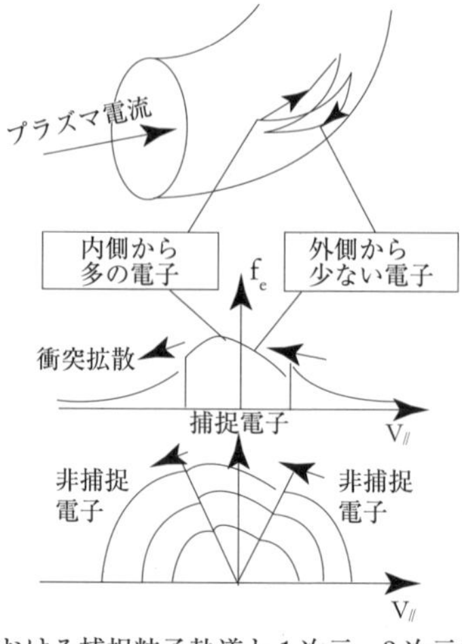

図 8.1　トカマクにおける捕捉粒子軌道と 1 次元，2 次元速度分布関数の歪み

8.2　"熱力学的力"：磁気面上の1次流れ

閉じ込め磁場によって磁気面が形成されている場合，多くの物理量が磁気面量（ψのみの関数ということ）になります．圧力Pは力学平衡の条件から磁気面量ですが，磁力線方向には熱伝導が高いことから磁力線に沿って等温化がおこり，温度（そして密度）も近似的に磁気面量と見なすことができます．さらに，磁力線方向の電気伝導度も高いことから静電ポテンシャルΦも近似的に磁気面量となります．このとき (8.1−5) と (8.1−6) は，

$$\mathbf{u}^{(1)}_{\perp a}=-\frac{\nabla\Phi\times\mathbf{B}}{B^2}+\frac{\mathbf{b}\times\nabla P_a}{m_a n_a \Omega_a}=\frac{1}{B}\left[\frac{d\Phi}{d\psi}+\frac{1}{e_a n_a}\frac{dP_a}{d\psi}\right]\mathbf{b}\times\nabla\psi \tag{8.2−1}$$

$$\mathbf{q}^{(1)}_{\perp a}=\frac{5}{2}P_a\frac{\mathbf{b}\times\nabla T_a}{m_a\Omega_a}=\frac{5P_a}{2e_a B}\frac{dT_a}{d\psi}\mathbf{b}\times\nabla\psi \tag{8.2−2}$$

と書き下すことができます．この時，

$$\mathbf{u}^{(1)}_{\perp a}\cdot\nabla\psi=0,\ \mathbf{q}^{(1)}_{\perp a}\cdot\nabla\psi=0 \tag{8.2−3}$$

が成り立つことから，磁場に垂直な1次流束と熱流束は磁気面上を流れることが分ります．これらを**磁化流れ** (Magnetization flows) と言います．磁気面上の流れには磁場に沿った流れもあるので，上記の磁化流れと磁場に沿った流れの和が**磁気面上の一次流れ**になります．

$$\mathbf{u}^{(1)}_{a}=\mathbf{u}^{(1)}_{\perp a}+u_{/\!/a}\mathbf{b} \tag{8.2−4}$$

$$\mathbf{q}^{(1)}_{a}=\mathbf{q}^{(1)}_{\perp a}+q_{/\!/a}\mathbf{b} \tag{8.2−5}$$

ψと$\psi+d\psi$で囲まれた磁束管内のθ方向の流れの連続性（図8.2参照）($dU=\mathbf{u}_{\perp a}\cdot(\nabla\theta/|\nabla\theta|)2\pi R dl_{\psi}=\mathbf{u}_{\perp a}\cdot(\nabla\theta/|\nabla\theta|)d\psi/\mathbf{B}\cdot(\nabla\theta/|\nabla\theta|)=\mathbf{u}_{\perp a}\nabla\theta/\mathbf{B}\cdot\nabla\theta d\psi$及び $dU/d\psi=u^{\star}_{a\theta}(\psi)$)から，

$$\frac{\mathbf{u}^{(1)}_{a}\cdot\nabla\theta}{\mathbf{B}\cdot\nabla\theta}=u^{\star}_{a\theta}(\psi) \tag{8.2−6}$$

$$\frac{\mathbf{q}^{(1)}_{a}\cdot\nabla\theta}{\mathbf{B}\cdot\nabla\theta}=q^{\star}_{a\theta}(\psi) \tag{8.2−7}$$

が成り立ちます．ここで，$u^{\star}_{a\theta}(\psi)$と$q^{\star}_{a\theta}(\psi)$は流速，熱流速の次元を持っていない

ことに注意して下さい．(8.2−4) と (8.2−5) と$\nabla\theta$の内積を取り軸対称系における平衡磁場の関係式 (3.8−2) $\mathbf{B}=\nabla\zeta\times\nabla\psi+F\nabla\zeta$（これから $\mathbf{B}\times\nabla\psi\cdot\nabla\theta=F(\psi)\mathbf{B}\cdot\nabla\theta$が得られる）を用いると，

$$Bu^{\star}_{a\theta}(\psi)=u_{/\!/a}-V_{1a} \tag{8.2−8}$$

$$Bq^{\star}_{a\theta}(\psi)=q_{/\!/a}-\frac{5}{2}P_aV_{2a} \tag{8.2−9}$$

となります．ここで，

$$V_{1a}=-\frac{\mathbf{u}^{(1)}_{\perp a}\cdot\nabla\theta}{\mathbf{b}\cdot\nabla\theta}=-\frac{F(\psi)}{B}\left(\frac{d\Phi}{d\psi}+\frac{1}{e_an_a}\frac{dP_a}{d\psi}\right) \tag{8.2−10}$$

$$V_{2a}=-\frac{2}{5P_a}\frac{\mathbf{q}^{(1)}_{\perp a}\cdot\nabla\theta}{\mathbf{b}\cdot\nabla\theta}=-\frac{F(\psi)}{e_aB}\frac{dT_a}{d\psi} \tag{8.2−11}$$

です．(8.2−8) と (8.2−9) はポロイダル流速が磁場方向流速と反磁性流速のポロイダル成分の和であることを示しています．V_{1a} と V_{2a} を**熱力学的な力** (Thermodynamic Force) と言います．前節で示したように，$\mathbf{E}\times\mathbf{B}$ ドリフト流速と反磁性ドリフト流速，反磁性ドリフト熱流速が熱力学的な力を生み出します．

(8.2−4)，(8.2−5) に (8.2−1) と (8.2−2) を代入し，(8.2−10)，(8.2−11) を考慮すると，

$$\mathbf{u}^{(1)}_{a}=u_{/\!/a}\mathbf{b}+\mathbf{u}^{(1)}_{\perp a}=u_{/\!/a}\mathbf{b}+\frac{BV_{1a}}{F(\psi)}\frac{\nabla\psi\times\mathbf{b}}{B} \tag{8.2−12}$$

$$\mathbf{q}^{(1)}_{a}=q_{/\!/a}\mathbf{b}+\mathbf{q}^{(1)}_{\perp a}=q_{/\!/a}\mathbf{b}+\frac{5P_a}{2}\frac{BV_{2a}}{F(\psi)}\frac{\nabla\psi\times\mathbf{b}}{B} \tag{8.2−13}$$

これに，軸対称力学平衡の関係式 $\mathbf{b}\times\nabla\psi=R^2B\nabla\zeta-F(\psi)\mathbf{b}$ と一次流れの関係式 (8.2−8) と (8.2−9) を代入すると，次の重要な一次流れの関係式が得られます．

$$\mathbf{u}^{(1)}_{a}=u^{\star}_{a\theta}(\psi)\mathbf{B}+\frac{BV_{1a}}{F(\psi)}R^2\nabla\zeta \tag{8.2−14}$$

$$\mathbf{q}^{(1)}_{a}=q^{\star}_{a\theta}(\psi)\mathbf{B}+\frac{5P_a}{2}\frac{BV_{2a}}{F(\psi)}R^2\nabla\zeta \tag{8.2−15}$$

更に，上式の ζ 成分をとると

$$u_{a\zeta}^{(1)} = u_{a\theta}^{\star}(\psi) B_\zeta + \frac{BV_{1a}}{F(\psi)} R \tag{8.2–16}$$

$$q_{a\zeta}^{(1)} = q_{a\theta}^{\star}(\psi) B_\zeta + \frac{5P_a}{2} \frac{BV_{2a}}{F(\psi)} R \tag{8.2–17}$$

となります．一方，(8.2−8) と (8.2−9) から，

$$\langle B^2 \rangle \, u_{a\theta}^{\star}(\psi) = \langle Bu_{/\!/a} \rangle - \langle BV_{1a} \rangle \tag{8.2–18}$$

$$\langle B^2 \rangle \, q_{a\theta}^{\star}(\psi) = \langle Bq_{/\!/a} \rangle - \frac{5P_a}{2} \langle BV_{2a} \rangle \tag{8.2–19}$$

が成り立つので (BV_{1a}，BV_{2a} は磁気面量なので実際〈　〉は不要)，(8.2−16) と (8.2−17) に $u_{a\theta}^{\star}(\psi)$ と $q_{a\theta}^{\star}(\psi)$ の表式を代入すると

$$u_{a\zeta}^{(1)} = \frac{B_\zeta}{\langle B^2 \rangle} \langle Bu_{/\!/a} \rangle + \left[1 - \frac{B_\zeta^2}{\langle B^2 \rangle} \right] \frac{BV_{1a}}{B_\zeta} \tag{8.2–20}$$

$$q_{a\zeta}^{(1)} = \frac{B_\zeta}{\langle B^2 \rangle} \langle Bq_{/\!/a} \rangle + \frac{5P_a}{2} \left[1 - \frac{B_\zeta^2}{\langle B^2 \rangle} \right] \frac{BV_{2a}}{B_\zeta} \tag{8.2–21}$$

という関係が導かれます．(8.2−20) と (8.2−21) の右辺第 2 項は Pfirsch-Schlüter 項と言います．

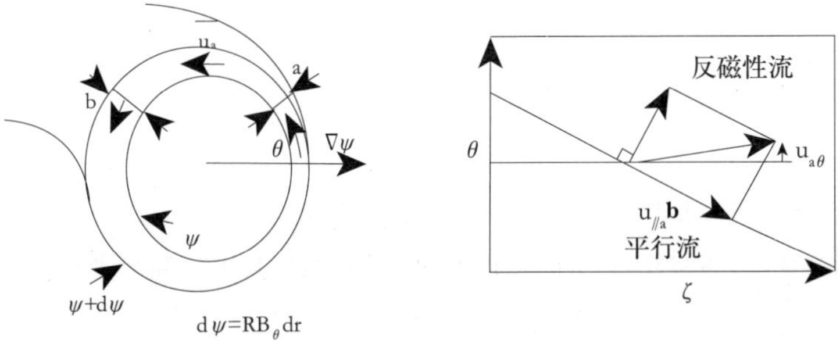

図 8.2　磁気面 ψ と $\psi + d\psi$ の間を流れる流束の幾何と反磁性流と平行流の重ね合わせとしての磁気面上の一次流れ

8.3 “摩擦力と粘性力”：磁気面平均の運動量・熱流バランス

衝突項 $C(f_a)$ が (5.6−12) で与えられることを考慮し，無衝突領域で生じる非等方性を考慮した速度分布関数 (8.1−9) を摩擦力 $\mathbf{F}_{a1}$ と熱摩擦力 $\mathbf{F}_{a2}$ の定義式 (8.1−13) と (8.1−14) に代入すると以下の公式が得られます [8−4].

$$\begin{bmatrix} \mathbf{F}_{a1} \\ \mathbf{F}_{a2} \end{bmatrix} = \sum_b \begin{pmatrix} l_{11}^{ab} & -l_{12}^{ab} \\ -l_{21}^{ab} & l_{22}^{ab} \end{pmatrix} \begin{bmatrix} \mathbf{u}_b^{(1)} \\ 2\mathbf{q}_b^{(1)}/5P_b \end{bmatrix} \tag{8.3-1}$$

ここで，l_{ij}^{ab} は**摩擦係数** (Friction Coefficient) と呼ばれ，クーロン衝突項の自己共役性から $l_{ij}^{ab} = l_{ji}^{ba}$ という対称性を持っています．Hirshman-Sigmar [8−1] によって与えられた具体的な表式を注に示します．一方，粘性力は荷電粒子がポロイダル方向に運動して磁場の変化を感じることによって生まれるのでポロイダル流束に比例します．

$$\begin{bmatrix} \langle \mathbf{B}\cdot\nabla\cdot\mathbf{\Pi}_a \rangle \\ \langle \mathbf{B}\cdot\nabla\cdot\mathbf{\Theta}_a \rangle \end{bmatrix} = \langle B^2 \rangle \begin{bmatrix} \mu_{a1} & \mu_{a2} \\ \mu_{a2} & \mu_{a3} \end{bmatrix} \begin{bmatrix} u_{a\theta}^{*}(\psi) \\ 2q_{a\theta}^{*}(\psi)/5P_a \end{bmatrix} \tag{8.3-2}$$

ここで，μ_{a1}, μ_{a2}, μ_{a3} は**磁場方向粘性係数** (parallel viscosity coefficient) と言い，ドリフト運動論方程式に (8.1−11) − (8.1−12) を代入して，非等方成分 $\mathbf{\Pi}_a$ と $\mathbf{\Theta}_a$ に対する方程式を近似的に解くことによって求められています [8−1]．トカマクの衝突輸送領域は，1) 捕捉粒子軌道を回るバウンス時間より衝突時間が長くなるバナナ領域 ($\nu_c < \omega_b$; ν_c: collision frequency, ω_b: bounce frequency)，2) 非捕捉粒子の通過時間より衝突時間が短くなる Pfirsch-Schlüter 領域 (($\nu_c > \omega_T$; ν_c: collision frequency, ω_T: transit frequency $\sim v_{Ta}/Rq$)，3) 両者の中間領域であるプラトー領域という 3 領域に分かれます．粘性係数の表式は，それぞれの領域での粘性係数を導出しそれから全速度領域で使えるような近似式 (Velocity-partitioned viscosity coefficient) を求め，それを速度空間で積分して粘性係数を求めるという手法を用いています．

$$\mu_{a1} = K_{11}^{a} \tag{8.3-3}$$

$$\mu_{a2} = K_{12}^{a} - \frac{5}{2} K_{11}^{a} \tag{8.3-4}$$

$$\mu_{a3} = K_{22}^{a} - 5K_{12}^{a} + \frac{25}{4} K_{11}^{a} \tag{8.3-5}$$

ここで，

$$K_{ij}^{a}=\frac{m_a n_a}{\tau_{aa}}\frac{f_t}{f_c}\{x_a^{2(i+j-2)}\nu_{tot}^{a}(v)\tau_{aa}\} \tag{8.3-6}$$

$$\{A(v)\}=\frac{8}{3\pi^{1/2}}\int_0^{\infty}\exp(-x_a^2)x_a^4 A(x_a v_a)dx_a \tag{8.3-7}$$

$$\nu_{tot}^{a}(v)=\frac{\nu_D^a(v)}{[1+2.48\nu_a^{*}\nu_D^a(v)\tau_{aa}/x_a][1+1.96\nu_T^a(v)/x_a\omega_{Ta}]} \tag{8.3-8}$$

$$\nu_T^a(v)=3\nu_D^a(v)+\nu_E^a(v),\ x_a=v/v_{Ta},\ \omega_{Ta}=v_{Ta}/L_c$$

です．ここで，(8.3–8) の分母第1項はバナナ領域とプラトー領域をつなぐ補正項で，分母の第2項は Pfirsch-Schlüter 補正項です．$x_a=v/v_{Ta}$, $\nu_D^a(v)$ は**90 度偏向周波数**，$\nu_E^a(v)$ は**エネルギー交換周波数**（注参照），ν_a^{*} は**衝突周波数** $1/\tau_{aa}$ と**通過周波数**ω_{Ta}, 及び$\varepsilon(\psi)\equiv(B_{max}-B_{min})/(B_{max}+B_{min})$ の比で定義される**衝突度**（Collisionality）です．連結距離 $L_c\sim Rq$, $\varepsilon\sim r/R$ で近似すると，

$$\nu_a^{*}\equiv\frac{1}{\varepsilon^{1.5}\omega_{Ta}\tau_{aa}}\sim\left(\frac{R}{r}\right)^{1.5}\frac{Rq}{v_{Ta}\tau_{aa}} \tag{8.3-9}$$

となります．また，f_t は**捕捉粒子割合**で**非捕捉粒子割合** f_c と $f_t+f_c=1$ で結ばれ，f_c は次式で与えられます．

$$f_c=\frac{3\langle B^2\rangle}{4}\int_0^{1/B_{max}}\frac{\lambda d\lambda}{\langle\sqrt{1-\lambda B}\rangle} \tag{8.3-10}$$

摩擦係数と粘性係数に関するこれらの公式を (8.1–7) と (8.1–8) に代入すると，次のような摩擦力と粘性力のバランス方程式が得られます．

$$\begin{bmatrix}\mu_{a1} & \mu_{a2}\\ \mu_{a2} & \mu_{a3}\end{bmatrix}\begin{bmatrix}\langle Bu_{/\!/a}\rangle-BV_{1a}\\ \langle 2Bq_{/\!/a}/5P_a\rangle-BV_{2a}\end{bmatrix}=\sum_b\begin{bmatrix} l_{11}^{ab} & -l_{12}^{ab}\\ -l_{21}^{ab} & l_{22}^{ab}\end{bmatrix}\begin{bmatrix}\langle Bu_{/\!/b}\rangle\\ \langle 2Bq_{/\!/b}/5P_b\rangle\end{bmatrix}$$
$$+\begin{bmatrix}e_a n_a\langle BE_{/\!/}\rangle\\ 0\end{bmatrix}+\begin{bmatrix}\langle BM_{a/\!/}\rangle\\ \langle BQ_{a/\!/}\rangle\end{bmatrix} \tag{8.3-11}$$

注：摩擦係数の表式と粘性係数に係わる諸定義

$$l_{ij}^{ab}=\frac{m_a n_a}{\tau_{aa}}\left[\left(\sum_k \frac{\tau_{aa}}{\tau_{ak}} M_{ak}^{i-1,j-1}\right)\delta_{ab}+\frac{\tau_{aa}}{\tau_{ab}} N_{ab}^{i-1,j-1}\right] \tag{8.3-12}$$

$$M_{ab}^{00}=-\left(1+\frac{m_a}{m_b}\right)(1+x_{ab}^2)^{-3/2},\ M_{ab}^{11}=-\left(\frac{13}{4}+4x_{ab}^2+\frac{15}{2}x_{ab}^4\right)(1+x_{ab}^2)^{-5/2}$$

$$M_{ab}^{01}=-\frac{3}{2}\left(1+\frac{m_a}{m_b}\right)(1+x_{ab}^2)^{-5/2},\ M_{ab}^{12}=-\left(\frac{69}{16}+6x_{ab}^2+\frac{63}{4}x_{ab}^4\right)(1+x_{ab}^2)^{-7/2}$$

$$M_{ab}^{02}=-\frac{15}{8}\left(1+\frac{m_a}{m_b}\right)(1+x_{ab}^2)^{-7/2},\ N_{ab}^{11}=\frac{27}{4}\frac{T_a}{T_b}x_{ab}^2(1+x_{ab}^2)^{-5/2}$$

$$N_{ab}^{12}=\frac{225}{16}\frac{T_a}{T_b}x_{ab}^4(1+x_{ab}^2)^{-7/2}$$

$$x_{ab}^2=\frac{m_a T_b}{m_b T_a},\ \tau_{ab}=\frac{3\pi^{3/2}\varepsilon_0^2 m_a^2 v_{Ta}^3}{n_b e_a^2 e_b^2 \ln\Lambda},\ v_{Ta}=\sqrt{\frac{2T_a}{m_a}} \tag{8.3-13}$$

摩擦係数には，クーロン衝突項の自己共役性から次のような対称性があります．

$$l_{ij}^{ab}=l_{ji}^{ba},\ M_{ab}^{ij}=M_{ab}^{ji},\ N_{ab}^{j0}=-M_{ab}^{j0},\ N_{ab}^{ij}=\frac{T_a v_{Ta}}{T_b v_{Tb}}M_{ba}^{ji} \tag{8.3-14}$$

粘性係数の表式に現れる衝突周波数$\nu_D^a(v)$と$\nu_E^a(v)$は，マックスウェル分布に対して以下の様に表せます．

$$\nu_D^a(v)=\frac{3\sqrt{\pi}}{4}\frac{1}{\tau_{aa}}\sum_b \frac{n_b Z_b^2}{n_a Z_a^2}\frac{\Phi(x_b)-G(x_b)}{x_a^3} \tag{8.3-15}$$

$$\nu_D^a(v)=\frac{3\sqrt{\pi}}{4}\frac{1}{\tau_{aa}}\sum_b \frac{n_b Z_b^2}{n_a Z_a^2}\left[4\left(\frac{T_a}{T_b}+x_{ab}^2\right)\frac{G(x_b)}{x_a}-\frac{2\Phi(x_b)}{x_a^3}\right] \tag{8.3-16}$$

$$\Phi(x)=\frac{2}{\sqrt{\pi}}\int_0^x \exp(-u^2)\,du,\ G(x)=[\Phi(x)-x\Phi'(x)]/2x^2 \tag{8.3-17}$$

8.4　“一般化されたオームの法則”：新古典電気伝導度

プラズマを構成する電子，主イオン，不純物に対して（8.3−11）を書き下すと，次のような連立一次方程式で書けます．

$$\mathbf{M}(\mathbf{U}_{/\!/}-\mathbf{V}_{\perp})=\mathbf{L}\mathbf{U}_{/\!/}+\mathbf{E}^{*}+\mathbf{S}_{/\!/} \tag{8.4–1}$$

ここで，

$$\mathbf{L}=\begin{bmatrix} l_{11}^{ee} & l_{11}^{ei} & l_{11}^{eI} & -l_{12}^{ee} & -l_{12}^{ei} & -l_{12}^{eI} \\ l_{11}^{ie} & l_{11}^{ii} & l_{11}^{iI} & -l_{12}^{ie} & -l_{12}^{ii} & -l_{12}^{iI} \\ l_{11}^{Ie} & l_{11}^{Ii} & l_{11}^{II} & -l_{12}^{Ie} & -l_{12}^{Ii} & -l_{12}^{II} \\ -l_{21}^{ee} & -l_{21}^{ei} & -l_{21}^{eI} & l_{22}^{ee} & l_{22}^{ei} & l_{22}^{eI} \\ -l_{21}^{ie} & -l_{21}^{ii} & -l_{21}^{iI} & l_{22}^{ie} & l_{22}^{ii} & l_{22}^{iI} \\ -l_{21}^{Ie} & -l_{21}^{Ii} & -l_{21}^{II} & l_{22}^{Ie} & l_{22}^{Ii} & l_{22}^{II} \end{bmatrix},\ \mathbf{M}=\begin{bmatrix} \mu_{e1} & 0 & 0 & \mu_{e2} & 0 & 0 \\ 0 & \mu_{i1} & 0 & 0 & \mu_{i2} & 0 \\ 0 & 0 & \mu_{I1} & 0 & 0 & \mu_{I2} \\ \mu_{e2} & 0 & 0 & \mu_{e3} & 0 & 0 \\ 0 & \mu_{i2} & 0 & 0 & \mu_{i3} & 0 \\ 0 & 0 & \mu_{I2} & 0 & 0 & \mu_{I3} \end{bmatrix}$$

$$\mathbf{U}_{/\!/}=\begin{bmatrix} \langle Bu_{/\!/e}\rangle \\ \langle Bu_{/\!/i}\rangle \\ \langle Bu_{/\!/I}\rangle \\ 2\langle Bq_{/\!/e}\rangle/5P_e \\ 2\langle Bq_{/\!/i}\rangle/5P_i \\ 2\langle Bq_{/\!/I}\rangle/5P_I \end{bmatrix},\ \mathbf{V}_{\perp}=\begin{bmatrix} BV_{1e} \\ BV_{1i} \\ BV_{1I} \\ BV_{2e} \\ BV_{2i} \\ BV_{2I} \end{bmatrix},\ \mathbf{E}^{*}=\langle BE_{/\!/}\rangle\begin{bmatrix} -en_e \\ eZ_in_i \\ eZ_In_I \\ 0 \\ 0 \\ 0 \end{bmatrix},\ \mathbf{S}_{/\!/}=\begin{bmatrix} \langle BM_e\rangle \\ \langle BM_i\rangle \\ \langle BM_I\rangle \\ \langle BQ_e\rangle \\ \langle BQ_i\rangle \\ \langle BQ_I\rangle \end{bmatrix}$$

（8.4−1）を $\mathbf{U}_{/\!/}$ に関して解くと，

$$\mathbf{U}_{/\!/}=(\mathbf{M}-\mathbf{L})^{-1}\mathbf{M}\mathbf{V}_{\perp}+(\mathbf{M}-\mathbf{L})^{-1}\mathbf{E}^{*}+(\mathbf{M}-\mathbf{L})^{-1}\mathbf{S}_{/\!/} \tag{8.4–2}$$

$$U_{/\!/a}=\sum_{b}\left(\alpha_{ab}V_{\perp b}+c_{ab}\left(E_b^{*}+S_{/\!/b}\right)\right) \tag{8.4–2)'$$

と求まります．プラズマ電流はそれぞれの粒子種の電流の和なので，上式から

$$\begin{aligned}\langle \mathbf{B}\cdot\mathbf{J}\rangle &= \sum_{a=e,i,I} e_a n_a \langle \mathbf{B}\cdot\mathbf{u}_a\rangle \\ &= \sum_{a=e,i,I} e_a n_a\left\{\sum_{b=1}^{6}[(\mathbf{M}-\mathbf{L})^{-1}\mathbf{M}]_{ab}V_{\perp b}+\sum_{b=1}^{3}[(\mathbf{M}-\mathbf{L})^{-1}]_{ab}e_b n_b\langle BE_{/\!/}\rangle+\sum_{b=1}^{6}[(\mathbf{M}-\mathbf{L})^{-1}]_{ab}S_{/\!/b}\right\} \\ &= -F(\psi)n_e(\psi)\sum_{a=e,i,I}\frac{1}{|Za|}\left[L_{31}^{a}\frac{1}{n_a(\psi)}\frac{dPa(\psi)}{d\psi}+L_{32}^{a}\frac{dT_a(\psi)}{d\psi}\right] \\ &\quad +\sigma_{/\!/}^{NC}\langle BE_{/\!/}\rangle+\langle BJ_{/\!/}\rangle_{NBCD}+\langle BJ_{/\!/}\rangle_{RFCD}\end{aligned} \tag{8.4–3}$$

となります．ここで，右辺第1項は**ブートストラップ電流**，第2項は**電気伝導電流**，

第3項と第4項は**ビーム駆動電流**と**高周波駆動電流**です．$V_\perp$に含まれる静電ポテンシャルΦの項は荷電中性条件から相殺されブートストラップ電流には寄与しません．電気伝導度σの表式は(8.4−3)から以下のように求まります．

$$\sigma_{/\!/}^{NC} = \sum_{a=e,i,I} \sum_{b=e,i,I} e_a n_a e_b n_b [(\mathbf{M} - \mathbf{L})^{-1}]_{ab} \tag{8.4–4}$$

捕捉粒子がいない場合には，$f_t = 0$なので$\mu_{aj} = 0$となり，粘性行列$\mathbf{M} = 0$となることから電気伝導度σは，

$$\sigma_{/\!/} = -\sum_{a=e,i,I} \sum_{b=e,i,I} e_a n_a e_b n_b \mathbf{L}^{-1}{}_{ab} \tag{8.4–5}$$

となります．L. Spitzer Jr. によって与えられた電気伝導度[8–5]はこの表式で数値的に求められた値と良く一致します．

$$\sigma_{/\!/}^{Spitzer} = \frac{n_e e^2 \tau_{ee}}{m_e} \frac{3.4}{Z_{eff}} \frac{(1.13 + Z_{eff})}{(2.67 + Z_{eff})} \tag{8.4–6}$$

$$Z_{eff} = \frac{1}{n_e} \sum_{b=i,I} n_b Z_b^2 \tag{8.4–7}$$

$$\tau_{ee} = \frac{6\sqrt{2}\pi^{3/2} \varepsilon_0^2 m_e^{1/2} T_e^{3/2}}{n_e e^4 \ln\Lambda} = 2.74 \times 10^{-4} \frac{T_e[\mathrm{keV}]^{3/2}}{n_e[\mathrm{m}^{-3}]\ln\Lambda} [\mathrm{sec}] \tag{8.4–8}$$

ここで，Z_{eff}は実効電荷です．捕捉粒子を考慮した電気伝導度の表式(8.4−5)は全ての係数が平衡量から計算できるので数値計算が容易ですが，簡単なモデルで捕捉粒子の影響を見てみましょう．電流は主に電子で担われ，イオンは背景として電子のドリフトに対する摩擦力を及ぼします．不純物，熱力学的力やイオンの運動を無視した時$(V_{1a} = u_i = 0)$の電子の運動量バランス(8.3–11)は$\mu_{e1} u_{/\!/e} = l_{11}^{ee} u_{/\!/e} - e n_e E_{/\!/}$で与えられることから，

$$\sigma_{/\!/}^{NC} = -\frac{e n_e u_{/\!/e}}{E_{/\!/}} = \frac{e^2 n_e^2}{\mu_{e1} - l_{11}^{ee}} = \frac{e^2 n_e}{m_e \nu_{ei}} \frac{1}{1 + \mu_{e1} \tau_{ei} / m_e n_e} \tag{8.4–9}$$

となります．右辺の$e^2 n_e / m_e \nu_{ei}$はSpitzer電気伝導度に対応し，残りが捕捉粒子効果になります．捕捉粒子は図8.1に示したように，バナナ軌道に捕捉されているので実質的に電流に寄与しません．むしろ電場でドリフトを始める非捕捉電子との間

で相対速度をもつことから摩擦力を生み出します．このため，電気伝導度は典型的には捕捉粒子がない場合の半分程度に低下します．もっとも，$\varepsilon(\psi) \equiv (B_{max}-B_{min})/(B_{max}+B_{min})=1$ の場合には全ての粒子が捕捉されるので電気伝導度は 0 になります．Hirshman [8-6] は電気伝導度の解析的な近似式を以下のように与えています．

$$\sigma_{/\!/}^{NC}=\sigma_{/\!/}^{Spitzer}\left[1-\frac{f_t}{1+\xi\nu_e^*}\right]\left[1-\frac{C_R f_t}{1+\xi\nu_e^*}\right] \tag{8.4-10}$$

$$C_R(Z_{eff})=\frac{0.56}{Z_{eff}}\frac{3-Z_{eff}}{3+Z_{eff}},\ \xi(Z_{eff})=0.58+0.2Z_{eff} \tag{8.4-11}$$

$$f_t=1-\frac{(1-\varepsilon)^2}{(1+1.46\varepsilon^{1/2})\sqrt{1-\varepsilon^2}} \tag{8.4-12}$$

ここで，捕捉粒子割合 f_t (8.4-12) は，非円形断面プラズマでは近似の精度が悪くなるので，正確に評価する場合は (8.3-10) を用い，$f_t=1-f_c$ で評価する必要があります．

8.5　“一般化されたオームの法則 II”：ブートストラップ電流

8.1 節で説明したように，無衝突プラズでは速度分布関数に歪みが発生し，電子では $v_{/\!/}<0$ の方向にドリフトしたような分布関数になり，イオンでは逆に $v_{/\!/}>0$ の方向にドリフトした速度分布関数になります．このため，プラズマ中には電流が流れることになります．これを**ブートストラップ電流（自発電流）**と言います．ここでは Galeev [8-7] に従ってブートストラップ電流の主要なパラメータ依存性を説明します．

8.1 節同様，電子について考えます．捕捉電子のバナナ幅を $\Delta_b(\sim\varepsilon^{1/2}\rho_p=\varepsilon^{1/2}m_e v_{Te}/eB_p)$ とすると，密度勾配がある時にある点を通過するバナナ粒子の粒子数の差 $n_t(v_{/\!/}<0)-n_t(v_{/\!/}>0)=(-dn_t/dr)\Delta_b$ となります．捕捉粒子では $v_{/\!/}\sim\varepsilon^{1/2}v_{Te}$, $n_t\sim\varepsilon^{1/2}n_e$ なので捕捉電子電流は $J_{bt}\sim ev_{/\!/}(-dn_t/dr)\Delta_b\sim-\varepsilon^{3/2}T_e dn_e/dr$ で与えられます．捕捉電子から非捕捉電子境界を横切って供給される運動量は，非捕捉電子とイオンの衝突による運動量損失とバランスすることから，

$$\nu_{ei}m_e u_e n_e=\frac{\nu_{ee}}{\varepsilon}\frac{J_{bt}}{-e} \tag{8.5-1}$$

となります．ここで，ν_{ee}/εは捕捉電子と非捕捉電子の実効衝突周波数です．これから非捕捉電子のドリフト速度を求め，非捕捉電子が形成する電流を求めると，

$$J_{bootstap} \sim -\varepsilon^{1/2}\frac{T_e}{B_p}\frac{dn_e}{dr} \sim -\varepsilon^{1/2}\frac{1}{B_p}\frac{dP_e}{dr} \tag{8.5-2}$$

となります．ここで，温度勾配も同様の機構で電流を流すのでT_eを勾配の中に入れています．ここで特徴的なのは，捕捉電子が供給する運動量も非捕捉電子がイオンとの衝突で失う運動量も衝突周波数に比例することから，結果としてのブートストラップ電流には衝突周波数依存性がなくなることです．また，電流の式に電子質量は現れず，バナナ幅が小さい効果は大きな熱速度で相殺されています．イオンについても全く同様にして$\varepsilon^{1/2}dP_i/dr/B_p$に比例するブートストラップ電流が流れます．注意すべきことは，**ブートストラップ電流の力の源は捕捉粒子ですが流れているのは非捕捉粒子**ということです．さて，原理を概観した上で，前節で導いたブートストラップ電流の表式に議論を戻しましょう．

$$\langle \mathbf{B}\cdot\mathbf{J}\rangle_{bs} = -F(\psi)n_e(\psi)\sum_{a=e,i,I}\frac{1}{|Z_a|}\left[L_{31}^{a}\frac{1}{n_a(\psi)}\frac{dp_a(\psi)}{d\psi}+L_{32}^{a}\frac{dT_a(\psi)}{d\psi}\right] \tag{8.5-3}$$

前節同様，簡単なモデルでブートストラップ電流の表式に対する粘性係数の役割を見てみましょう．ここでも不純物やイオンの運動を無視した時（$u_i=0$）の電子の運動量バランス（8.3-11）は，

$$\mu_{e1}\left(u_{/\!/e}-\frac{R}{en_e}\frac{dP_e}{d\psi}\right)=l_{11}^{ee}u_{/\!/e} \tag{8.5-4}$$

で与えられることから，

$$J_{ebs} = -en_e u_{/\!/e} = -\frac{R\mu_{e1}}{\mu_{e1}-l_{11}^{ee}}\frac{dP_e}{d\psi} = -\frac{\mu_{e1}}{\mu_{e1}-l_{11}^{ee}}\frac{1}{B_p}\frac{dP_e}{dr} \tag{8.5-5}$$

が得られます．

ブートストラップ係数L_{31}^{a}, L_{32}^{a}はHinton-Hazeltine [8-8] に解析的な表式が与えられていますが，前節の定式化に従って数値的に求めた係数と解析式を比較するとεが非常に小さい時を除いて大きな数値的な違いが見られ [8-9]，実用的にはHirshman-Sigmarの定式化に従って数値的に評価する必要があります．

図 8.5 に JT–60 におけるプラズマ表面電圧の時間変化の測定値と実測のプラズマパラメータを用いた 1.5 次元（平衡は 2 次元, 輸送は 1 次元という意味で 1.5 次元と言う）輸送シミュレーションの比較結果を示します．輸送方程式にブートストラップ電流を含まない場合には実測と大きくことなる結果となり，ブートストラップ電流の存在が確かめられました．

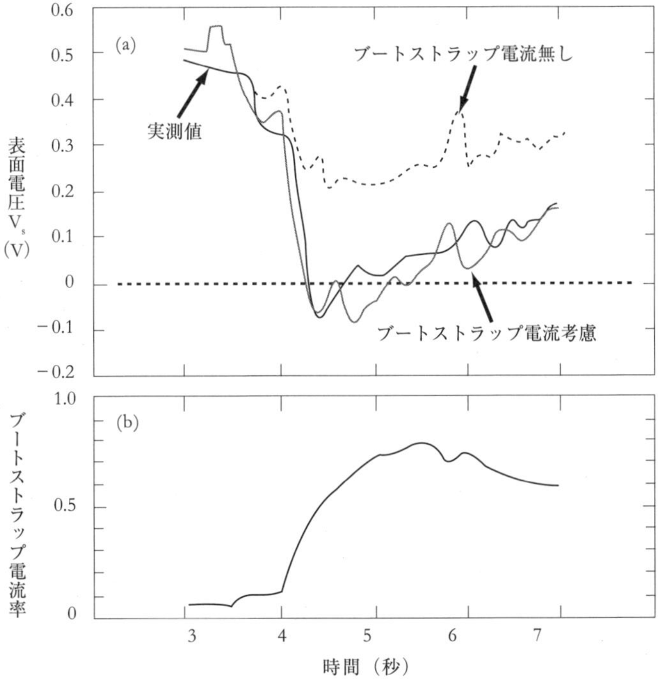

図 8.5　(8.5–3) 式を用いてシミュレーションした，JT–60 放電の表面電圧の時間変化と実測電圧の時間変化比較 [8–3]．シミュレーションではプラズマ電流の最大 8 割がブートストラップ電流である．ブートストラップ電流の存在を考慮しないと表面電圧は実測と一致しない．

8.6 “新古典輸送”：磁気面を横切る輸送

磁場を横切る衝突輸送を求めるには，(8.1−1) と (8.1−2) から磁場に垂直方向の流束を求める際に，より高次の項まで考慮する必要があります．(8.1−1) と (8.1−2) のソース項を無視して $\mathbf{B}\times$(8.1−1) と (8.1−2) から，

$$\mathbf{u}_{\perp a}=\frac{\mathbf{E}\times\mathbf{B}}{B^2}+\frac{\mathbf{b}\times\nabla P_a}{m_a n_a \Omega_a}+\frac{\mathbf{b}\times(\nabla\cdot\mathbf{\Pi}_a-\mathbf{F}_{a1})}{m_a n_a \Omega_a} \tag{8.6–1}$$

$$\mathbf{q}_{\perp a}=\frac{5}{2}P_a\frac{\mathbf{b}\times\nabla T_a}{m_a\Omega_a}+\frac{T_a}{m_a\Omega_a}\mathbf{b}\times(\nabla\cdot\mathbf{\Theta}_a-\mathbf{F}_{a2}) \tag{8.6–2}$$

となります．(8.6−1) と (8.6−2) の最低次 (O(δ)) は 8.2 節で述べた磁気面上の一次流れですが，磁気面を横切る衝突輸送は δ の 2 次の量になります．(8.6−1) と (8.6−2) と $\nabla\psi$ の内積の磁気面平均を取ると，

$$\begin{bmatrix}\langle n_a\mathbf{u}_{a\perp}\cdot\nabla\psi\rangle\\ \left\langle\dfrac{\mathbf{q}_{a\perp}}{T_a}\cdot\nabla\psi\right\rangle\end{bmatrix}=\begin{bmatrix}\Gamma_a^{cl}\\ \dfrac{q_a^{cl}}{T_a}\end{bmatrix}+\begin{bmatrix}\Gamma_a^{NC}\\ \dfrac{q_a^{NC}}{T_a}\end{bmatrix} \tag{8.6–3}$$

ここで，

$$\begin{bmatrix}\Gamma_a^{cl}\\ \dfrac{q_a^{cl}}{T_a}\end{bmatrix}=\left\langle\frac{\mathbf{B}\times\nabla\psi}{e_aB^2}\cdot\begin{bmatrix}\mathbf{F}_{a1}\\ \mathbf{F}_{a2}\end{bmatrix}\right\rangle \tag{8.6–4}$$

$$\begin{bmatrix}\Gamma_a^{NC}\\ \dfrac{q_a^{NC}}{T_a}\end{bmatrix}=\left\langle\frac{\mathbf{B}\times\nabla\psi}{e_aB^2}\cdot\begin{bmatrix}\nabla P_a+\nabla\cdot\mathbf{\Pi}_a-e_an_a\mathbf{E}\\ \dfrac{5}{2}n_a\nabla T_a+\nabla\cdot\mathbf{\Theta}_a\end{bmatrix}\right\rangle \tag{8.6–5}$$

です．(8.6−4) と (8.6–5) をそれぞれ古典輸送，新古典輸送項と呼びます．平均自由行程 $\lambda=\tau_{aa}v_{Ta}$ が連結距離 Rq に比べて短い場合 ($\lambda<$ Rq) には，磁力線に沿った摩擦力の磁気面上での不均一性から Pfirsch-Schlüter 拡散が生じます．また，$\lambda\gg$Rq の場合 (無衝突領域) には，非一様な磁場によって形成される速度分布関数の非等方性 (8.1 節参照) が生み出す粘性力 ($\nabla\cdot\mathbf{\Pi}_a$ や $\nabla\cdot\mathbf{\Theta}_a$) によってバナナ・プラトー拡散が起こります．新古典輸送項は，軸対称力学平衡で成り立つ関係式 $\nabla\psi=-R^2\nabla\zeta\times\mathbf{B}$ から求まる $\mathbf{B}\times\nabla\psi=-R^2B^2\nabla\zeta+F(\psi)\mathbf{B}$ を用いると，

$$\Gamma_a^{NC} = -\left\langle \frac{F(\psi)}{e_a B^2} \mathbf{B}\cdot(\nabla P_a + \nabla\cdot\mathbf{\Pi}_a) \right\rangle + \left\langle \frac{n_a}{B^2} \mathbf{E}\cdot(\nabla\psi \times \mathbf{B}) \right\rangle$$

$$= -\frac{F(\psi)}{e_a} \left\langle \left(\frac{1}{B^2} - \frac{1}{\langle B^2 \rangle} \right) \mathbf{B}\cdot\mathbf{F}_{a1} \right\rangle - \frac{F(\psi)}{e_a \langle B^2 \rangle} \langle \mathbf{B}\cdot\nabla\cdot\mathbf{\Pi}_a \rangle + \Gamma_a^E \tag{8.6-6}$$

$$\frac{q_a^{NC}}{T_a} = -\frac{F(\psi)}{e_a} \left\langle \left(\frac{1}{B^2} - \frac{1}{\langle B^2 \rangle} \right) \mathbf{B}\cdot\mathbf{F}_{a2} \right\rangle - \frac{F(\psi)}{e_a \langle B^2 \rangle} \langle \mathbf{B}\cdot\nabla\cdot\mathbf{\Theta}_a \rangle \tag{8.6-7}$$

ここで,

$$\Gamma_a^E = \frac{F(\psi)\langle n_a \mathbf{B}\cdot\mathbf{E} \rangle}{\langle B^2 \rangle} - \langle R^2 \nabla\zeta \cdot n_a \mathbf{E}_A \rangle,\ \mathbf{E}_A = -\frac{\partial \mathbf{A}}{\partial t} \tag{8.6-8}$$

は，トロイダル磁束の移動，$\mathbf{E}_\zeta \times \mathbf{B}_\theta$ ピンチと静電ポテンシャル Φ のポロイダル変化による流束の和です．(8.6−6)，(8.6−7) の右辺第 1 項は Pfirsch-Schlüter 輸送項，第 2 項はバナナ・プラトー輸送項です．

古典輸送の表式 (8.6−4) に (8.3−1) を代入すると,

$$\begin{bmatrix} \Gamma_a^{cl} \\ \dfrac{q_a^{cl}}{T_a} \end{bmatrix} = \left\langle \frac{|\nabla\psi|^2}{B^2} \right\rangle \sum_b \frac{1}{e_a e_b} \begin{bmatrix} l_{11}^{ab} & -l_{12}^{ab} \\ -l_{21}^{ab} & l_{22}^{ab} \end{bmatrix} \begin{bmatrix} (P_b'(\psi)/n_b \\ T_b'(\psi) \end{bmatrix} \tag{8.6-9}$$

となります．一方，Pfirsch-Schlüter 輸送項は,

$$\begin{bmatrix} \Gamma_a^{ps} \\ \dfrac{q_a^{ps}}{T_a} \end{bmatrix} = -\frac{F(\psi)}{e_a} \left\langle \left(\frac{1}{B^2} - \frac{1}{\langle B^2 \rangle} \right) \begin{bmatrix} \mathbf{B}\cdot\mathbf{F}_{a1} \\ \mathbf{B}\cdot\mathbf{F}_{a2} \end{bmatrix} \right\rangle \tag{8.6-10}$$

となります．右辺の磁場と摩擦力の内積を (8.2−18) と (8.2−19) を用いて書き下すと,

$$\begin{bmatrix} \mathbf{B}\cdot\mathbf{F}_{a1} \\ \mathbf{B}\cdot\mathbf{F}_{a2} \end{bmatrix} = \sum_b \begin{bmatrix} l_{11}^{ab} & -l_{12}^{ab} \\ -l_{21}^{ab} & l_{22}^{ab} \end{bmatrix} \begin{bmatrix} B^2 u_{a\theta}^{\star}(\psi) + BV_{1a} \\ B^2 q_{a\theta}^{\star}(\psi) + \dfrac{5}{2} P_a B V_{2a} \end{bmatrix} \tag{8.6-11}$$

で与えられることから

$$\begin{bmatrix} \Gamma_a^{ps} \\ \dfrac{q_a^{ps}}{T_a} \end{bmatrix} = \frac{F(\psi)^2}{e_a}\left(\left\langle\frac{1}{B^2}\right\rangle - \frac{1}{\langle B^2\rangle}\right)\sum_b \frac{1}{e_b}\begin{bmatrix} l_{11}^{ab} & -l_{12}^{ab} \\ -l_{21}^{ab} & l_{22}^{ab} \end{bmatrix}\begin{bmatrix} P_b'(\psi)/n_b \\ T_b'(\psi) \end{bmatrix} \tag{8.6–12}$$

となります．一方，バナナ・プラトー輸送項 (8.6–6) と (8.6–7) を行列形式で書くと，

$$\begin{bmatrix} \Gamma_a^{bp} \\ \dfrac{q_a^{bp}}{T_a} \end{bmatrix} = -\frac{F(\psi)}{e_a\langle B^2\rangle}\begin{pmatrix} \mathbf{B}\cdot\nabla\cdot\boldsymbol{\Pi}_a \\ \mathbf{B}\cdot\nabla\cdot\boldsymbol{\Theta}_a \end{pmatrix} \tag{8.6–13}$$

となり，この式に (8.3–2) を代入し (8.2–18) と (8.2–19) を用いると，

$$\begin{bmatrix} \Gamma_a^{bp} \\ \dfrac{q_a^{bp}}{T_a} \end{bmatrix} = \frac{F(\psi)}{e_a\langle B^2\rangle}\begin{bmatrix} \mu_{a1} & \mu_{a2} \\ \mu_{a2} & \mu_{a3} \end{bmatrix}\begin{bmatrix} \langle Bu_{/\!/a}\rangle + F(\psi)(\Phi'(\psi) + P_a'(\psi)/e_a n_a) \\ \langle 2Bq_{/\!/a}\rangle/5P_a + F(\psi)T_a'(\psi)/e_a \end{bmatrix} \tag{8.6–14}$$

となります．上式の $\langle Bu_{/\!/a}\rangle$ 及び に $2\langle Bq_{/\!/a}\rangle/5P_a$ に (8.4–2)′ を代入して整理すると，以下の形式に整理できます．

$$\begin{bmatrix} \Gamma_a^{bp} \\ \dfrac{q_a^{bp}}{T_a} \end{bmatrix} = -\sum_{b=e,i,I}\begin{bmatrix} K_{11}^{ab} & K_{12}^{ab} \\ K_{21}^{ab} & K_{22}^{ab} \end{bmatrix}\begin{bmatrix} P_a'(\psi)/n_a \\ T_a'(\psi) \end{bmatrix} + \begin{bmatrix} g_{1a} \\ g_{2a} \end{bmatrix}\langle BE_{/\!/}\rangle \tag{8.6–15}$$

K，g の具体的な表式はここでは示さず，読者の練習問題とします．

8.7 “新古典イオン熱拡散係数”：クーロン衝突によるイオン熱伝導

前節の結果の応用例として新古典イオン熱拡散係数の具体的な表式を導いておきます．まず，磁気面のラベルをψからトロイダル磁束ϕで定義した等価半径$\rho=(\phi/\phi_a)^{1/2}a$に変換し，以下の無次元摩擦係数を導入します．

$$\hat{l}_{ij}^{ab}=\frac{\tau_{aa}}{m_a n_a}l_{ij}^{ab} \tag{8.7-1}$$

そうすると古典輸送項とPfirsch-Schlüter輸送項は$|\nabla\psi|=RB_p$と定義して

$$\begin{bmatrix}\Gamma_a^{cl}\\ \dfrac{q_a^{cl}}{T_a}\end{bmatrix}=\left\langle\frac{R^2B_p{}^2}{B^2}\right\rangle\frac{m_a n_a}{e^2\psi'(\rho)\tau_{aa}}\sum_b\frac{1}{Z_aZ_b}\begin{bmatrix}\hat{l}_{11}^{ab} & -\hat{l}_{12}^{ab}\\ -\hat{l}_{21}^{ab} & \hat{l}_{22}^{ab}\end{bmatrix}\begin{bmatrix}P_b'(\rho)/n_b\\ T_b'(\rho)\end{bmatrix} \tag{8.7-2}$$

$$\begin{bmatrix}\Gamma_a^{ps}\\ \dfrac{q_a^{ps}}{T_a}\end{bmatrix}=F(\psi)^2\left(\left\langle\frac{1}{B^2}\right\rangle-\frac{1}{\langle B^2\rangle}\right)\frac{m_a n_a}{e^2\psi'(\rho)\tau_{aa}}\sum_b\frac{1}{Z_aZ_b}\begin{bmatrix}\hat{l}_{11}^{ab} & -\hat{l}_{12}^{ab}\\ -\hat{l}_{21}^{ab} & \hat{l}_{22}^{ab}\end{bmatrix}\begin{bmatrix}(dP_b/d\rho)/n_b\\ dT_b/d\rho\end{bmatrix} \tag{8.7-3}$$

となります．ここで，円形断面近似では$\langle 1/B^2-1/\langle B^2\rangle\rangle\sim 2\varepsilon^2/B_0{}^2$となり，$\Gamma_{ps}/\Gamma_c\sim 2\varepsilon^2(B_0/B_p)^2\sim 2q^2$が得られます．古典輸送項とPfirsch-Schlüter輸送項を合わせた表式（古典・Pfirsch-Schlüter輸送）は次式で表せます．

$$\begin{bmatrix}\Gamma_a^{c+ps}\\ \dfrac{q_a^{c+ps}}{T_a}\end{bmatrix}=\left(\langle R^2\rangle-\frac{F(\psi)^2}{\langle B^2\rangle}\right)\frac{m_a n_a}{e^2\psi'(\rho)\tau_{aa}}\sum_b\frac{1}{Z_aZ_b}\begin{bmatrix}\hat{l}_{11}^{ab} & -\hat{l}_{12}^{ab}\\ -\hat{l}_{21}^{ab} & \hat{l}_{22}^{ab}\end{bmatrix}\begin{bmatrix}(dP_b/d\rho)/n_b\\ dT_b/d\rho\end{bmatrix} \tag{8.7-4}$$

(8.7-4)式からq_aに寄与する$dT_b/d\rho$に比例する項を取り出すと，古典・Pfirsch-Schlüter熱輸送係数$\chi_a{}^{cps}$は，$\nu_{aa}=1/\tau_{aa}$として

$$\chi_a^{cps}=-\frac{\langle \mathbf{q}_{a\perp}\cdot\nabla\rho\rangle}{\langle|\nabla\rho|^2\rangle n_a dT_a/d\rho}=\sqrt{\varepsilon}\,\rho_{pa}^2\,\nu_{aa}\hat{K}_{2a}^{cps} \tag{8.7-5}$$

となります．ここで，

$$\rho_{pa}=\frac{m_a v_{Ta}}{e_a B_{p1}},\ B_{p1}^2=\frac{B_0^2}{F(\psi)^2}|\nabla\psi|^2,\ \hat{K}_{2a}^{cps}=\frac{B_0^2(\hat{l}_{21}^{aa}-\hat{l}_{22}^{aa})}{2\sqrt{\varepsilon}\langle B^2\rangle}\left(\frac{\langle R^2\rangle\langle B^2\rangle}{F(\psi)^2}-1\right) \tag{8.7-6}$$

です．主イオンと不純物イオン間は緩和時間が短いので等温化しやすいこと，イオン熱拡散に対する (8.7−4) の電子の寄与は小さい ($\hat{l}_{21}^{aa}\sim\hat{l}_{22}^{aa}\sim 0;\ a\neq e$) ことを考慮すると，異種イオン温度勾配が作る熱流束の寄与を考慮することもできます．

$$\hat{K}_{2a}^{cps}=\frac{B_0^2}{2\sqrt{\varepsilon}\langle B^2\rangle}\left(\frac{\langle R^2\rangle\langle B^2\rangle}{F(\psi)^2}-1\right)\sum_{b=i,I}\frac{Z_a}{Z_b}(\hat{l}_{21}^{ab}-\hat{l}_{22}^{ab}) \tag{8.7-7}$$

不純物イオンチャンネルで逃げる熱流束も考慮したイオンの熱拡散係数 $\chi_{i(tot)}^{cps}$ は，

$$\chi_{i(tot)}^{cps}=\frac{\langle(\mathbf{q}_{i\perp}+\nabla\mathbf{q}_{I\perp})\cdot\nabla\rho\rangle}{\langle|\nabla\rho|^2\rangle(n_i+n_I)dT_a/d\rho}=\sqrt{\varepsilon}\rho_{pi}^2\nu_{ii}\,[f_i\hat{K}_{2i}^{cps}+(1-f_i)\alpha\hat{K}_{2I}^{cps}] \tag{8.7-8}$$

となります．ここで，$f_i=n_i/(n_i+n_I),\ \alpha=Z_I^2 n_I/Z_i^2 n_i$ です．

(8.7−8) 式から q_a に寄与する $dT_b/d\rho$ に比例する項を取り出すと，バナナ・プラトー熱輸送係数 χ_a^{bp} は，

$$\chi_a^{bp}=-\frac{\langle\mathbf{q}_{a\perp}^{bp}\cdot\nabla\rho\rangle}{\langle|\nabla\rho|^2\rangle n_a dT_a/d\rho}=\sqrt{\varepsilon}\rho_{pa}^2\,\nu_{aa}\hat{K}_{2a}^{bp} \tag{8.7-9}$$

となり，ここで，

$$\hat{K}_{2a}^{bp}=\frac{B_0^2(\hat{\mu}_{3a}(1-\alpha_{a+3,a}+\alpha_{a+3,a+3})+\hat{\mu}_{2a}(1+\alpha_{a,a}-\alpha_{a,a+3}))}{2\sqrt{\varepsilon}\langle B^2\rangle} \tag{8.7-10}$$

$$\hat{\mu}_{3a}=\frac{\tau_{aa}}{m_a n_a}\mu_{3a},\ \hat{\mu}_{2a}=\frac{\tau_{aa}}{m_a n_a}\mu_{2a},\ \alpha_{ij}=[(\mathbf{M}-\mathbf{L})^{-1}\mathbf{M}]_{ij} \tag{8.7-11}$$

です．(8.7−8) 及び (8.7−9) からイオン熱拡散係数 χ_a^{tot} は，

$$\chi_a^{NC}=\sqrt{\varepsilon}\rho_{pa}^2\,\nu_{aa}\hat{K}_{2a}^{NC},\quad \hat{K}_{2a}^{NC}=\hat{K}_{2a}^{cps}+\hat{K}_{2a}^{bp} \tag{8.7-12}$$

となります．不純物イオンチャンネルで逃げる熱流束も考慮したイオンの実効熱拡散係数 $\chi_{i(tot)}^{NC}$ は，

$$\chi^{NC}_{i(tot)} = \frac{\langle (\mathbf{q}_{i\perp} + \mathbf{q}_{I\perp}) \cdot \nabla\rho \rangle}{\langle |\nabla\rho|^2 \rangle (n_i + n_I) dT_i/d\rho} = \sqrt{\varepsilon}\rho^2_{pi}\nu_{ii}[f_i\hat{K}^{NC}_{2i} + (1-f_i)\alpha\hat{K}^{NC}_{2i}] \qquad (8.7\text{–}13)$$

これに従って新古典イオン熱拡散係数を求めると，不純物が無い場合の Chang-Hinton [8-10] による値は正しいが，Chang-Hinton [8-11] は不純物効果を過大評価していることが分かります．

第8章　参考図書

［8–1］S.P. Hirshman and D.J. Sigmar, Nuclear Fusion 21 (1981) 1079.

［8–2］G.F. Chew, M.L. Goldberger and F.E. Low, Proc. Roy. Soc. A236 (1956) 112.

［8–3］M.Kikuchi, M.Azumi, Plasma Physics and Controlled Fusion, 37 (1995) 1215.

［8–4］S.P. Hirshman, Physics of Fluids 20 (1977) 589.

［8–5］L. Spitzer Jr., "Physics of Fully Ionized Plasma", interscience pub, (1962)：LYMAN SPITZER（山本充義他訳），「完全電離気体の物理」，コロナ社（1963）.

［8–6］S.P. Hirshman, R.J. Hawryluk, B. Birge, Nuclear Fusion 17 (1977) 611.

［8–7］A.A. Galeev and R.Z. Sagdeev, Nuclear Fusion supplement p45 (1972).

［8–8］F. L. Hinton, R.D.Hazeltine, Rev. Mod. Phys. 48 (1976) 239.

［8–9］M. Kikuchi, M. Azumi et al., Nuclear Fusion 30 (1990) 343.

［8–10］C.S. Chang, F.L. Hinton, Physics of Fluids 25 (1982) 1494.

［8–11］C.S. Chang, F.L. Hinton, Physics of Fluids 29 (1986) 3314.

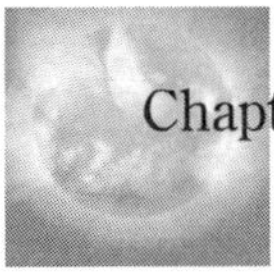

Chapter 9 プラズマの乱れ：自己組織化臨界とその局所破れ

目　次

プラズマ閉じ込め研究においてプラズマの乱流輸送は最先端でありかつ発展途上にあります．ここでは有用と思われる力学系の基本概念を導入しつつ，複雑性科学で注目されている自己組織化臨界現象で説明できる低閉じ込め状態のプラズマの熱拡散と，プラズマの乱流セルを引きちぎるフローシアによって局所的に自己組織化臨界現象が破れ輸送障壁が形成されるという基本的な描像を紹介します．

9.1 "非線形力学の概念":力学系とアトラクター

高温プラズマ中に発生する乱れを理解する上で，力学系のアトラクターの概念は非常に興味深いものです．決定論的法則に従って状態が発展していようような系を「**力学系**」と言います．力学系の運動は，その運動の方程式の変数で作られる「相空間」の中で表現されます．物理の力学と関係なくても，状態がある決定論的法則に従って変化していく場合も「力学系」と呼びます．

力学系には，エネルギーのようなある量が運動中に保存される「**保存系**」と，その量が失われていく「**散逸系**」があります．「散逸系」の運動は十分な時間がたつと特定な軌道や点に落ち着きます．この過渡状態の後の安定した運動状態を「**アトラクター**」と言います．アトラクターには次の4種類があります（図 9.1a）．

[1] **平衡点**：運動が相空間の1点に収束する．

[2] **リミットサイクル**：相空間で周期運動を繰り返す．

[3] **トーラス**：相空間で運動がトーラスに巻き付くように運動する．

[4] **カオスアトラクター**：軌道が永遠に閉じないアトラクター．

平衡点の周りの運動の特性は次のような単純な線形振動系であっても，パラメータ空間 (c, b) 上で興味深い多様性を示します [9–1]（図 9.1b)）.

$$\frac{d^2X}{dt^2} + b\frac{dX}{dt} + cX = 0 \tag{9.1–1}$$

この系は $c<0$, 減衰項 $b=0$ の場合には相図 $(X, \dot{X})$ は $(0, 0)$ が鞍点（不安定平衡点）となります．これに非線形項 $eX^3 (e>0)$ 加えると，$X=\pm(-c/e)^{1/2}$ に2つの**平衡点**（ポイントアトラクター）が現れ，平衡点の周りの運動と2平衡点を囲む運動が生まれます．また減衰項が入るとどちらかの平衡点に向かって漸近します．一方，非線形項 $e(dX/dt)^3$ を加えると，$c>0$, $b<0$ の領域で**リミットサイクル**が生まれます．負の線形減衰 ($b<0$) によって $(0, 0)$ からせん状に外に向かう軌道を生じ，振幅が大きくなると非線形項が支配的になりリミットサイクルの安定軌道に至ります．ここで述べた平面相空間の力学系の最終状態が**平衡**と**リミットサイクル**の2種類しか無いことは Poincare 等によって証明されています．これは，平面上の任意の閉曲線によって，内部領域と外部領域に分割されるという単純な事実によっています．これらは，閉じ込めプラズマ物理における**遷移**の理解を助けます．平面でない2次元相空間構造で重要なものが**トーラス** (torus) です．トーラスは強制振動に伴って

自然に生じるもので，外力と見なせる力が系に働く場合に起こります．そこでは，2 つの低周波数によって生じる**準周期運動**がおこります．このような運動は，わずかな摂動が加わると 2 つの周波数の比が整数になる周波数で**周波数ロッキング**を起こし構造不安定になります．

平衡点の安定性は，6.1 節で述べた**リャプノフ安定性**によって議論されます．リャプノフの定義では，平衡点の全ての近接解が永遠に近接解であれば安定といい，$t \to \infty$ で全ての解が平衡点に近づけば**漸近安定**（Asymptotically stable）と言います．系を記述する方程式に微小な摂動を与えたときの流れが位相的に（topologically）同一であるとき，系は「**構造安定**」であると言います．

系を記述する方程式に含まれるパラメータ μ が変化する時，発展方程式の線形化方程式 $\dot{\mathbf{x}} = \mathbf{F}(\mathbf{x}, \boldsymbol{\mu})$ の固有値は，複素平面上である軌跡を描きます． $\mu = \mu_0$ の時固有値は全て左半面にあるとして，μ を増やしたときに虚軸を横切るとき「**分岐**」がおこります．

固有値が 1 個だけの場合，固有値は実軸上を動きます．虚軸を横切る時に起こる分岐は「**フォールド分岐**」と呼ばれます．フォールド分岐は，構造安定な分岐であるという特徴を持っています．固有値が 2 個の場合，固有値はお互いに複素共役で，虚軸を横切る時に起こる分岐は「**ホップ分岐**」と言います．ホップ分岐が起こる例として，

$$\frac{d^2X}{dt^2} - \mu \frac{dX}{dt} + X + \left(\frac{dX}{dt}\right)^3 = 0 \qquad (9.1\text{–}2)$$

で表される非線形減衰振動系を考えてみます． $\mu < -2$ では原点は漸近安定点になり， $-2 < \mu < 0$ では原点は安定らせんとなります．さらに，$0 < \mu$ では原点は不安定らせんで，流れは新たに生まれたリミットサイクルに吸引されます（図 9.1c）．

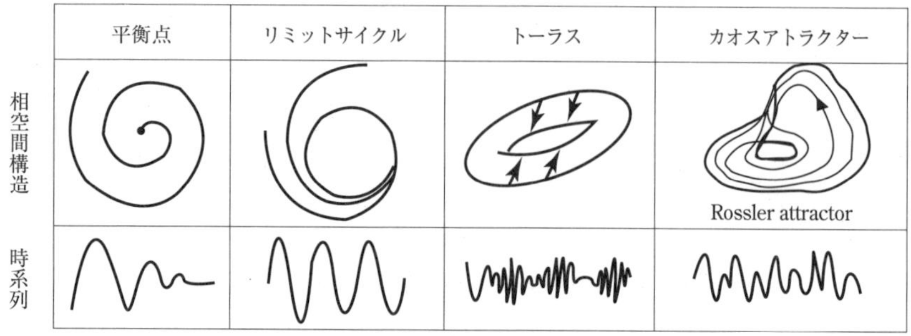

a）力学系のアトラクターの相空間構造と時系列波形

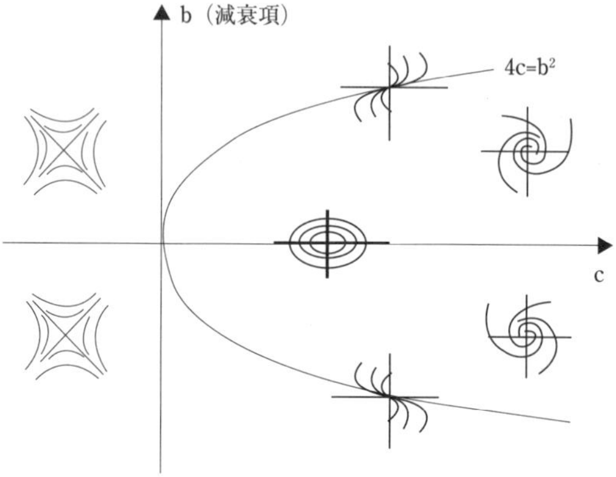

b）線形力学系（9.1–1）のパラメータ空間（c, b）上での相空間構造

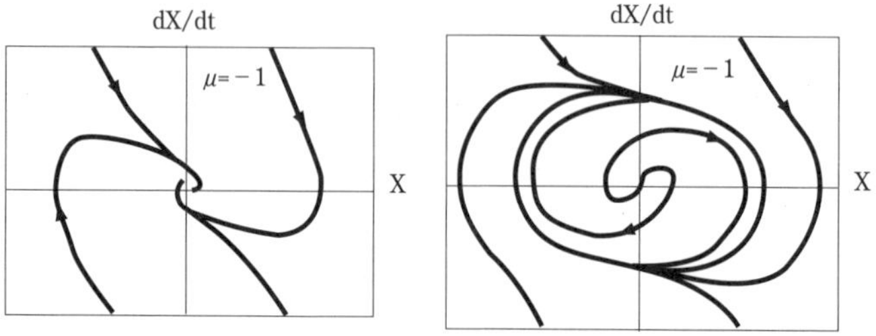

c）（9.1–2）においてホップ分岐（$\mu=0$）前（$\mu=-1$）の相図と後（$\mu=1$）のリミットサイクル

図 9.1　力学系におけるアトラクター分類，2 階常微分方程式系の相空間構造及びホップ分岐によるリミットサイクル事例

9.2 "自己組織化臨界"：乱流熱輸送と臨界温度勾配

プラズマの熱輸送の研究は核融合研究が開始されて以来，長く行われてきましたが，複雑で非線形な過程であることからそこに内在する様々な機構の解明には至っていませんでした．近年，波と波の相互作用が生み出す帯状流やストリーマがジャイロ運動論シミュレーションで明らかにされ，次第に現象が整理されてきました．また，実験でも臨界温度勾配の存在が，電子サイクロトロン加熱を用いた局所加熱実験によって明らかにされています．

閉じた磁場配位を用いたプラズマ閉じ込めでは，中心部にエネルギーを供給（**加熱**という）し，プラズマの温度を数億度に高める一方，閉じた磁場の境界ではプラズマ温度を十分低くする（といっても数百万度内外）必要があることから，空間的に大きな温度勾配が発生します．高温プラズマでは，7.5節に述べた**イオン温度勾配ドリフト波**（ITG-drift wave）や**電子温度勾配ドリフト波**（ETG-drift wave），**捕捉電子モード**（TEM）が不安定になり得ますが，熱対流と同様温度勾配がある閾値 $(dT/dr)_c$ を超えると不安定になるという性質を持っています（ノート1，2参照）．これを**臨界温度勾配**と言います．電子系のジャイロ運動論シミュレーション [9-2] での興味深い観測は，プラズマ乱流構造が磁場のシアに強く依存することです．図9.2a）に示すように磁場のシアが無い領域（負磁気シアプラズマで q_{min} 近傍）では，7.3節で述べた**長谷川—三間方程式**で記述される**2次元乱流構造**をもち，スペクトルの**逆カスケード**によって**帯状流**が発生します．一方，正磁気シア領域では径方向のモード間結合によって径方向に伸びた**ストリーマ**を生み出し，乱流は**3**次元構造を持ち間歇的な熱輸送が生まれます．その様は，まさに砂山の雪崩と同じ状況になります．

電子系では電子温度がイオン温度より低いか同程度ではETGドリフト波が不安定になり，電子温度がイオン温度より高いとTEMが不安定になります．図9.2b）はTEMが不安定になるような実験条件下での電子系の熱輸送の実測結果です [9-3]．臨界温度勾配 R/L_{Te}~$2.5(L_{Te}=-T_e/dT_e/dr)$ があり，$R/L_{Te}<2.5$ では輸送係数は極めて小さく，$R/L_{Te}>2.5$ では急速に輸送係数が大きくなっていることが分ります．

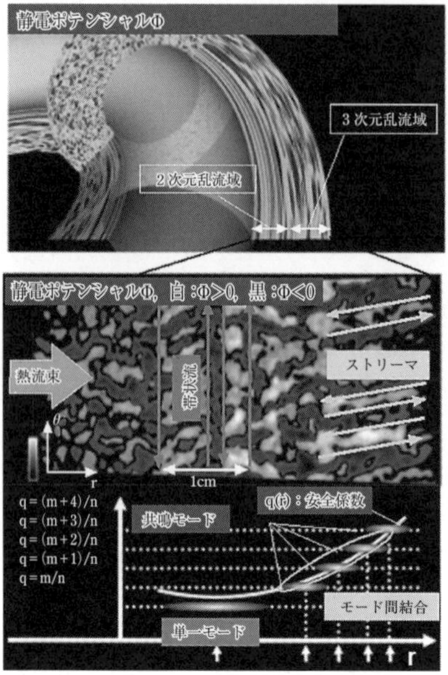

図 9.2a) 電子系乱流の空間構造 [9-12]

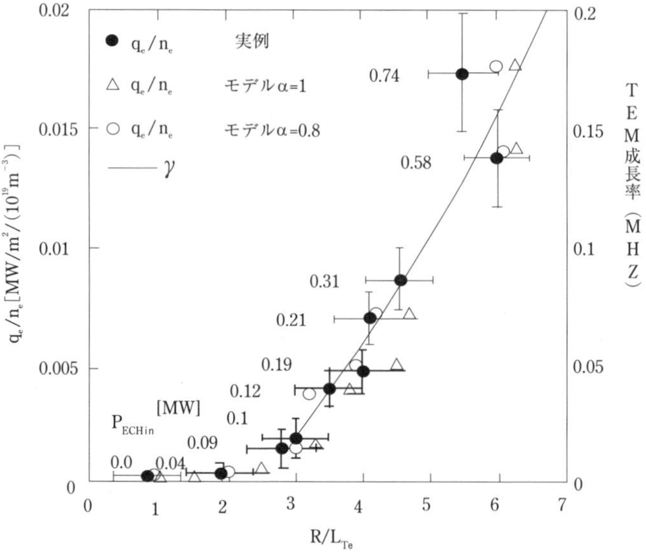

図 9.2b) 臨界温度勾配輸送の実験検証例 [9-11]

▶ノート 1：散逸構造と Bernard 対流セル [9-4]，[9-5]

核融合を目指した閉じた磁場配位は，力学平衡としては閉じた系になっていますが，熱的には**開放系**となっています．**閉鎖系**ではいずれは熱平衡に達し平衡構造が形成されるのに対し，**開放系**では駆動力がある限り平衡からずれた状態を保てます．開放系の駆動力によって生じる様々な形や運動を I. Prigogine は**散逸構造**と名付けました [9-4]．その典型例として Bernard 対流セルをあげています．重力下の熱対流は，温度差 ΔT に比例する無次元量である**レイリー数** R が臨界値 R_c を超えると線形不安定になり**対流セル**という構造が現れます [9-5]．

$$\frac{\partial u}{\partial t}+\frac{1}{P_r}(u\cdot\nabla u)=-\frac{1}{P_r}\nabla p+\nabla^2 u+RkT$$

$$P_r\frac{\partial T}{\partial t}+(u\cdot\nabla)T=\nabla^2 T,\ \nabla\cdot u=0 \tag{9.2-11}$$

ここで，$R=(g\alpha d^4/\kappa\nu)|\Delta T/\Delta z|$ はレイリー数，$P_r=\kappa/\nu$ は**プラントル数**，g は重力加速度，α は熱膨張率，κ は熱伝導率，ν は動粘性率，d は縦方向厚み，$\Delta T/\Delta z=(T_1-T_2)/d$．

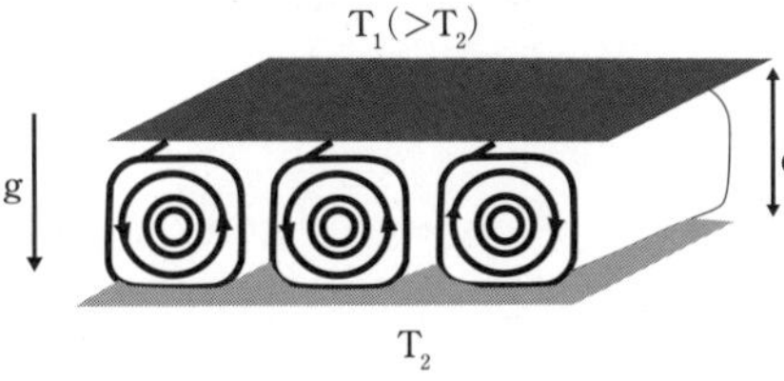

ノート 1　Bernard 対流セル

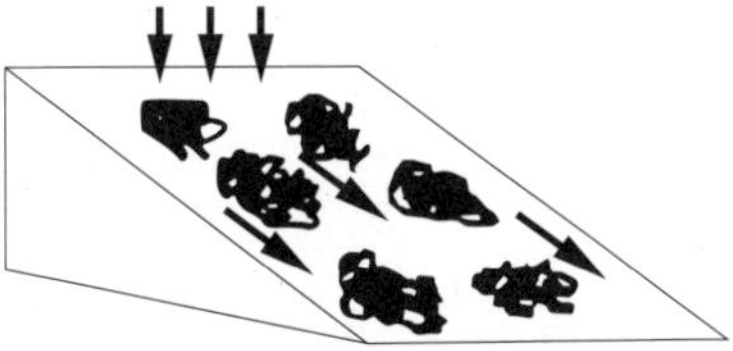

ノート 2　砂山の自己組織化臨界状態

▶ノート 2：臨界現象と自己組織化臨界 [9-6]，[9-7]，[9-8]

臨界現象は熱平衡系の**相転移**，例えば**磁性体**の常磁性—強磁性相転移で観測されます [9-6]．結晶の格子に定義された磁化 u_j は $T>T_c$ で 0，$T<T_c$ で $u_j=a(T-T_c)$ となります．この時，$\kappa=\kappa_0((T-T_c)/T_c)^{1/2}$ として，揺らぎの空間相関長は $1/\kappa$ となり $T\to T_c$ で $1/\kappa$ は発散します．つまり，**臨界状態**ではある点が揺らいだ効果が長距離まで及ぶようになります．

一方，統計力学の教えるところによると熱平衡状態にある系の揺らぎは一般に**ガウス分布**に従います．ランダムウォークからガウス分布に至る過程をチェックすると，ガウス分布 $P(x)=\exp(-\beta x^2)$ に至るのは特殊な場合であることに気づきます．非平衡開放系では，$P(x)=x^{-n}$ という冪乗則が良く現れます．砂山は砂を積み上げていくとある臨界勾配に達した時雪崩をおこし，その大きさと頻度の関係は冪乗則 x^{-2} に従います．Per Bak [9-7] はこのような状態を**自己組織化臨界状態**と呼びました．また，地震の頻度と規模（マグニチュード M と M 以上の地震の年発生回数）の関係は有名な Gutenberg-Richter 則 $f^{-\beta}(\beta\sim0.94)$ 従います [9-8]．

9.3 “カオスアトラクター”：ドリフト波乱流における 3 波相互作用

7.3 節で述べたように，ドリフト波乱流は多数の 3 波相互作用の結果と見ることができます．プラズマの乱流状態は不安定性が成長しているというより，非線形過程によって振動が存在する状態が自然な（落ち着いている）状態にあります．その挙動を理解するには，相空間の構造を調べることが大事になります．3 波相互作用が主要なプラズマ乱流の飽和状態は，相空間上では**カオスアトラクタ**の構造を持つと考えらえます．静電ポテンシャルのフーリエ展開を，

$$\tilde{\Phi}(\mathbf{x}, t) = \sum_{k} \tilde{\Phi}_k(t) \exp(i\mathbf{k}\cdot\mathbf{x}) \tag{9.3-1}$$

と展開すると，非線形性は波数 $\mathbf{k}_1$, $\mathbf{k}_2$ を持った波の相互作用として表せます．

$$\mathbf{k} = \mathbf{k}_1 + \mathbf{k}_2 \tag{9.3-2}$$

$k_{/\!/} \neq 0$ を仮定しているものの本質的に 2 次元乱流を記述する長谷川—三間方程式 (7.5−14) は $\mathbf{k}_\perp \rightarrow \nabla_\perp$ と変換すると，

$$(1 - \rho_s^2 \nabla^2)\frac{\partial \tilde{\Phi}}{\partial t} + v_{de}\frac{\partial \tilde{\Phi}}{\partial y} - [\tilde{\Phi}, \rho_s^2 \nabla^2 \tilde{\Phi}] = 0 \tag{9.3-3}$$

$$\rho_s^2 = \frac{m_i T_e}{e^2 B^2}, \ [\tilde{\Phi}, \tilde{\Psi}] = e_z \cdot \nabla\tilde{\Phi} \times \nabla\tilde{\Psi} \tag{9.3-4}$$

となります．長谷川—三間方程式は電子の応答としてボルツマン分布 (7.5−11) を仮定していることから本質的に保存系で，乱流の質量 $\mathcal{M}$，エネルギー $\mathcal{W}$，ポテンシャルエンストロピー $\mathcal{U}$ が保存されます．

$$\mathcal{M} = \int [\tilde{\Phi} - \rho_s^2 \nabla_\perp{}^2 \tilde{\Phi}]\,dxdy \tag{9.3-5}$$

$$\mathcal{W} = \frac{1}{2}\int [\tilde{\Phi}^2 + \rho_s^2 (\nabla_\perp \tilde{\Phi})^2]\,dxdy \tag{9.3-6}$$

$$\mathcal{U} = \frac{1}{2}\int [(\nabla_\perp \tilde{\Phi})^2 - \rho_s^2 (\nabla_\perp{}^2 \tilde{\Phi})^2]\,dxdy \tag{9.3-7}$$

散逸を含む 2 次元乱流の方程式は長谷川—若谷 [9-9] によって与えられましたが，ここでは Horton-Ichikawa [9-10] に従って散逸の効果を考えます．散逸を含む 2 次元ドリフト波乱流は，長谷川—三間方程式 (9.3−3) に散逸項を加えた次式で表せます．

$$(1+\mathcal{L})\frac{\partial\tilde{\Phi}}{\partial t}+v_{de}\frac{\partial\tilde{\Phi}}{\partial y}+\hat{\gamma}_i\tilde{\Phi}+[\tilde{\Phi},\mathcal{L}\tilde{\Phi}]=0 \tag{9.3–8}$$

$$\mathcal{L}=\mathcal{L}_h+\mathcal{L}_{ah}=-\nabla^2+\delta_0(c_0+\nabla^2)\frac{\partial}{\partial y}$$

ここで，$\hat{\gamma}_i$ はイオンランダウ減衰や減衰波との結合による波の減衰率です．$\mathcal{L}_h=-\nabla^2$ はエルミート作用素で，散逸の効果は非エルミート作用素 $\mathcal{L}_{ah}=\delta_0(c_0+\nabla^2)\partial/\partial y$ で表されます．相互作用する 3 ドリフト波の静電ポテンシャルを $\varphi_j(t)=\varphi_{k_j}(t)$ $(j=1,2,3)$ として，振幅 a_j と位相 ζ_j を次式のように導入します．

$$(1+k_j^2)^{1/2}\varphi_{k_j}(t)=a_j(t)\exp[i\zeta_j(t)] \tag{9.3–9}$$

そうすると 3 波の振幅 a_1, a_2, a_3 と全位相 $\zeta=\zeta_1+\zeta_2+\zeta_3$ に対する次のような方程式が得られます．

▶ノート：2 次元，3 次元等方性乱流 [9–11]，[9–12]，[9–13]

ドリフト波のようなプラズマ中の乱れは波数空間では単一の波数を持っているわけでなく，波数空間であるスペクトルを持っています．プラズマ中の乱れの駆動力がある波数領域で起こるとすると，波数空間で波数の大きい方向にエネルギーの流れができます．これは流体としての特徴を持つプラズマでは，$\mathbf{u}\cdot\nabla\mathbf{u}$ という非線形項が最初の波数の倍の波を生み出すことで高い波数領域への流れが生み出されるのです．

小さい波数に入った乱れのエネルギーは散逸の効果が無視できる**慣性領域**を通り，更に高波数領域に達すると**散逸領域**で熱エネルギーとして散逸します．乱流のスペクトルが良く分ったものとして**一様等方性乱流**があります．これは，座標の移動，回転，反射によっても乱流の統計的性質が変わらないものを言います．一様等方性乱流の慣性領域のスペクトルは，Kolmogolov [9–11] によって次のように求められています．これを**コルモゴロフスペクトル**と言います．

$$F(k)=Ck^{-5/3} \tag{9.3–12}$$

閉じ込めプラズマでは，磁場があるために磁力線に垂直方向のみに乱流が発達することがあります．この場合は乱流現象が 2 次元的になり，**2 次元乱流**と言います．3 次元乱流である一様等方性乱流とは全く異なる特性を持ちます．

1）乱れのエネルギーの流れは高波数側から低波数側で 3 次元乱流とは逆．

2）一様等方性 2 次元乱流の慣性領域における波数スペクトルは k^{-3} に比例．

$$\frac{da_j(t)}{dt} = \gamma_j a_j - A a_k a_l (F_j \cos\zeta + G_j \sin\zeta) \tag{9.3-10}$$

$$\frac{d\zeta}{dt} = -\Delta\omega + A\sum_{jkl}\frac{a_k a_l}{a_j}(F_j \sin\zeta - G_j \cos\zeta) \tag{9.3-11}$$

ここで，$\Delta\omega = \omega_1 + \omega_2 + \omega_3$ です．散逸が無い場合には，(9.3–10)，(9.3–11) は可積分 (保存量がある) ですが，散逸がある場合には系は非可積分になりカオス的になります．その場合の系の落ち着き先は不動点がある場合には $\dot{a}_j = 0$, $\dot{\zeta}_j = 0$ で決まります．

以上の議論は2次元乱流の場合ですが，良く知られているように2次元乱流と3次元乱流では本質的に異なる様相を示します．2次元乱流構造は磁気シアが0に近い時の電子系乱流で観測されます．磁気シアがあると，多数のポロイダルモードが結合し，乱流は3次元的になり電子系では顕著な構造として**ストリーマ**が形成されます．

9.4 "構造形成"：シア流による乱流抑制と帯状流

プラズマ中に発生するドリフト波乱流による対流セルは，セルの大きさをステップ長とする熱・粒子輸送を起こします．この対流セルは径電場 E_r による $v_E = E/B$ ドリフトを受けますが，v_E が径方向に変化していると図 9.4a) に示すように対流セルの両端で移動量が異なり，時間とともに分断されてしまいます．分断率は dv_E/dr に比例します．トカマクでは新古典粘性のためにポロイダル回転は小さく抑えられますが，v_E そのものに制約は無いので**径電場シア**があると乱流が抑制される

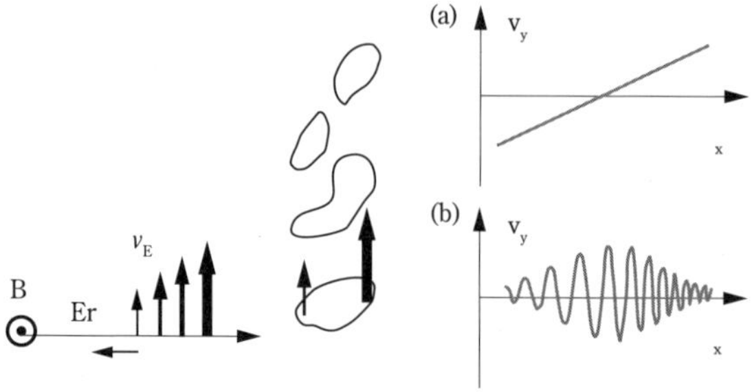

図 9.4 a) 対流セルと径電場シアによる対流セルの分断 (左)，新古典シア流と乱流が作る帯状流の模式図 [9–16]

ことになります [9–14].

ドリフト波乱流は前節に述べたように，3波相互作用によって幅広いスペクトルが形成されますが，ITG乱流や磁気シアがない場合のETG/TEM乱流では波数が近いドリフト波が相互作用して，$m=n=0$，$k_{/\!/}=0$ が形成されることがありこれを**帯状流**と言います．Rosenbluth-Hinton [9–15] によると，無衝突プラズマで帯状流は減衰せずに残ることができ，乱流の飽和レベルを抑制します．

$m=n=0$ のポテンシャル摂動がトロイダル効果によって $m=1, n=0$ の密度摂動と結合すると，GAM (Geodesic Acoustic Mode) と呼ばれる低周波数振動が生まれます．このモードは安全係数 q が高い場合に発生しやすいことが分っています [9–17].

帯状流の生成機構は電子系とイオン系で異なります．前節に述べたように弱いシアプラズマでは電子系乱流は2次元乱流になり，密度勾配があると逆カスケードによって帯状流が生まれます [9–18] が，シアがあると3次元的になり，帯状流は生まれにくいことが知られています．一方，イオン系 (ITGモード) では，磁気シアがあっても帯状流が生まれます．トカマクでは，ダブル周期境界条件の制約からドリフト波も**バルーニング固有関数**の構造を持ちます．ドリフト波乱流のポンプ波は一様振幅近似が成り立ち，

$$\tilde{\Phi}_0(\mathbf{x}, t) = \exp(-in\zeta - i\omega_0 t)\sum_m \tilde{\varphi}_0(m-nq)\exp(im\theta) + c.c. \qquad (9.4\text{–}1)$$

と表せます．この時，**変調不安定性** (Modulational Instability) によって帯状流 ($\tilde{\Phi}_{ZF}$) とサイドバンド ($\tilde{\Phi}_+, \tilde{\Phi}_-$) が生まれます [9–16]．$q_r$ を径方向波数として

$$\tilde{\Phi}_{ZF}(\mathbf{x}, t) = \exp(iq_r r - i\Omega t)\tilde{\varphi}_{ZF} + c.c. \qquad (9.4\text{–}2)$$

$$\tilde{\Phi}_+(\mathbf{x}, t) = \exp(-in\zeta - i\omega_0 t + iq_r r - i\Omega t)\sum_m \tilde{\varphi}_+(m-nq)\exp(im\theta) + c.c. \qquad (9.4\text{–}3)$$

$$\tilde{\Phi}_-(\mathbf{x}, t) = \exp(-in\zeta + i\omega_0 t + iq_r r - i\Omega t)\sum_m \tilde{\varphi}_-(m-nq)\exp(im\theta) + c.c. \qquad (9.4\text{–}4)$$

となります．また，帯状流の成長は次式で表せます．

$$\frac{\partial V_{\theta,ZF}}{\partial t} = \frac{\partial}{\partial r}\langle \tilde{v}_\theta \tilde{v}_r \rangle - \gamma_{damp} V_{\theta,ZF} \qquad (9.4\text{–}5)$$

ここで，$V_{\theta ZF}$ は帯状流の速度，$\tilde{v}_\theta \tilde{v}_r$ はポロイダル，径方向揺動速度，γ_{damp} は帯状流の減衰率です．(9.4–5) の右辺第1項は**レイノルズ応力**と言います．帯状流や

GAM はトーラスプラズマで実測されており閉じ込め改善の主要機構と考えられています [9–19]．JT–60 では最初の内部輸送障壁（ITB）の観測 [9–20] 以来，図 9.4b) i)，ii) に示すように多くの ITB 形成を観測しています [9–21]，[9–22]．また，図 9.4b) iii) に示すように自己組織化臨界状態に共通の長い相関長が L モードで観測されるとともに，ITB 形成で相関長が極めて短くなることも見いだしています [9–23]．このように，E_r シアの形成によって自己組織化臨界状態が局所的に緩和され，プラズマ中に ITB という“構造形成”が起こります．

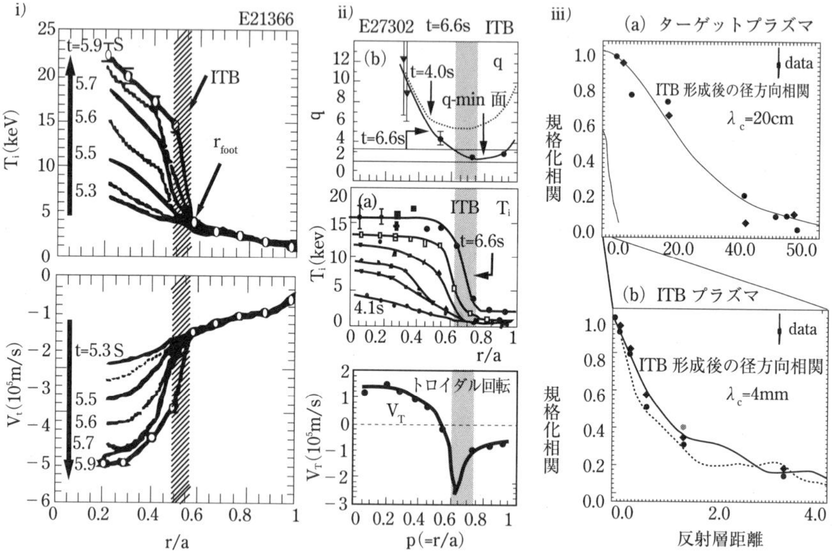

図 9.4　b) i) JT–60 における正磁気シアプラズマの内部輸送障壁形成過程 [9–21]，ii) 負磁気シアプラズマの内部輸送障壁形成過程 [9–22]，iii) 内部輸送障壁形成前後の径方向相関測定 [9–23]．

第 9 章　参考図書

[9–1] J. M. Thompson and H. B. Stewart, "Nonlinear Dynamics and Chaos - Geometrical Methods for Engineers and Scientists", John Wiley & Sons Ltd. (1986)：J. M. Thompson, H. B. Stewart（武者利光，橋口住久訳），「非線形力学とカオス」，オーム社（1988）．

[9–2] Y. Idomura, et al., Nuclear Fusion 45 (2005) 1571，図の一部は井戸村氏の好意による．

[9–3] F. Ryter, et al., Phys. Rev. Lett. 95 (2005) 085001.

[9–4] G. Nicolis and I. Prigogine, "Self-organization in non equilibrium systems", John Wiley and Sons (1977)：G. ニコリス，I. プリゴジン（安孫子誠也，北原和夫訳），「複雑性の探究」，みすず書房（1993）．

[9–5] S. Chandrasekhar, "Hydrodynamics and Hydromagnetic Stability", Dover Publication inc. (1961).

[9–6] 太田隆夫，「非平衡系の物理学」，裳華房（2000）．

[9–7] P. Bak et al., Phys. Rev. A38 (1988) 364.

[9–8] 井庭崇，福原義久，「複雑系入門」，NTT 出版（2001）．

[9–9] A. Hasegawa, M. Wakatani, Phys. Rev. Lett. 59 (1987) 1581.

[9–10] W. Horton, Y-H Ichikawa, "Chaos and Structures in Non-linear Plasmas", World Scientific (1996).

[9–11] A. N. Kolmogorov, Doklady Akad. Nauk SSSR 30 (1941) 9.

[9–12] 有田正光，「流れの科学」，東京電機大学出版局（1998）．

[9–13] 後藤俊幸，「乱流理論の基礎」，朝倉書店（1997）．

[9–14] H. Biglari, P. H. Diamond, P. W. Terry, Phys. Fluids B2 (1990) 1.

[9–15] M. N. Rosenbluth, F. Hinton, Phys. Rev. Lett. 80 (1998) 724.

[9–16] P. H. Diamond, S-I Itoh, K. Itoh, T. S. Hahm, PPCF 47 (2005) R35.

[9–17] N. Miyato, Y. Kishimoto, J. Q. Li, Nuclear Fusion 47 (2007) 929.

[9–18] Y. Idomura, Phys. Plasma 13 (2006) 080701.

[9–19] A. Fujisawa, Nuclear Fusion 49 (2009) 1.

[9–20] Y. Koide, M. Kikuchi, et al., Phys. Rev. Lett. 72 (1994) 3662.

[9–21] Y. Koide, S. Ishida, M. Kikuchi, et al., Proc. 15th FEC, Seville, 1994, Vol. 1, 199–210 (1994).

[9–22] T. Fujita et al., Nuclear Fusion 38 (1998) 207.

[9–23] R. Nazikian, K. Shinohara, G. J. Kramer, E. Valeo et al., Phys. Rev. Lett. **94**, 135002 (2005).

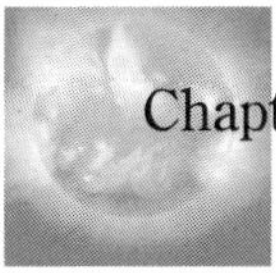

Chapter 10 核融合エネルギーの実現に向けて

目　次

本章では，エネルギー研究開発としての核融合について述べます．特に，エネルギー環境問題と核融合エネルギー，核融合主要3方式のプラズマ閉じ込め研究の進展，そしてトカマク方式でDT核融合エネルギーの発生とその制御を目指す実験炉ITERと原型炉に向けてITERを補完する幅広いアプローチについて概観します．また，今世紀中に二酸化炭素排出を大幅に削減することを目標とする場合のエネルギー需給構造の変革と核融合が果たし得る役割について述べます．

10.1　エネルギー環境問題と核融合エネルギー

核融合エネルギーは，二酸化炭素を発生しないエネルギー源として今再び脚光を浴びようとしています．地球は人類が知る限りにおいて唯一生命が存在する惑星です．46億年前に誕生した地球は，地磁気，そしてオゾン層を生み出し，太陽から降り注ぐ有害な放射線のほとんどを遮り，生命にとって有益な光エネルギーのみを地上に降り注ぐような環境を実現しました．一方で，46億年前には数10気圧の二酸化炭素による温室効果により高温状態であった地上は，その濃度を0.0003気圧に低下させることによって，二酸化炭素による温室効果を下げ動植物が生きていく温度環境を作り上げました（現在の大気中には炭素は0.75兆トンが残されているに過ぎません）．**化石燃料資源**とは数十億年をかけて地中に固定された炭素です．人類のエネルギー利用の歴史にとって20世紀は重大な転換期でした．**産業革命**（1760-1800年）によってもたらされた**機械化文明**は，エネルギーの大量消費をもたらし，それまでの薪，木炭等の自然エネルギーから，石炭－石油，天然ガスへとエネルギー利用形態の拡大をもたらしました．化石燃料資源の利用の拡大は先進諸国において著しく進みましたが，一方で大量の CO_2 排出（1999年で63.2億トン）を起こしています．これまでの先進国を中心としたエネルギー消費は序の口で，世界人口の3/4を占める途上国が先進国の豊かさを求めてエネルギー利用を拡大することで，21世紀に一層本格的な**エネルギー濫費時代**が訪れようとしています．化石エネルギーは在来型と非在来型を合わせると約5兆トンあり，これを燃焼させると大気中の6.4倍の CO_2 が発生します（図10.1a)）．

大量のエネルギー消費に伴う膨大な二酸化炭素の大気への排出は，地球環境に大

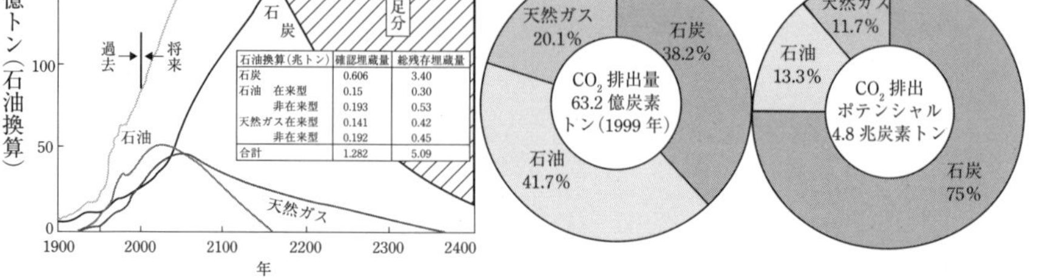

図10.1a)　化石燃料資源によるエネルギー供給シナリオ検討例 [10-1] と1999年における世界の CO_2 排出量と残存資源による CO_2 排出ポテンシャル [10-2]

きな影響を及ぼしつつあります．大気中に排出されたCO_2の約半分が大気中に残ります．大気中CO_2濃度の測定は，チャールズ・キーリングにより1957年からハワイ・マウナロア山頂のマウナロア観測所で開始され，大気中のCO_2濃度の着実な上昇が示されました．彼は，カリフォルニア州サンディエゴ市近郊ラホヤにあるスクリプス海洋学研究所の研究者でしたが，海洋のCO_2吸収作用の究明の基礎データとして大気中CO_2濃度の観測を始めたことがこの重要な発見に繋がったのです．

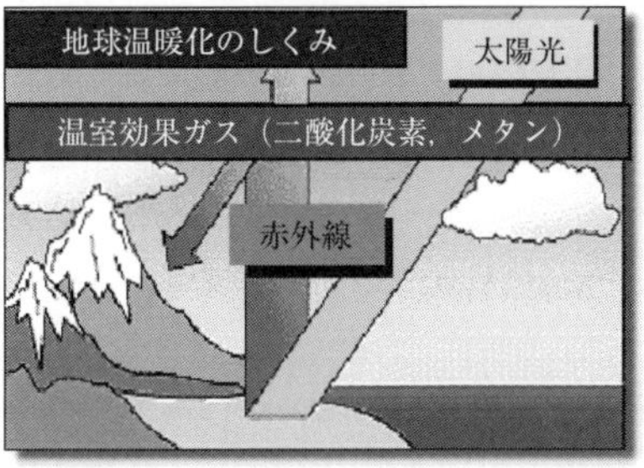

図 10.1b)　温室効果ガスによる温室効果による地球温暖化の仕組みの概念図

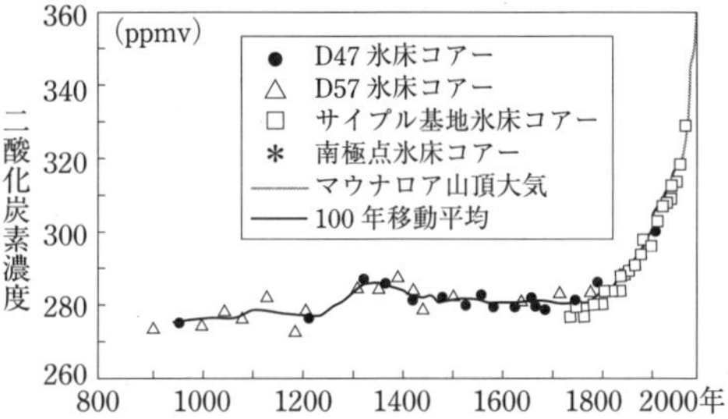

図 10.1c)　過去千年間のCO_2大気中濃度推移 [10-3]

1988年には，地球温暖化に関する政府レベルの検討の場として，国連の下に**IPCC（Intergovernmental Panel on Climate Change；気候変動に関する政府間パネル）**が設立され，1990，95，2001，07年に第1次～第4次評価報告書を作成しました．図10.1c）はIPCC第二次評価報告書における過去千年間の大気中CO_2濃度変化です．さらに2007年の第四次報告書では，人類の経済活動の拡大に伴う温室効果ガスの排出増が気候変動の主な要因であるとの合意が形成されました．

地球温暖化を防止するには，21世紀中には化石エネルギーから脱却し低炭素社会を実現する必要があります．クリーンなエネルギーとして電力と水素が注目されていますが，電力や水素を生み出す時にCO_2排出量が少ないエネルギー源を用いる必要があります．電力量kWh（キロワット時）あたりのCO_2排出量を**CO_2排出原単位**と言いますが，図10.1d）に示すように核融合は，水力，軽水炉に次いでCO_2排出原単位の低いエネルギー源とみなされています．軽水炉や高速炉では，反応に伴って生まれるヨウ素131が特定臓器に蓄積しやすいことから，空気中の（許容）**濃度限度**が低く，百万キロワットプラントから生まれるヨウ素が与えうる**人体障害能**に比べ，同規模の核融合炉のトリチウムがもつ人体障害能は約千分の1となります（図10.1e）．そのため，核融合エネルギーは放射線の観点からも優れたエネルギー

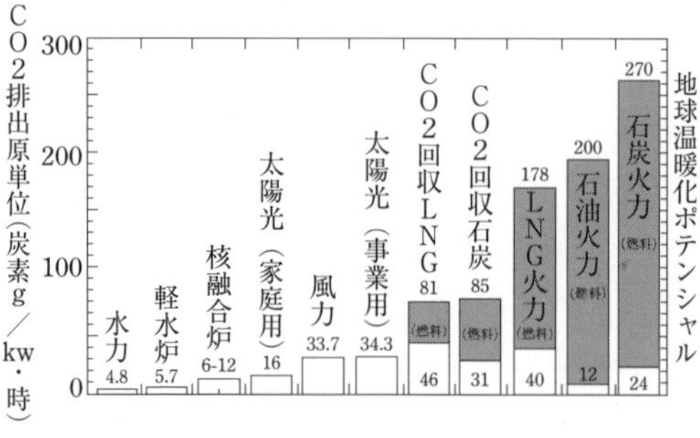

図 10.1d)　火力，自然エネルギー，軽水炉，核融合の CO_2 排出原単位 [10–4]

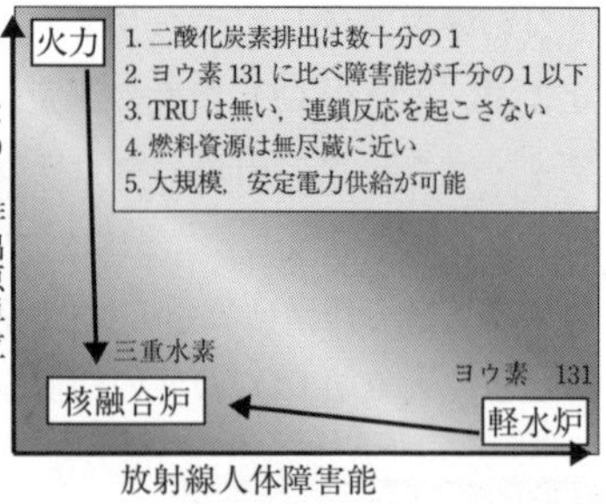

図 10.1e)　放射線人体影響と CO_2 排出から見た核融合，火力，軽水炉の比較 [10–4]，[10–5]

源とみなせます．

人類の長い歴史から見ると，現在の大量エネルギー消費時代は一瞬に過ぎません（図 10.1f）参照）．一瞬に過ぎる化石エネルギー時代から非化石エネルギー時代に移行するのは，まだ化石エネルギーがある今しかありません．単一エネルギー源に依存することは，石油ショック等の経験が教えるように**エネルギー安全保障**上望ましくありません．エネルギー源を多様化しエネルギー安全保障を確実にすることが求められます．この観点から，**再生可能エネルギー**，**核分裂エネルギー**，そして**核融合エネルギー**の利用を促進することによって人類の長期的なエネルギー供給を図ることが望まれます．

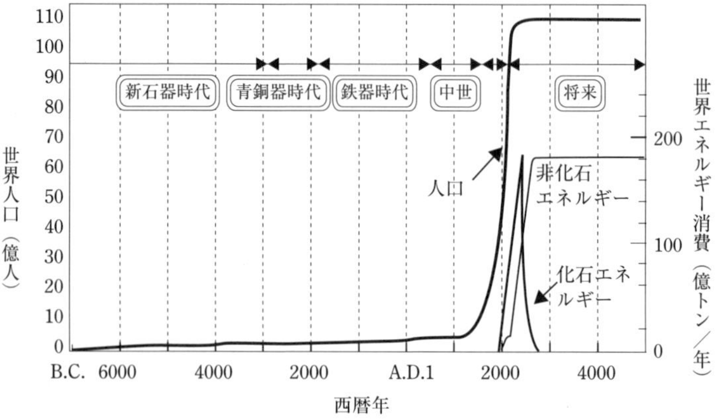

図 10.1f)　新石器時代以降の人口とエネルギー消費推移の一シナリオ [10–5]

10.2　核融合プラズマ条件と主要 3 方式の閉じ込め研究の進展

第 2 章で述べた DT 核融合反応を起こすにはプラズマ温度を数億度まで上げる必要があります．核融合プラズマ条件としては温度だけでなく，核融合反応で得られるエネルギーに対して高温を保つために外から投入するエネルギーの比（エネルギー増倍率）が十分大きいことが必要となります．このため，プラズマの熱エネルギーの保温時定数（エネルギー閉じ込め時間と言います）と，反応率に影響する燃料密度（イオン密度）の積が重要になります．反応はプラズマ中心部で起こり易いために，横軸を中心イオン温度，縦軸を閉じ込め時間と中心イオン密度の積に取った図で核融合炉条件が決まります．この条件を導いた英国の物理学者，**J. D. ローソン**にちなんで**ローソン図**とよばれます．

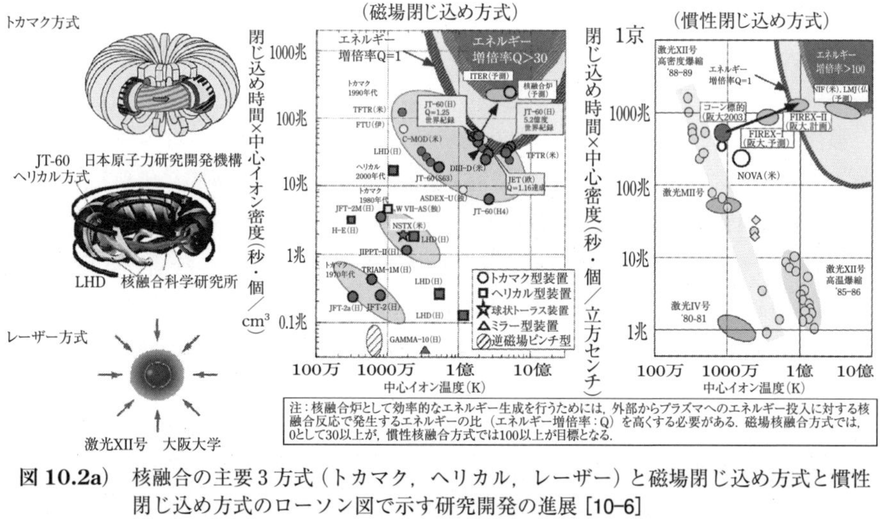

図 10.2a）　核融合の主要 3 方式（トカマク，ヘリカル，レーザー）と磁場閉じ込め方式と慣性閉じ込め方式のローソン図で示す研究開発の進展 [10–6]

図 10.2a）でわかるように，トカマクプラズマの閉じ込め性能は装置の大型化に伴って 1970 年代，1980 年代，1990 年代に急速に向上し，等価エネルギー増倍率 Q＝1（実燃料を使っていないので等価値）の線まで達しています．その先頭に位置するのが，日本の大型トカマク装置 JT–60 です．JT–60 と同程度の性能のトカマク装置は，英国に設置された欧州共同利用装置 JET と米国プリンストンプラズマ物理研究所に設置された TFTR（すでに停止）と日米協力で建設しその後米国が独自に改

造したジェネラル・アトミックス社のDIII-D装置があります．それらに次ぐ性能を持ったトカマク装置としては，ドイツマックス・プランクプラズマ物理研究所（ガルヒン）のASDEX-U装置や，米国マサチューセッツ工科大学（MIT）のAlcator C-MOD等があります．近年，アジアでは中国，韓国，インドが続々と長時間運転を目指して超伝導トカマク（中：EAST装置，韓：KSTAR，インド：SST−1）を建設しています．これらの成果を踏まえて実際にDT燃料を用いて50万キロワットの核融合熱出力を実現するITER計画が動きだしています．

日本のヘリカル方式の研究は，京都大学旧ヘリオトロン核融合研究センターでのヘリオトロンEを含む一連の研究を踏まえ，世界最大のヘリカル装置LHDを自然科学研究機構核融合科学研究所に建設し，ヘリカル装置として世界最高性能を達成しています．ドイツでは，LHDとは異なる磁場の最適化手法を用いた先進ヘリカル装置ベンデルシュタイン7X装置をマックス・プランクプラズマ物理研究所（グライフスワルド）に建設中で，2014年の完成を目指しています．先進ヘリカル装置は京都大学エネルギー理工学研究所にもHeliotron Jが設置されており，ヘリカル系の磁場最適化を目指して研究が進められています．

慣性閉じ込めの代表であるレーザー方式は，大阪大学レーザーエネルギー学研究センターで1980年代に激光XII号で固体密度の600倍という爆縮に成功し，さらに高温化を目指して中心部に超短パルスレーザーを打ち込んで中心部を加熱する高速点火方式の実験に取り組んでいます．現在建設と実験が進められているFIREX−Iが計画目標を達成した場合には，FIREX−IIを進めるとしています．同様の計画は英国（HiPER計画）等でも提案されています．従来の爆縮だけの方式（中心点火方式）による大型のレーザー核融合装置NIF（米国）やLMJ（仏）の完成も近いことから，その結果が注目されています．図10.2f）には，ITERを含む世界の主要核融合装置の設置地を示します．

図 10.2b)　ITER への貢献を目指して実験運転を開始した中国の超伝導トカマク EAST（合肥）[10-7]

図 10.2c)　ITER への貢献を目指して実験運転を開始した韓国の超伝導トカマク KSTAR（大田）[10-8]

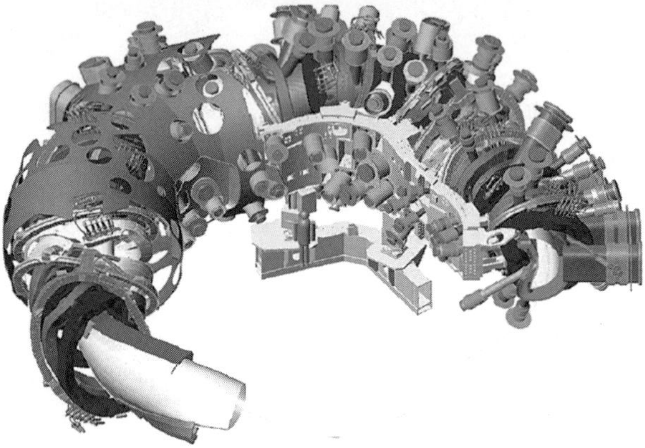

図 10.2d)　マックス・プランクプラズマ物理研究所（グライフスワルド）と建設中の先進ヘリカル装置ベンデルシュタイン 7X 鳥瞰図 [10–9]

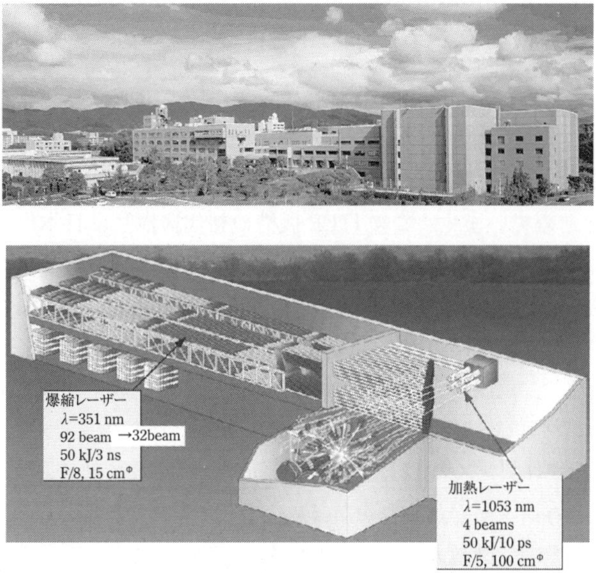

図 10.2e)　大阪大学レーザーエネルギー学研究センターと次世代レーザー核融合計画 FIREX-Ⅱ 計画（阪大）（右）[10-10]

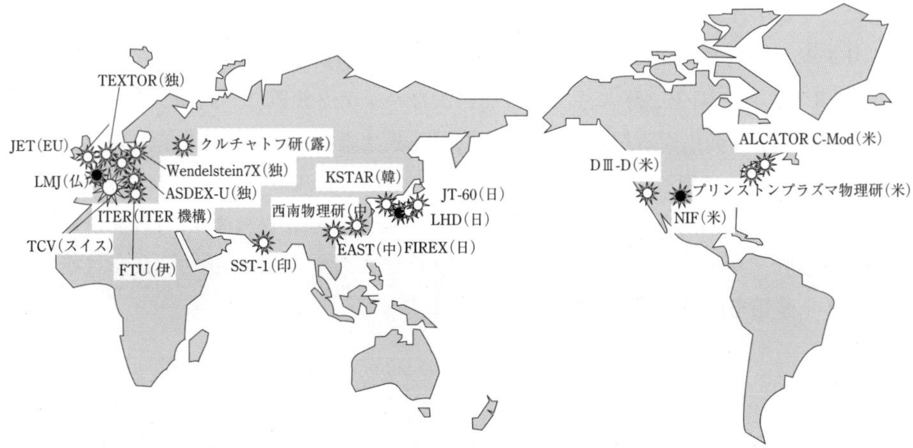

図 10.2f)　地上の太陽を目指した世界の主要核融合装置の設置地（白ぬきはトカマク装置とヘリカル装置，黒ぬきはレーザー核融合装置）

10.3 ITERと幅広いアプローチ計画

ITER計画は，欧州，日本，米国，ロシア，中国，韓国，インドが参加する国際共同計画で，これら参加国の人口を合わせると世界人口の半数を超えます．ITERは国際機関であるITER機構と参加国に置かれた極内機関（Domestic Agency）が協力して建設を進めています．このITER機構の初代機構長は日本出身の池田要氏です．ITERは南フランスエクサンプロバンスの近くにあるフランスの原子力研究のメッカであるカダラシュ研究所に隣接するサイトで建設が始まっています．図10.3a）は航空写真と建家鳥瞰図の合成写真です．手前に見えるのが，カダラシュ研究所の核融合施設，道路の先に見えるのがITER建家の完成予想図です．

南仏エクサンプロバンスはマルセイユ港にも近く，ピーター・メイルのベストセラー本「南仏　プロバンスの12か月（A Year in Provence）」で紹介されたように，オリーブが繁りラベンダーが薫る豊かな自然，そして多彩な料理とワインに恵まれた食文化を持つプロバンス地方の中心都市です．

ITERでは，「平和的目的のための核融合エネルギーの科学的技術的実現可能性の実証」を計画目標として掲げ，具体的な技術目標としては，「誘導運転でエネルギー増倍率10以上を達成し，非誘導電流駆動でエネルギー増倍率5以上を目指すとともに，平均中性子束0.5 MW/m^2，平均フルーエンス0.3 MW年 /m^2 以上を実現し，トリチウム増殖モジュールの試験を行う」としています（図10.3b）参照）．

ITER本体は，図10.3c）に示すように巨大なハイテク装置で，高温プラズマを閉じ込める磁場を発生する超伝導コイルだけでも巨大な装置です．また，高温プラズマを入れておく真空容器（高真空にしないと不純物が混入してしまうので）や遮蔽体，プラズマの測定装置を設置した状態はさらに複雑な構造になります．ITER計画は建設・運転・除染に35年間を要する長期プロジェクトで，9年後の完成を目指してサイト整備や機器の調達が進められています．

図 **10.3a**）　ITER サイトの完成予想図［10–11］

1　計画目標

・平和的目的のための核融合エネルギーの科学的技術的実現可能性の実証

2　技術目標

・エネルギー増倍率 10 以上を達成（∞の可能性を排除しない）

・非誘導電流駆動運転で，エネルギー増倍率 5 以上を目指す

・平均中性子束 0.5 MW/m² 以上，平均フルーエンス 0.3 MW年/m² 以上

・トリチウム増殖モジュールの試験

3　主要諸元

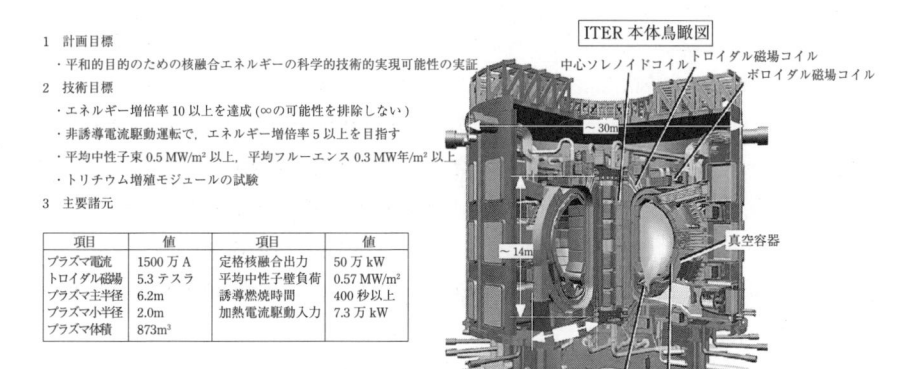

項目	値	項目	値
プラズマ電流	1500 万 A	定格核融合出力	50 万 kW
トロイダル磁場	5.3 テスラ	平均中性子壁負荷	0.57 MW/m²
プラズマ主半径	6.2m	誘導燃焼時間	400 秒以上
プラズマ小半径	2.0m	加熱電流駆動入力	7.3 万 kW
プラズマ体積	873m³		

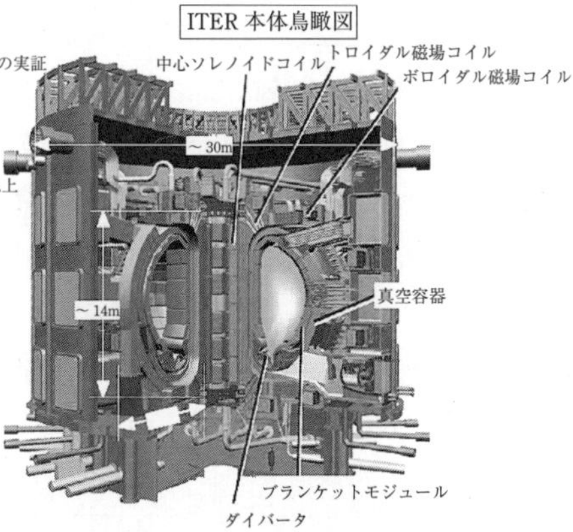

図 **10.3b**）　ITER の計画目標，技術目標，主要諸元と ITER 本体鳥瞰図［10–6］

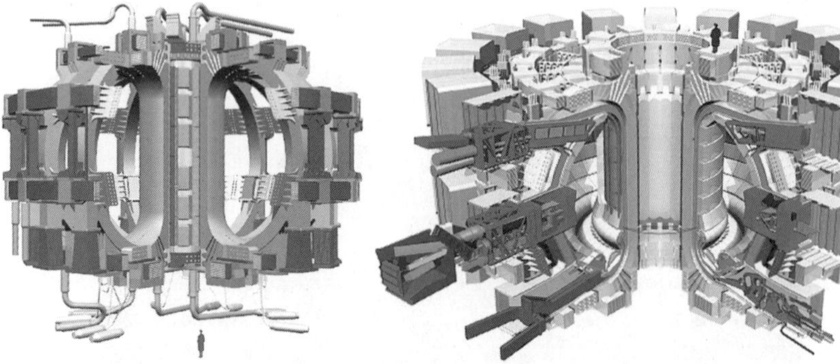

図 10.3c)　ITER 超伝導コイル全体鳥瞰図と ITER 本体鳥瞰図 [10–11]

実験炉がその技術ミッションを達成した時にスムーズに原型炉段階に移行できるように, ITER 計画を支援・補完する計画を並行して進めることが核融合エネルギーの早期実現に必要という認識の下，日欧が中心となった**幅広いアプローチ計画**（BA 計画）が ITER 計画と並行して進められています [10–12]．BA 計画では，原型炉用に開発された材料の試験用加速器施設 IFMIF の**工学実証・工学設計活動**（EVEDA），**原型炉設計・研究開発調整センター**，**ITER 遠隔実験研究センター**，**核融合計算センター**からなる**国際核融合エネルギー研究センター活動**が青森県六ヶ所村で展開されます．このためのサイト整備（図 10.3d)）が急ピッチで進められています．BA 計画のもう一つの計画は JT–60 の超伝導トカマク JT–60SA への改造計画です．この計画は，トカマク方式の炉容器としての性能を改良し，**連続運転**と**炉の出力密度を高める**ための物理基盤を固め，高性能の原型炉構想につなげつつ，ITER の要請に柔軟に対応して支援研究を行うことを目的としています．

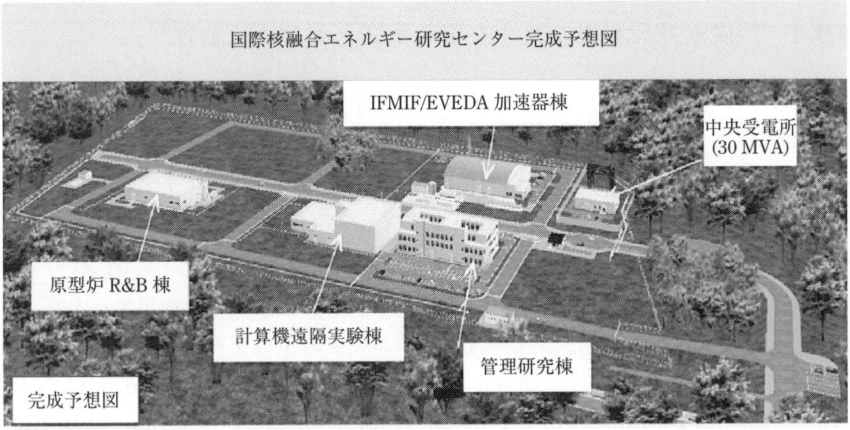

図 10.3d)　幅広いアプローチ計画で青森県六ヶ所村に建設中の国際核融合エネルギー研究センター [10–12]

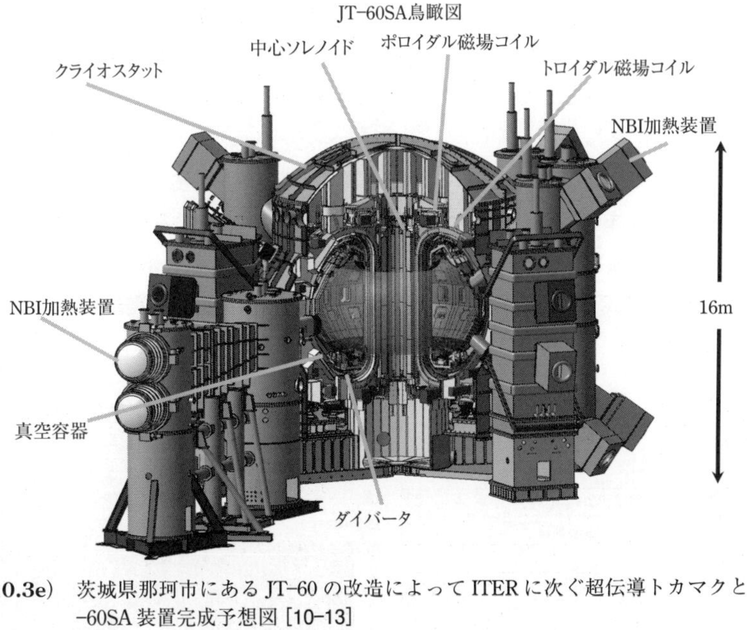

図 10.3e)　茨城県那珂市にある JT–60 の改造によって ITER に次ぐ超伝導トカマクとなる JT–60SA 装置完成予想図 [10–13]

10.4　低炭素社会実現のエネルギーオプション：核融合

10.1 節で述べたように，二酸化炭素やメタンのような温室効果ガスの排出を抑制し地球温暖化を防ぐには，化石燃料の使用を抑制し低炭素社会を実現する必要があります．日本原子力研究開発機構戦略調査室が提案した**2100 年原子力ビジョン** [10–14] によると，安定的にエネルギーを確保しながら 2100 年に二酸化炭素の国内排出量を現在比で 10％までに削減するという目標設定をした場合の選択肢の 1 つとして，これまでの研究開発の成果や現在開発中の原子力技術を活用するオプションを提示しています．そこでは，現在 1 次エネルギーの 85％を占める化石エネルギーの利用を今世紀末には 30％に削減し，原子力を主体に 70％を非化石エネルギーでまかなうというものです．

エネルギー源として電力と水素の利用を促進し，輸送部門ではハイブリッド車を経て燃料電池車や電気自動車の利用拡大によってエネルギー効率を上げ，エネルギー消費を大幅に削減するとともに，産業分野でも製鉄産業における還元材としてのコークスや化学工業におけるナフサを水素で代替し，産業分野における石炭，石油の使用をゼロにするとしています．また民生分野でのエネルギー使用は太陽熱を除けば全て電力化をします．

このようにして 2100 年の最終エネルギー需要としては，電力が全体の 60％強を占めることになります．このような膨大な電力需要に対応するには再生可能エネルギーだけでは困難で，原子力による大規模安定供給がもっとも有力となります．ビジョンでは，ITER による核融合エネルギーの**科学的・技術的実現可能性の実証**

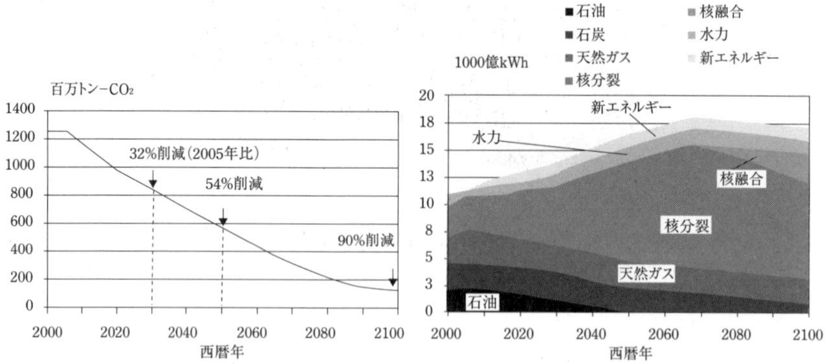

図 10.4 a)　2100 年原子力ビジョンにおける二酸化炭素排出削減シナリオと供給源別電力供給の推移シナリオ [10–8]

を踏まえ，**核融合原型炉の建設と運転**が順調に進められ，2050年代から**実用炉**建設が始まることを想定し，21世紀末には国内に30基程度の核融合プラントが稼働することを想定しています [10–15]．核融合研究開発が順調に進まない場合や**経済性・運転信頼性**等の観点から，21世紀末に核融合エネルギーが市場投入されていないということもありえることには留意する必要があります．

トカマク方式は，ITERの方式として採用されたことから分るように，高温プラズマの閉じ込めに最もすぐれた性能を示しています．一方で，トカマク方式は3.1節に示すように電磁誘導によってトーラスに電流を流し閉じ込め磁場を作り出していることから，誘導電場が供給できなくなると停止してしまいます．このため，電力発生装置としてはパルス運転になってしまいます．

この欠点を克服し連続的にエネルギーを発生させる方法として，8.5節で述べた自発電流（ブートストラップ電流）を用いる方法が考えられています．JT–60でプラズマ電流の80%を自発電流で流した（図8.5）ことから現実的な方法として炉設計に採用し，原子力機構で産業界の協力を得て**定常トカマク型核融合炉**（SSTR）として設計を行いました [10–16]．そのサイト構想図を図10.4b）に示します．

自発電流を用いて連続運転を実現するためには，図10.4c）に示すように，プラ

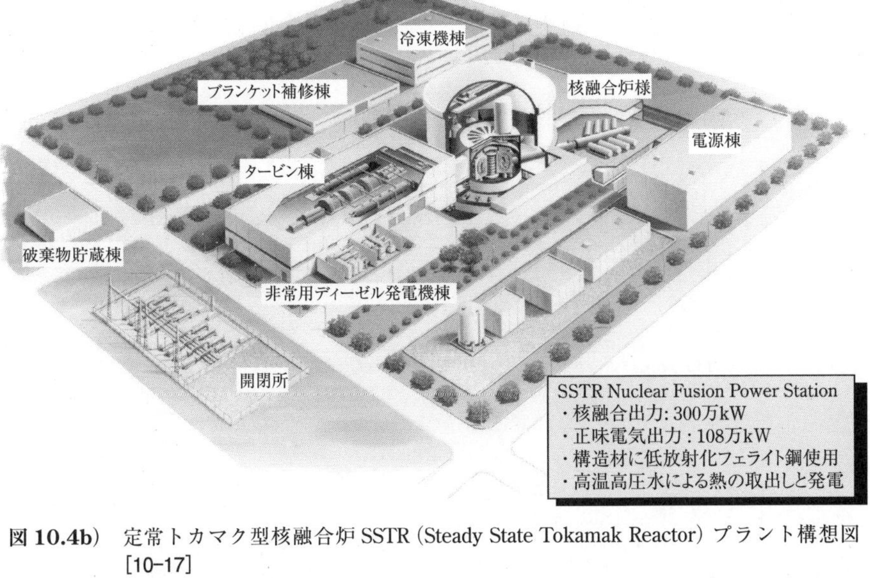

図 10.4b） 定常トカマク型核融合炉SSTR（Steady State Tokamak Reactor）プラント構想図 [10–17]

ズマ電流の過半を自発電流で流し,残りをビーム等で流してあげる必要があります.ブランケット内部での発熱も含めて熱出力として取り出し,蒸気タービンで電力に変換し,その一部を循環電力としてビームの発生やその他の所内電力として用いることになります.

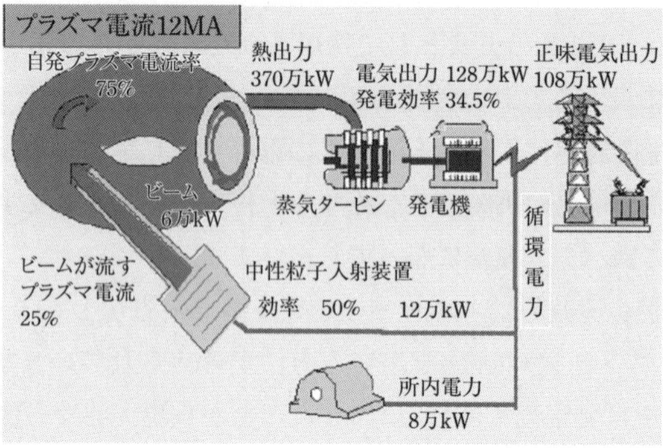

図 10.4c) 自発電流を利用してトカマクの高効率連続運転を実現し,高い正味発電電力を実現するための原理図

このような連続運転をするトカマク発電プラントの実現にはITERの技術目標に掲げられているエネルギー増倍率5以上の連続運転を実現することが重要になります.その場合,プラズマ電流の半分程度を自発電流で流し,残り半分をビーム駆動電流等でまかなってあげる必要があります.

第 10 章　参考図書

[10–1] 電力中央研究所，人類の危機トリレンマ　エネルギ–濫費時代を超えて (1998)，電力新報社.

[10–2] 国際エネルギー機関 (IEA)，Key World Energy Statistics (2001 Edition), 18th World Energy Congress (2001) より作成.

[10–3] Climate change 1995: The Science of Climate Change, Contribution of Working Group I to the Second Assessment Report of IPCC, Cambridge Univ. Press, 1995.

[10–4] 原子力委員会核融合会議開発戦略検討分科会，「核融合エネルギーの技術的実現性，計画の拡がりと裾野としての基礎的研究に関する報告書」2000 年 5 月 17 日.

[10–5] M, Kihuchi, N. Inoue, "Role of Fusion Energy for the 21 Century Energy Marhet and Development strategy with International Thermonuclear Experimental Reactor", 18th World Energy Congress, Buenos Aires (2001).

[10–6] 原子力委員会核融合専門部会，「今後の核融合研究開発の推進方策について」(2005 年 10 月 26 日).

[10–7] Y. Wan, J. Li, P. Weng and EAST GA PPPL team, Proc. 21st IAEA FEC OV/1–1 (2006).

[10–8] J.S. Bak et al., "Overview of Recent Commissioning Results of KSTAR", Proc. 22nd IAEA FEC FT/1–1(2008).

[10–9] T. Klinger et al., "The construction of the Wendelstein 7-X stellarator", Proc. 22nd IAEA FEC FT/1–4(2008).

[10–10] 大阪大学レーザーエネルギー学研究センター，疇地センター長のご好意による.

[10–11] ITER 機構ホームページ (http://www.ITER.org) より.

[10–12] S. Matsuda, "The EU/JA broader approach activities", Fusion Eng. & Design 82 (2007) 435.

[10–13] 幅広いアプローチ活動だより (13)，プラズマ核融合学会法 Vol 85 No. 3 (2009) 133.

[10–14] 2100 年原子力ビジョン—低炭素社会への提言—，日本原子力研究開発機構ホームページ.

[10–15] 菊池満，「低炭素社会実現のオプション　核融合発電」，エネルギーレビュー No. 5 (2009) 7.

[10–16] Y. Seki, M. Kikuchi, et al., Proc. 13th IAEA Fusion Energy Conference, IAEA-CN–53/G–1–2 (1990).

[10–17] 茅陽一監修，電気学会エネルギー問題検討特別委員会編，「エネルギー技術の新パラダイム」オーム社 (1995) 235.

付録：公式集（Appendix: Formulae）

Chapter 1: Sun on the Earth － energy from hydrogen

1－1 Big Bang: Father of fusion fuel

1. Einstein's gravitational field equation : $R_{\mu\nu} - \frac{1}{2} g_{\mu\nu} R = -8\pi G T_{\mu\nu}$

2. Friedman equation : $\frac{1}{2}\left(\frac{da}{dt}\right)^2 - \frac{GM(a)}{a} = -\frac{1}{2} Kc^2$

1－2 Sun: Fusion reactor confined by gravity

1. Einstein's equation : $E = mc^2$

2. Fusion reactions in the Sun : $4p + 2e^- \rightarrow {}^4_2He + 26.72MeV$

$$p + p \rightarrow D + e^+ + \nu_e + 0.42MeV,$$
$$p + D \rightarrow {}^3_2He + \gamma + 5.49MeV,$$
$${}^3_2He + {}^3_2He \rightarrow {}^4_2He + 2p + 12.86MeV$$

1－3 Fusion: Challenge for Sun on the Earth

1. DT Fusion reaction : $D + T \rightarrow {}^4He(3.52MeV) + n(14.06MeV)$

1－4 Plasma: 4th State of matter

1. Saha's ionization rate : $\alpha = \frac{\rho}{\rho + 1}, \rho = \sqrt{\frac{3 \times 10^{27}}{n_0(m^{-3})}} T(eV)^{3/4} \exp\left(-\frac{V_i}{2kT}\right)$

Chapter 2: Fusion

2－1 Fusion: fusion of small nuts

1. DT fusion reaction : $D + T \rightarrow {}^5_2H_e^* \rightarrow {}^4_2He + n$

2. Planck relation : $E = \hbar\omega$

3. de Broglie relation : $\mathbf{p} = \hbar \mathbf{k}$

4. Equivalence relation : $i\mathbf{k} = \partial/\partial \mathbf{x}$

$$-i\omega = \partial/\partial t$$

5. Energy conservation relation : $\hbar^2\mathbf{k}^2/2m + V(\mathbf{x}) = \hbar\omega$

6. Time dependent Schrödinger equation : $[-(\hbar^2/2m)\partial^2/\partial \mathbf{x}^2 + V(\mathbf{x})]\psi = i\hbar\partial\psi/\partial t$

7. Time independent Schrödinger equation : $[-(\hbar^2/2m)\partial^2/\partial \mathbf{x}^2 + V(\mathbf{x})]u = Eu$

2-2 Deuterium: loosely coupled nuclei with proton and neutron

1. Nuclear Meson equation : $\left[\hbar^2\frac{\partial^2}{\partial \mathbf{x}^2} - m^2c^2 - \hbar^2\frac{1}{c^2}\frac{\partial^2}{\partial t^2}\right]U = 0$

2-3 Tritium: nuclei emitting neutrino and electron

1. Neutron decay into proton : $n \rightarrow p + e^- + \nu$

2. Li reactions : ${}^6Li + n \rightarrow {}^3T + {}^4He + 4.8MeV$

${}^7Li + n \rightarrow {}^3T + {}^4He + n' - 2.5MeV$

2-4 Neutron: elementary particle without charge

2-5 Helium: element stabilized by magic number

2-6 Fusion reaction: tunneling and nuclear resonance

1. Wave front equation in Coulomb potential : $z + b_0 \ln k(r - z) = \text{const.}$

2. Penetration probability of Coulomb barrier :

$$P(E/E_c) = \frac{\sqrt{E_c/E}}{\exp\sqrt{E_c/E} - 1},\ E_c = \frac{m_r e^4}{8\varepsilon_0^2\hbar^2} = 0.98A_r(MeV)$$

3. Analytical form of fusion cross section : $\sigma_r = \pi ƛ^2 P(E/E_c)\frac{\Gamma_i\Gamma_f}{(E - E_r)^2 + \Gamma^2/4}$

4. Empirical form of fusion cross section :

$$\sigma_r = \sigma_0\frac{E_{cL}}{E_L[\exp\sqrt{E_{cL}/E_L} - 1]}\left[\frac{1}{1 + 4(E_L - E_{rL})^2/\Gamma_L^2} + c\right]$$

Chapter 3: Confinement Bottle; Topology of closed magnetic system and equilibrium dynamics

3-1 Magnetic Field and Closed Magnetic configuration

1. Variational principle of field line : $\delta\int \mathbf{A}\cdot d\mathbf{x} = 0$

2. Integrable system (manifold with constant H) : $H(\mathbf{q}, \mathbf{p}) = \text{constant}$

3–2 Topology: closed surface without fixed point

1. Euler's index : $K = p - q + r$

(p, q, r: numbers of vertexes, sides, and polygons)

2. Euler index of sphere (S^2) : $K = p - q + r = 2$

3. Euler index of torus (T^2) : $K = p - q + r = 0$

3–3 Coordinates: Analytical geometry in Torus

1. Descartes coordinates : $\mathbf{x} = x\mathbf{e}_x + y\mathbf{e}_y + z\mathbf{e}_z$

2. General coordinate (u^1, u^2, u^3) :

$$\mathbf{x}(u_1, u_2, u_3) = x(u^1, u^2, u^3)\mathbf{e}_x + y(u^1, u^2, u^3)\mathbf{e}_y + z(u^1, u^2, u^3)\mathbf{e}_z$$

3. Jacobian J (defined by volume element) :

$$J \equiv \frac{\partial \mathbf{x}}{\partial u^1} \cdot \left(\frac{\partial \mathbf{x}}{\partial u^2} \times \frac{\partial \mathbf{x}}{\partial u^3} \right), \ dv = \frac{\partial \mathbf{x}}{\partial u^1} \cdot \left(\frac{\partial \mathbf{x}}{\partial u^2} \times \frac{\partial \mathbf{x}}{\partial u^3} \right) du^1 du^2 du^3$$

$$J \equiv 1 / \nabla u^1 \cdot (\nabla u^2 \times \nabla u^3)$$

4. Covariant (gradient) vector : $\nabla u^i = \frac{\partial u^i}{\partial x}\mathbf{e}_x + \frac{\partial u^i}{\partial y}\mathbf{e}_y + \frac{\partial u^i}{\partial z}\mathbf{e}_z$

5. Contravariant (tangent) vector : $\frac{\partial \mathbf{x}}{\partial u^i} = \frac{\partial x}{\partial u^i}\mathbf{e}_x + \frac{\partial y}{\partial u^i}\mathbf{e}_y + \frac{\partial z}{\partial u^i}\mathbf{e}_z$

6. Orthogonality relation : $\nabla u^i \cdot \frac{\partial \mathbf{x}}{\partial u^j} = \delta_{ij}$

7. Dual relations (i, j, k) ; right handed : $\nabla u^i = \frac{1}{J}\left(\frac{\partial \mathbf{x}}{\partial u^j} \times \frac{\partial \mathbf{x}}{\partial u^k} \right), \ \frac{\partial \mathbf{x}}{\partial u^i} = J \nabla u^j \times \nabla u^k$

8. Contravariant representation : $\mathbf{a} = \sum_i a^i \frac{\partial \mathbf{x}}{\partial u^i} = \sum_i (\mathbf{a} \cdot \nabla u^i) \frac{\partial \mathbf{x}}{\partial u^i}$

(expansion by tangent vector)

9. Covariant representation : $\mathbf{a} = \sum_i a_i \nabla u^i = \sum_i \left(\mathbf{a} \cdot \frac{\partial \mathbf{x}}{\partial u^i} \right) \nabla u^i$

(expansion by gradient vector)

10. Metric : $g_{ij} = \frac{\partial \mathbf{x}}{\partial u^i} \cdot \frac{\partial \mathbf{x}}{\partial u^j}, \ g^{ij} = \nabla u^i \cdot \nabla u^j, \ [g_{ij}] = [g^{ij}]^{-1}$

11. Differential Length (definition of Metric) :

$$ds^2 = d\mathbf{r} \cdot d\mathbf{r} = \sum_{i,j} \frac{\partial \mathbf{x}}{\partial u^i} \cdot \frac{\partial \mathbf{x}}{\partial u^j} du^i du^j = \sum_{i,j} g_{ij} du^i du^j$$

12. Covariant component : $a_i = \mathbf{a} \cdot \frac{\partial \mathbf{x}}{\partial u^i} = \sum_j g_{ij} a^j$

13. Contravariant component : $a^i = \mathbf{a} \cdot \nabla u^i = \sum_j g^{ij} a_j$

14. Inner product : $\mathbf{a} \cdot \mathbf{b} = \sum_i a_i b^i = \sum_i a^i b_i$

15. Outer product : $\mathbf{a} \times \mathbf{b} = J \sum_i (a^j b^k - a^k b^j) \frac{\partial \mathbf{x}}{\partial u^i} = J^{-1} \sum_i (a_j b_k - a_k b_j) \nabla u^i$

16. Gradient : $\nabla f = \sum_i \frac{\partial f}{\partial u^i} \nabla u^i$

17. Rotation (i, j, k) ; right handed :

$$\nabla \times \mathbf{a} = \sum_{i=1,3} \sum_{j=1,3} \frac{\partial a_i}{\partial u^j} \nabla u^j \times \nabla u^i = J^{-1} \sum_{k=1,3} \left[\frac{\partial a_j}{\partial u^i} - \frac{\partial a_i}{\partial u^j} \right] \frac{\partial \mathbf{x}}{\partial u^k}$$

18. Divergence : $\nabla \cdot \mathbf{a} = \nabla \cdot \sum_i a^i \frac{\partial \mathbf{x}}{\partial u^i} = J^{-1} \sum_i \frac{\partial J a^i}{\partial u^i}$

3-4 Field line dynamics: Hamiltonian dynamics of magnetic field

1. General form of vector potential : $\mathbf{A} = \phi \nabla \theta - \psi \nabla \zeta + \nabla G$

(G : Gauge term)

2. Simplectic form of **B** : $\mathbf{B} = \nabla \phi \times \nabla \theta - \nabla \psi \times \nabla \zeta$

3. Canonical magnetic coordinates : (ϕ, θ, ζ)

4. Orbit equation of field line : $\frac{d\theta}{d\zeta} = \frac{\partial \psi}{\partial \phi}$

$$\frac{d\phi}{d\zeta} = -\frac{\partial \psi}{\partial \theta}$$

5. Action integral of magnetic field line : $S = \int \mathbf{A} \cdot d\mathbf{x}$

6. Lagrangian : $L = T - V$

(T: kinetic energy, V: potential energy)

7. Canonical momentum : $p_i \equiv \frac{\partial L}{\partial \dot{q}_i}$

8. Hamilton equation of motion : $d\mathbf{q}/dt = \partial H / \partial \mathbf{p}$

$$d\mathbf{p}/dt = -\partial H / \partial \mathbf{q}$$

9. Cyclic coordinate : $\frac{\partial L}{\partial q_i}=0$

3–5 Magnetic surface: Integrable magnetic field and hidden symmetry

1. Equilibrium equation : $\mathbf{J}\times\mathbf{B}=\nabla P$
2. Magnetic field stays on constant P surface : $\mathbf{B}\cdot\nabla P=0$
3. Current stays on constant P surface : $\mathbf{J}\cdot\nabla P=0$
4. Stream function for magnetic field : $\mathbf{B}=\nabla\phi\times\nabla h=\nabla\phi\times\left[\frac{\partial h}{\partial\theta}\nabla\theta+\frac{\partial h}{\partial\zeta}\nabla\zeta\right]$
5. Toroidal flux inside the flux surface : $2\pi\phi(u)=\int\mathbf{B}\cdot d\mathbf{a}_\zeta$
6. Poloidal flux outside of flux surface : $2\pi\psi(u)=-\int\mathbf{B}\cdot d\mathbf{a}_\theta$
7. Clebsch form of magnetic field : $\mathbf{B}=\nabla\phi\times\nabla\alpha$

(ϕ: toroidal flux, α: surface function)

8. **Flux coordinates** : $(\phi,\ \theta_m,\ \zeta)$
9. Jacobian of flux coordinates : $J=1/(2\pi\mathbf{B}\cdot\nabla\zeta)$
10. Field line is straight line : $\frac{d\theta_m}{d\zeta}=\frac{1}{q(\phi)}$
11. Safety factor : $q=1/(d\psi/d\phi)$
12. Surface function : $\alpha=\theta_m-\zeta/q$
13. Action integral for field line in flux coordinate : $S=\int\mathbf{A}\cdot d\mathbf{x}=\int[\phi\, d\theta_m-\psi\, d\zeta]$
14. Field line Lagrangian in flux coordinates : $\mathcal{L}=\phi\frac{d\theta_m}{d\zeta}-\psi(\phi)\ (\dot\theta_m=d\theta_m/d\zeta)$

3–6 Coordinate system: Hamada and Boozer Coordinates

1. Toroidal current inside the flux surface : $2\pi f(u)=\int\mathbf{J}\cdot d\mathbf{a}_\zeta$
2. Poloidal current flux : $2\pi g(u)=\int\mathbf{J}\cdot d\mathbf{a}_\theta$
3. Current safety factor : $q_J=-f'(\phi)/g'(\phi)$
4. Kruskal-Kulsrud equilibrium equation : $g'(\phi)+f'(\phi)/q(\phi)=-V'(\phi)P'(\phi)$
5. **Hamada coordinates** : $(v,\ \theta_h,\ \zeta_h)$
6. Jacobian of Hamada coordinates : $J=1$
7. Equilibrium **B** in Hamada coordinates :

$$\mathbf{B}=\nabla\zeta_h\times\nabla\psi+\nabla\phi\times\nabla\theta_h=\nabla\phi\times\nabla(\theta_h-\zeta_h/q)$$

8. Equilibrium **J** in Hamada coordinates :

$$\mathbf{J} = \nabla\zeta_h \times \nabla g + \nabla f \times \nabla\theta_h = \nabla f \times \nabla\ (\theta_h - \zeta_h/q_J)$$

9. Equilibrium relation in Hamada coordinates : $f'(v)\ \psi'(v) - \phi'(v)g'(v) = P'(v)$

10. **Boozer coordinates** : $(\phi, \theta_b, \zeta_b)$

11. Jacobian of Boozer coordinates : $J = (g+f/q)/2\pi B^2$

12. Equilibrium B in Boozer coordinates :

$$\mathbf{B} = g(\phi)\ \nabla\zeta_b + f(\phi)\ \nabla\theta_b + \beta_*(\phi,\ \theta_B,\ \zeta_B)\ \nabla\phi$$

$$:\mathbf{B} = \nabla\phi\, \mathrm{x}\, \nabla\alpha \quad (\alpha = \theta_b - \zeta_b/q)$$

13. Equilibrium **J** in Boozer coordinates :

$$\mathbf{J} = \nabla\phi\, \mathrm{x}\, \nabla\beta \quad (\beta = \beta_* - g'(\phi)\ \zeta_b - f'(\phi)\ \theta_b)$$

14. **Boozer-Grad coordinates** : (ϕ, α, χ)

15. Jacobian of Boozer-Grad coordinates : $J = 1/B^2$

16. Equilibrium **B** in Boozer-Grad coordinates :

$$\mathbf{B} = \nabla\chi + \beta\nabla\phi \quad (\beta = \beta_* - g'(\phi)\ \zeta_b - f'(\phi)\ \theta_b)$$

$$:\mathbf{B} = \nabla\phi \times \nabla\alpha \quad (\alpha = \theta_b - \zeta_b/q)$$

3‒7 Densely covered: torus is densely covered by a magnetic field line

3‒8 Apparent symmetry: Equilibrium dynamics in axisymmetric torus

1. Cylindrical coordinates : (R, ζ, Z)

2. Flux functions : $P(\psi)$, $RB_\zeta(\psi)$

3. Magnetic field : $\mathbf{B} = \nabla\psi \times \nabla\zeta + F\nabla\zeta$

3.1 Corollary‒1 : $\nabla\psi = -R^2\nabla\zeta \times \mathbf{B}$

3.2 Corollary‒2 : $\mathbf{B} \times \nabla\psi = -R^2B^2\nabla\zeta + F(\psi)\mathbf{B}$

4. Current density : $\mathbf{J} = \mu_0^{-1}[\nabla F \times \nabla\zeta + \Delta^*\psi\nabla\zeta]$

5. Grad-Shafranov Equaltion :

$$[R\partial/\partial R(R^{-1}\partial/\partial R) + \partial^2/\partial R^2]\psi = -\mu_0 R^2 P'(\psi) + FF'(\psi)$$

6. Action integral for equilibrium :

$$S = \int \mathcal{L} dRdZ = \int R\left(\frac{B_p^2}{2\mu_0} - \frac{B_\zeta^2}{2\mu_0} - P\right) dRdZ$$

7. Euler-Lagrange equation

$$:\frac{\partial\mathcal{L}}{\partial\psi} - \frac{\partial}{\partial R}\frac{\partial\mathcal{L}}{\partial\psi_R} - \frac{\partial}{\partial Z}\frac{\partial\mathcal{L}}{\partial\psi_Z} = 0$$

8. Flux surface average : $\langle A\rangle = \dfrac{\int_{\psi}^{\psi+d\psi} AJ d\psi d\theta d\zeta}{\int_{\psi}^{\psi+d\psi} J d\psi d\theta d\zeta} = \dfrac{\int_0^{2\pi} \dfrac{A d\theta}{\mathbf{B}_p\cdot\nabla\theta}}{\int_0^{2\pi} \dfrac{d\theta}{\mathbf{B}_p\cdot\nabla\theta}}$

9. Magnetic differential equation (MDE) : $\mathbf{B}\cdot\nabla h = S$

10. Solvability condition of MDE : $\int_0^{2\pi} \dfrac{S}{\mathbf{B}_p\cdot\nabla\theta} d\theta = 0$

3-9 3D Equilibrium: search for hidden symmetry

1. Action integral for 3D equilibrium : $S=\int_v \mathcal{L} dV = \int_v \left[\dfrac{B^2}{2\mu_0} - P\right] dV$
2. Magnetic field : $\mathbf{B} = \nabla P \times \nabla\omega$
3. Current density : $\mathbf{J} = \nabla P \times \nabla\omega_J$
4. Euler-Lagrange equation : $\mathbf{J}\cdot\nabla\omega = 1, \mathbf{J}\cdot\nabla P = 0$
5. Equilibrium relation : $(\nabla\omega_J \times \nabla\omega)\cdot\nabla P = 1$

Chapter 4: Lagrange-Hamilton Orbit Dynamics

4-1 Hamilton's principle

1. Lagrange action integral : $S(\mathbf{x}) = \int_{t_1}^{t_2} dt L(\mathbf{x}(t), \dot{\mathbf{x}}(t), t)$

2. Lagrange Equation of Motion : $\dfrac{d}{dt}\left(\dfrac{\partial L}{\partial \dot{q}_i}\right) - \dfrac{\partial L}{\partial q_i} = 0$

3. Gauge freedom for Lagrangian : $L(\mathbf{q}, \dot{\mathbf{q}}, t) + \dfrac{dW(\mathbf{q}, t)}{dt}$

3. Hamilton action integral : $S(\mathbf{x}, \mathbf{p}) = \int_{t_1}^{t_2} [\sum p_i \dot{q}_j - H(\mathbf{q}, \mathbf{p}, t)] dt$

4. Hamilton equation : $\dfrac{d\mathbf{q}}{dt} = \dfrac{\partial H}{\partial \mathbf{p}}$

$$\frac{d\mathbf{p}}{dt} = -\frac{\partial H}{\partial \mathbf{q}}$$

5. Noether's theorem : $I = \sum_{i=1}^{n} \dfrac{\partial L(\mathbf{q}, \dot{\mathbf{q}}, t)}{\partial \dot{q}_i} S_i - W(\mathbf{q}, t) = \text{constant}$

5.1 Condition for Noether's theorem : $\delta L = L(\mathbf{q}', \dot{\mathbf{q}}', t) - L(\mathbf{q}, \dot{\mathbf{q}}, t) = \varepsilon dW(q, t)/dt$

4–2 Lagrange: Hamilton mechanics: charged particle motion in EM field

1. Charged particles Lagrangian : $L_a(\mathbf{x}, \dot{\mathbf{x}}, t) = \frac{1}{2} m_a \mathbf{x}^{\cdot 2} + e_a \mathbf{A}(\mathbf{x}, t) \cdot \dot{\mathbf{x}} - e_a \Phi(\mathbf{x}, t)$

2. Canonical momentum : $\mathbf{p} = \frac{\partial L}{\partial \dot{x}} = m_a v + e_a \mathbf{A}$

3. Hamilton form of Lagrangian : $L(\mathbf{p}, \mathbf{x}, t) = \mathbf{p} \cdot \dot{\mathbf{x}} - H(\mathbf{p}, \mathbf{x}, t)$

4. Hamiltonian : $H(\mathbf{p}, \mathbf{x}, t) = \frac{1}{2m_a}(\mathbf{p} - e_a \mathbf{A})^2 + e_a \Phi(\mathbf{x}, t)$

5. Canonical angular momentum in tokamak : $p_\zeta = \frac{\partial L}{\partial \zeta} = m_a R^2 \dot{\zeta} + e_a R A_\zeta = \text{constant}$

6. Relativistic Lagrangian : $L_a(\mathbf{x}, \mathbf{v}, t) = -m_{a0} c^2 \sqrt{1 - \left(\frac{v}{c}\right)^2} + e_a(\mathbf{v} \cdot \mathbf{A} - \Phi)$

7. Relativistic canonical momentum : $\mathbf{p} = \frac{m_{a0} v}{\sqrt{1 - (v/c)^2}} + e_a \mathbf{A}$

8. Relativistic Hamiltonian : $H(\mathbf{p}, \mathbf{q}, t) = \sqrt{m_{a0} c^4 + c^2 (\mathbf{p} - e_a \mathbf{A})^2} + e_a \Phi(\mathbf{x}, t)$

4–3 Littlejohn's variational principle: orbital mechanics of guiding center

1. Charged particle Lagrangian : $L(\mathbf{x}, \mathbf{v}, t) = (e_a \mathbf{A} + m_a \mathbf{v}) \cdot \dot{\mathbf{x}} - H(\mathbf{x}, \mathbf{v}, t)$

2. Hamiltonian : $H(\mathbf{x}, \mathbf{v}, t) = \frac{1}{2} m_a \mathbf{v}^2 + e_a \Phi(\mathbf{x}, t)$

3. Charged particle position : $\mathbf{x}(t) = \mathbf{r}(t) + \rho[\mathbf{e}_x \cos\theta + \mathbf{e}_y \sin\theta]$, $\rho = \frac{v_\perp}{\Omega}$

4. Guiding center Lagrangian :

$$L(\mathbf{r}, \dot{\mathbf{r}}, v_{/\!/}, \mu, \dot{\theta}, t) = e_a \mathbf{A}^*(r, t) \cdot \dot{\mathbf{r}} - \frac{m_a}{e_a} \mu \dot{\theta} - H(\mathbf{r}, v_{/\!/}, \mu, t)$$

5. Modified vector potential : $\mathbf{A}^* = \mathbf{A} + (m_a/e_a) v_{/\!/} \mathbf{b}$

6. Magnetic moment : $\mu = \frac{m_a v_\perp^2}{2B}$

7. Guiding center Hamiltonian : $H(\mathbf{r}, v_{/\!/}, \mu, t) = \frac{1}{2} m_a v_{/\!/}^2 + \mu B(r) + e_a \Phi(\mathbf{r}, t)$

8. Guiding center equation of motion $: \frac{dv_{/\!/}}{dt} = -\frac{1}{B^*_{/\!/}}\mathbf{B}^* \cdot (\mu \nabla B - e_a \mathbf{E}^*)$

$$\frac{d\mathbf{r}}{dt} = \frac{1}{B^*_{/\!/}} - [v_{/\!/}\mathbf{B}^* + \mathbf{b} \times ((\mu/e_a)\nabla B - \mathbf{E}^*)]$$

9. Modified magnetic field $: \mathbf{B}^* = \mathbf{B} + (m_a v_{/\!/}/e_a)\nabla \times \mathbf{b}$

10. Modified electric field $: \mathbf{E}^* = \mathbf{E} - (m_a v_{/\!/}/e_a)\frac{\partial \mathbf{b}}{\partial t}$

11. Guiding center velocity for static field $: \frac{d\mathbf{r}}{dt} = \frac{V_{/\!/}}{\mathbf{b} \cdot \mathbf{B}^*}\nabla \times \left(\mathbf{A} + \frac{m_a v_{/\!/}}{e_a}\mathbf{b}\right)$

12. Morosov-Solovev GC velocity $: \frac{d\mathbf{r}}{dt} = \frac{V_{/\!/}}{B}\nabla \times (\mathbf{A} + \rho_{/\!/}\mathbf{B})$

13. Parallel Larmor radius $: \rho_{/\!/} = \frac{m_a v_{/\!/}}{e_a B}$

4–4 Hamilton orbit dynamics in Boozer-Grad Coordinates

General formula

1. Guiding center Lagrangian $: L = e_a(\phi\dot{\theta} - \psi\dot{\zeta}) + \frac{m_a}{2B^2}(B_\phi\dot{\phi} + B_\theta\dot{\theta} + B_\zeta\dot{\zeta})^2 - \mu B - e_a\Phi$

2. Canonical momentum $: P_\theta = e_a(\phi + \rho_{/\!/}B_\theta)$

$: P_\zeta = e_a(-\psi + \rho_{/\!/}B_\zeta)$

3. Hamiltonian $: H = \frac{e_s^2}{2m_a} + \rho_{/\!/}^2 B^2 + \mu B + e_a\Phi$

4. Parallel Larmor radius $: \rho_{/\!/} = \frac{m_a v_{/\!/}}{e_a B} = \frac{m_a}{e_a B^2}(B_\phi\dot{\phi} + B_\theta\dot{\theta} + B_\zeta\dot{\zeta})$

5. Magnetic field $: \mathbf{B} = B_\phi\nabla\phi + B_\theta\nabla\theta + B_\zeta\nabla\zeta$

Boozer-Grad coordinates

1. Boozer-Grad Coordinates (Morosov-Solovev eq.) Guiding center velocity

$$: \frac{d\phi}{dt} = \frac{d\mathbf{r}}{dt} \cdot \nabla\phi = v_{/\!/}B\,\frac{\partial \rho_{/\!/}}{\partial \alpha}$$

$$: \frac{d\alpha}{dt} = \frac{d\mathbf{r}}{dt} \cdot \nabla\alpha = v_{/\!/}B\left(\frac{\partial \rho_{/\!/}\beta}{\partial \chi} - \frac{\partial \rho_{/\!/}}{\partial \phi}\right)$$

$$:\frac{d\chi}{dt}=\frac{d\mathbf{r}}{dt}\cdot\nabla\chi=v_{/\!/}B\left(1-\frac{\partial\rho_{/\!/}\beta}{\partial\alpha}\right)$$

$$:\frac{d\rho_{/\!/}}{dt}=\frac{dr}{dt}\cdot\nabla\rho_{/\!/}=v_{/\!/}B\left[\frac{\partial\rho_{/\!/}}{\partial\chi}-\rho_{/\!/}\left(\frac{\partial\beta}{\partial\chi}\frac{\partial\rho_{/\!/}}{\partial\alpha}-\frac{\partial\beta}{\partial\alpha}\frac{\partial\rho_{/\!/}}{\partial\chi}\right)\right]$$

2. Guiding center Lagrangian $:L=e_a\phi\dot{\alpha}+\frac{m_a}{2B^2}(\dot{\chi}+\beta\dot{\phi})^2-\mu B-e_a\Phi$

3. Canonical momentum $:P_\alpha=e_a\phi$

$$P_\chi=\frac{m_a}{B^2}(\dot{\chi}+\beta\dot{\phi})=e_a\rho_{/\!/}$$

4. Hamiltonian $:H=\frac{B^2}{2m_a}P_\chi^2+\mu B+e_a\Phi$

5. Boozer-Grad Coordinates (Taylor Lagrangian) Guiding center velocity

$$:\frac{d\alpha}{dt}=\frac{\partial H}{e_a\partial\phi}=\left[e_a\Phi'(\phi)+\left(\mu+\frac{e_a\rho_{/\!/}^2B}{m_a}\right)\frac{\partial B}{\partial\phi}\right]$$

$$:\frac{d\chi}{dt}=\frac{\partial H}{e_a\partial\rho_{/\!/}}=\frac{e_a^2\rho_{/\!/}B^2}{m_a}$$

$$:\frac{d\phi}{dt}=-\frac{\partial H}{e_a\partial\alpha}=-e_a^{-1}\left(\mu+\frac{e_a\rho_{/\!/}^2B}{m_a}\right)\frac{\partial B}{\partial\alpha}$$

$$:\frac{d\rho_{/\!/}}{dt}=-\frac{\partial H}{e_a\partial\chi}=-e_a^{-1}\left(\mu+\frac{e_a\rho_{/\!/}^2B}{m_a}\right)\frac{\partial B}{\partial\chi}$$

Hamilton orbit dynamics in Boozer coordinates

1. Boozer Coordinates (Morosov-Solovev eq.) Guiding center velocity

$$:\frac{d\phi}{dt}=\frac{d\mathbf{r}}{dt}\cdot\nabla\phi=\frac{v_{/\!/}B}{g+f/q}\left(f\frac{\partial\rho_{/\!/}}{\partial\zeta}-g\frac{\partial\rho_{/\!/}}{\partial\theta}\right)$$

$$:\frac{d\theta}{dt}=\frac{d\mathbf{r}}{dt}\cdot\nabla\theta=\frac{v_{/\!/}B}{g+f/q}\left(\frac{\partial\beta_*\rho_{/\!/}}{\partial\zeta}-\psi'(\phi)-\frac{\partial g\rho_{/\!/}}{\partial\phi}\right)$$

$$:\frac{d\zeta}{dt}=\frac{d\mathbf{r}}{dt}\cdot\nabla\zeta=\frac{v_{/\!/}B}{g+f/q}\left(1+\frac{\partial f\rho_{/\!/}}{\partial\phi}-\frac{\partial\beta_*\rho_{/\!/}}{\partial\theta}\right)$$

$$:\frac{d\rho_{/\!/}}{dt}=\frac{d\mathbf{r}}{dt}\cdot\nabla\rho_{/\!/}$$

$$=\frac{v_{/\!/}B}{g+f/q}\left[2\frac{\partial\rho_{/\!/}}{\partial\phi}\left(f\frac{\partial\rho_{/\!/}}{\partial\zeta}-g\frac{\partial\rho_{/\!/}}{\partial\theta}\right)-\psi'(\phi)-\rho_{/\!/}\left(g'(\phi)\frac{\partial\rho_{/\!/}}{\partial\theta}-f'(\phi)\frac{\partial\rho_{/\!/}}{\partial\zeta}\right)\right]$$

2. Guiding center Lagrangian $: L = e_a(\phi\dot{\theta} - \psi\dot{\zeta}) + \frac{m_s}{2B^2}(g\dot{\zeta} + f\dot{\theta})^2 - \mu B - e_a\Phi$

3. Canonical momentum $: P_\theta = e_a(\phi + f(\phi)\rho_{/\!/})$

$P_\zeta = e_a(-\psi(\phi) + g(\phi)\rho_{/\!/})$

4. Hamiltonian $: H = \frac{e_a^2}{2m_a}\rho_{/\!/}^2 B^2 + \mu B + e_a\Phi$

5. Boozer Coordinates (Taylor Lagrangian) Guiding center velocity

$$: \frac{d\phi}{dt} = \frac{\mu_1}{D}\left(f\frac{\partial B}{\partial \zeta} - g\frac{\partial B}{\partial \theta}\right)$$

$$: \frac{d\theta}{dt} = \frac{g}{D}\left(\mu_1\frac{\partial B}{\partial \zeta} + e_s\frac{\partial \Phi}{\partial \phi}\right) - \frac{e_s^2 B^2}{m_s D}(\rho_{/\!/} g'(\phi) - 1/q(\phi))\rho_{/\!/}$$

$$: \frac{d\zeta}{dt} = -\frac{f}{D}\left(\mu_1\frac{\partial B}{\partial \zeta} + e_s\frac{\partial \Phi}{\partial \phi}\right) + \frac{e_s^2 B^2}{m_s D}(\rho_{/\!/} f'(\phi) + 1)\rho_{/\!/}$$

$$: \frac{d\rho_{/\!/}}{dt} = \frac{\mu_1}{D}\left[(\rho_{/\!/} g'(\phi) - 1/q(\phi))\frac{\partial B}{\partial \theta} - (\rho_{/\!/} f'(\phi) + 1)\frac{\partial B}{\partial \zeta}\right]$$

$$: D = e_a[g + f/q + \rho_{/\!/}(gf'(\phi) - fg'(\phi))]$$

$$: \mu_1 = \mu + e_a^2\rho_{/\!/}^2 B/m_a = (1 + 2v_{/\!/}^2/v_\perp^2)\mu$$

4-5 Periodicity and invariants: magnetic moment and longitudinal adiabatic invariant

1. Adiabatic invariant $: J = \oint \mathbf{p}\cdot d\mathbf{q}$

2. Magnetic moment $: J = \mu(2\pi m_a/e_a)$

3. Longitudinal adiabatic invariant $: J = m_a \oint v_{/\!/} dl_{/\!/}$

4. Longitudinal adiabatic invariant in Boozer-Grad Coordinate $: J = e_a \oint \rho_{/\!/} d\chi$

5. Bounce time of banana orbit $: \frac{\partial J}{\partial H} = \oint \frac{dl_{/\!/}}{v_{/\!/}} = \tau_b$

6. Change in toroidal flux per bounce of banana orbit $: \Delta\phi = \oint \frac{\partial \rho_{/\!/}}{\partial \alpha} d\chi = e_a^{-1}\frac{\partial J}{\partial \alpha}$

7. Change in Clebsch angle per bounce of banana orbit : $\Delta\alpha = -\oint \frac{\partial \rho_{/\!/}}{\partial \phi} d\chi = e_a^{-1} \frac{\partial J}{\partial \phi}$

8. Drift velocity of banana orbit : $\frac{d\phi}{dt} = \frac{1}{e_a} \frac{\partial J/\partial \alpha}{\partial J/\partial H}$

: $\frac{d\alpha}{dt} = -\frac{1}{e_a} \frac{\partial J/\partial \phi}{\partial J/\partial H}$

4–6 Coordinate Invariance: Non-canonical variational principle and Lie transformation

1. Canonical form of Lagrangian : $L = \mathbf{p} \cdot \dot{\mathbf{q}} - H(\mathbf{q}, \mathbf{p}, t)$

(differential form) : $\gamma = \mathbf{p} \cdot d\mathbf{q} - Hdt$

2. Non-canonical form of Lagrangian : $L(z, \dot{z}, t) = \sum_{i=1}^{6} \gamma_i \dot{z}^i - h$

(differential form) : $\gamma = \gamma_\mu dz^\mu = \gamma_i dz^i - hdt$

3. Lagragian transformation law ((**p**, **q**) to **z**) : $\gamma_i(\mathbf{z}, t) = \mathbf{p} \cdot \frac{\partial \mathbf{q}}{\partial z_i}$

: $h(\mathbf{z}, t) = H(\mathbf{q}(\mathbf{z}, t), \mathbf{p}(\mathbf{z}, t), t) - \mathbf{p} \cdot \frac{\partial \mathbf{q}}{\partial t}$

4. Equation of motion in non-canonical coordinates : $\frac{dz^i}{dt} = \{z^i, h\}$

5. Lagrange blacket : $\omega_{ij} = [z^i, z^j] \equiv (\partial \mathbf{p}/\partial z^i) \cdot (\partial \mathbf{q}/\partial z^j) - (\partial \mathbf{p}/\partial z^j) \cdot (\partial \mathbf{q}/\partial z^i)$

6. Poisson bracket : $\pi_{ij} = \{z^i, z^j\} \equiv (\partial z^i/\partial \mathbf{q}) \cdot (\partial z^j/\partial \mathbf{p}) - (\partial z^j/\partial \mathbf{p}) \cdot (\partial z^i/\partial \mathbf{q})$

7. Non-canonical coordinates : $\mathbf{z} = \{z^\mu\} = \{t, z^i\}$

$\bar{\mathbf{z}} = \{\bar{z}^\mu\} = \{t, \bar{z}^i\}$

8. Lagrangian 1-forms in **z** and $\bar{\mathbf{z}}$: $\gamma = \gamma_\mu dz^\mu$, $\Gamma = \Gamma_\nu dz^\nu$

9. Transformation law between Γ and γ : $\Gamma_\mu = \frac{\partial z^\nu}{\partial \bar{z}^\mu} \gamma_\nu$

Lie transformation

1. Definition of Lie transformation : $\partial \bar{z}^\mu(\mathbf{z}, \varepsilon)/\partial \varepsilon = g^\mu(\bar{\mathbf{z}})$
2. Identity relation : $z^\mu(\bar{z}^\mu(\mathbf{z}, \varepsilon), \varepsilon) = z^\mu$
3. Lie transformation relation : $\partial z^\mu(\bar{\mathbf{z}}, \varepsilon)/\partial \varepsilon = -g^\nu(\bar{\mathbf{z}}) \partial z^\mu(\bar{\mathbf{z}}, \varepsilon)/\partial \bar{z}^\nu$
4. Lie transformation relation for scalar $S(\bar{\mathbf{z}}, \varepsilon)$: $\partial S(\bar{\mathbf{z}}, \varepsilon)/\partial \varepsilon = -g^\mu(\bar{\mathbf{z}}) \partial S(\bar{\mathbf{z}}, \varepsilon)/\partial \bar{z}^\mu$

: $S(\mathbf{y}, \varepsilon) = \exp(-\varepsilon L) s(\mathbf{y})$

$: S(\mathbf{y}, \varepsilon) = \exp(-\varepsilon L) s(\mathbf{y}, \varepsilon)$

5. Lie transformation relation for differential form :

$$\partial \Gamma_\mu(\mathbf{y}, \varepsilon)/\partial\varepsilon = -g^\lambda(\mathbf{y})[\partial\Gamma_\mu(\mathbf{y}, \varepsilon)/\partial y^\lambda - \partial\Gamma_\lambda(\mathbf{y}, \varepsilon)/\partial y^\mu]$$

$$\Gamma_\mu(\bar{\mathbf{z}}, \varepsilon)/\partial\varepsilon = (\partial z^\nu(\bar{\mathbf{z}}, \varepsilon)/\partial \bar{z}^\mu)\gamma_\nu(\mathbf{z}(\varepsilon;\bar{\mathbf{z}})) : \partial\Gamma_\mu(\bar{\mathbf{z}}, \varepsilon)/\partial\varepsilon = -L\Gamma_\mu$$

6. Operator L for differential form : $(L\omega)_\mu = g^\lambda(\partial\omega_\mu/\partial y^\lambda - \partial\omega_\lambda/\partial y^\mu)$

7. Lie transformation relation : $\Gamma = T\gamma + dS$

4-7 Lie Perturbation Theory: Gyrocenter Orbit Dynamics

1. Taylor expansion of T : $T = \cdots \exp(-\varepsilon^2 L_2)\exp(-\varepsilon L_1) = 1 - \varepsilon L_1 + \varepsilon^2((1/2)L_1^2 - L_2) + \cdots$

2. Lie perturbation relations (ε^0) : $\Gamma_0 = dS_0 + \gamma_0$

   (ε^1) : $\Gamma_1 = dS_1 - L_1\gamma_0 + \gamma_1$

   (ε^2) : $\Gamma_2 = dS_2 - L_2\gamma_0 + \gamma_2 - L_1\gamma_1 + (1/2)L_1^2\gamma_0$

3. Lagrangian 1-forms of a charged particle :

$$\gamma(t, \mathbf{x}, \mathbf{v}) = (e_a\mathbf{A}(\mathbf{x}, t) + m\mathbf{v})\cdot d\mathbf{x} - [m_a v^2/2 + e_a\varphi(\mathbf{x}, t)]dt$$

4. 0th order Lagrangian 1-forms of a charged particle :

$$\gamma_0(t, \mathbf{r}, v_{/\!/}, \mu, \theta) = (e_a\mathbf{A} + m_a v_{/\!/}\mathbf{b})\cdot d\mathbf{r} - (m_a/e_a)\mu d\theta - [m_a v_{/\!/}^2/2 + \mu B(\mathbf{r})]dt$$

5. 1st and 2nd order Lagrangians : $\gamma_1 = -e_a\varphi(\mathbf{r} + \rho, t)dt,\ \gamma_2 = 0$

6. 1st order generating function of Lie transform : $g_1^i = \{S_1, \mathbf{z}^i\}$

7. 1st order Perturbed Hamiltonian in $\bar{\mathbf{z}}$: $H_1 = h_1 - \dfrac{dS_1}{dt} = e_a\varphi - \dfrac{\partial S_1}{\partial t} - \{S_1, h_0\}$

8. Gyro phase averaged Hamiltonian : $\langle H_1\rangle = H_1 = \langle e_a\varphi\rangle$

9. 1st order gauge : $S_1 = -e_a\int\varphi dt \approx -\dfrac{e_a}{\Omega}\int\varphi d\zeta$

10. 2nd order generating function of Lie transform : $g_2^i = \{S_2, z^i\}$

11. 2nd order perturbed Hamiltonian in $\bar{\mathbf{z}}$: $H_2 = \langle H_2\rangle = -\dfrac{1}{2}\langle\{S_1, h_1\}\rangle$

12. Coordinate transformation relation : $\bar{z}^\mu = z^\mu + \varepsilon\{S_1, z^\mu\} + O(\varepsilon^2)$

Chapter 5: Plasma Kinetics Theory

5-1 Phase space: Liouville's theorem and Poincare's recurrence theorem

1. Liouville theorem : $\dfrac{dD}{dt} = \dfrac{\partial D}{\partial t} + \{D, H\} = 0$

2. Poisson bracket : $\{D, H\} = \sum_{j=1}^{3N}\left[\frac{\partial D}{\partial q_j}\frac{\partial H}{\partial p_j} - \frac{\partial D}{\partial p_j}\frac{\partial H}{\partial q_j}\right]$

5-2 Dynamics and Kinetic theory: Reversible individual dynamics and irreversible kinetic equations

1. Klimontovich equation : $\frac{\partial F}{\partial t} + \mathbf{v}\cdot\frac{\partial F}{\partial \mathbf{x}} + \mathbf{a}\cdot\frac{\partial F}{\partial \mathbf{v}} = 0$

2. N-body distribution function : $F(\mathbf{x}, \mathbf{v}, t) = \sum_{i=1}^{N}\delta(\mathbf{x} - \mathbf{x}_i(t))\,\delta(\mathbf{v} - \mathbf{v}_i(t))$

3. Acceleration by EM force : $\mathbf{a} = \frac{e_a}{m_a}(\mathbf{E} + \mathbf{v}\times\mathbf{B})$

4. Ensemble averaged velocity distribution function : $f = \langle F(\mathbf{x}, \mathbf{v}, t)\rangle_{ensamble}$

5. Fluctuating velocity distribution function : $\tilde{F} = F - f$

6. Ensemble averaged EM acceleration : $\bar{a} = \frac{e_a}{m_a}(\overline{\mathbf{E}} + \mathbf{v}\times\overline{\mathbf{B}})$

7. Fluctuating EM acceleration : $\tilde{\mathbf{a}} = \mathbf{a} - \bar{a}$

8. Boltzmann equation : $\frac{df}{dt} = \frac{\partial f}{\partial t} + \mathbf{v}\cdot\frac{\partial f}{\partial \mathbf{x}} + \bar{\mathbf{a}}\cdot\frac{\partial f}{\partial \mathbf{v}} = C(f)$

9. General collision term : $C(f) = -\left\langle \tilde{\mathbf{a}}\cdot\frac{\partial \tilde{F}}{\partial \mathbf{v}}\right\rangle_{ensemble}$

10. Boltzmann collision integral : $C(f) = \int [f(\mathbf{v}'-)f(\mathbf{v}_1') - f(\mathbf{v})f(\mathbf{v}_1)]\,|\mathbf{v}_1 - \mathbf{v}|\,\sigma d\Omega d\mathbf{v}_1$

11. Boltzmann's H theorem : $\frac{dH}{dt} = \frac{d}{dt}\int f(\mathbf{v})\ln f(\mathbf{v})\,d\mathbf{v} \leq 0$

5-3 Vlasov equation: invariants, time reversibility and continuous spectrum

1. Vlasov equation : $\frac{df}{dt} = \frac{\partial f}{\partial t} + \mathbf{v}\cdot\frac{\partial f}{\partial x} + \bar{\mathbf{a}}\cdot\frac{\partial f}{\partial \mathbf{v}} = 0$

2. Generalized entropy conservation law : $\frac{dH}{dt} = \frac{d}{dt}\int G(f_s)\,d\mathbf{x}dv = 0$
(G: arbitrary function)

3. Linearized Vlasov-Poisson Equation for Langmuir wave:

$$\frac{\partial f_{al}}{\partial t} + \mathbf{v}\cdot\frac{\partial f_{al}}{\partial \mathbf{x}} = \frac{e_a}{m_a}\nabla\varphi\cdot\frac{\partial f_{a0}}{\partial \mathbf{v}}$$

$$\varepsilon_0 \nabla^2 \varphi = -e_a \int_{-\infty}^{\infty} f_{a1} d\mathbf{v}$$

7. Fourier transformed Vlasov Eq. $: (\omega - \mathbf{k}\cdot\mathbf{v}) f_{a1\mathbf{k}\omega} = -\dfrac{e_a}{m_a} \varphi_{\mathbf{k}\omega} \mathbf{k}\cdot \dfrac{\partial f_{a0}}{\partial \mathbf{v}}$

8. Solution of Fourier transformed Vlasov Eq. :

$$f_{a1\mathbf{k}\omega} = \left[-\frac{e_a}{m_a} (\mathbf{k}\cdot \partial f_{a0}/\partial \mathbf{v}) P \frac{1}{\omega - \mathbf{k}\cdot\mathbf{v}} + \lambda \delta(\omega - \mathbf{k}\cdot\mathbf{v}) \right] \varphi_{\mathbf{k}\omega}$$

9. Dispersion relation for Vlasov-Poisson equation with continuous spectrum:

$$\left[1 + \frac{e_a}{\varepsilon_0 k^2 m_a} \int_{-\infty}^{\infty} \frac{P}{\omega - \mathbf{k}\cdot\mathbf{v}} \mathbf{k}\cdot \frac{\partial f_{a0}}{\partial \mathbf{v}} d\mathbf{v} \right] + \frac{e_a}{\varepsilon_0 \mathbf{k}^2} \lambda = 0$$

5–4 Landau damping: irreversible phenomena from reversible equation

1. Fourier-Laplace transformed Vlasov-Poisson equation :

$$(\omega - \mathbf{k}\cdot\mathbf{v}) f_{e1\mathbf{k}\omega}(\mathbf{v}) = i f_{e1\mathbf{k}}(\mathbf{v}, t=0) + \frac{e}{m_e} \varphi_{\mathbf{k}\omega} \mathbf{k}\cdot \frac{\partial f_{e0}}{\partial \mathbf{v}}$$

$$i\varepsilon_0 k^2 \varphi_{\mathbf{k}\omega} = -e \int_{-\infty}^{\infty} f_{e1\mathbf{k}}(\mathbf{v}, \omega) d\mathbf{v}$$

2. Solution of electrostatic potential $: \varphi_{\mathbf{k}\omega} = -\dfrac{ie}{\varepsilon_0 k^2 K(\omega, \mathbf{k})} \displaystyle\int_{-\infty}^{\infty} \dfrac{f_{e1\mathbf{k}}(\mathbf{v}, t=0)}{\omega - \mathbf{k}\cdot\mathbf{v}} d\mathbf{v}$

$$K(\mathbf{k}, \omega) = 1 + \frac{\omega_{pe}^2}{n_e k^2} \int \frac{\mathbf{k}\cdot \partial f_{e0}/\partial \mathbf{v}}{\omega - \mathbf{k}\cdot\mathbf{v}} d\mathbf{v}$$

3. Landau damping rate $: \omega_i = -\dfrac{K_i(\mathbf{k}, \omega_r)}{\partial K_r(\mathbf{k}, \omega_r)/\partial \omega_r}$

$$K_i(\mathbf{k}, \omega_r) = -\pi \frac{\omega_{pe}^2}{k^2} \frac{\partial f_{e0}}{\partial v} \bigg|_{u=\omega_r/k}$$

$$K_r(\mathbf{k}, \omega) = 1 + \frac{\omega_{pe}^2}{n_e k^2} P \int \frac{\mathbf{k}\cdot \partial f_{e0}/\partial \mathbf{v}}{\omega_r - \mathbf{k}\cdot\mathbf{v}} d\mathbf{v}$$

4. Electric field damped by phase mixing :

$$\mathbf{E}_k(t) = -\frac{e\mathbf{k}}{2\pi \varepsilon_0 k^2} \int_{-\infty}^{\infty} d\mathbf{v} f_{e1\mathbf{k}}(\mathbf{v}, t=0) \int_{-\infty + i\omega_{10}}^{\infty + i\omega_{10}} \frac{\exp(-i\omega t) d\omega}{K(\omega, \mathbf{k})(\omega - \mathbf{k}\cdot\mathbf{v})}$$

5-5 Coulomb logarithm: collective behavior in Coulomb field

1. Shielded Coulomb potential : $\phi = \dfrac{e}{4\pi\varepsilon_0 r} e^{-r/\lambda_D}$

2. Debye length : $\lambda_D{}^{-2} = \lambda_{De}{}^{-2} + \Sigma\lambda_{Di}{}^{-2}$

$\lambda_{De}{}^2 = (\varepsilon_0 kT/e^2 n_e)^{0.5} (= 7.43 \times 10^3 [T_e(eV)/n_e(m^{-3})]^{0.5} [m])$

$\lambda_{Di}{}^2 = (\varepsilon_0 kT/e^2 Z_i^2 n_i)^{0.5}$

3. Impact parameter and scattering angle : $b = b_0 \cot\left(\dfrac{\theta}{2}\right)$

4. Landau parameter : $b_0 = e_a e_b/(4\pi\varepsilon_0 m_{ab} u^2) = 7.2 \times 10^{-10} Z_a Z_b/E_r(eV)\ (m)$

5. Reduced mass : $m_{ab} = m_a m_b/(m_a + m_b)$

6. Differential cross section : $\sigma(\theta) = b(db/d\theta)/\sin\theta$

7. Rutherford cross section : $\sigma(\theta) = \dfrac{b_0^2}{\sin^4(\theta/2)}$

8. Velocity of species a : $\mathbf{v}_a = \mathbf{V} + m_b \mathbf{u}/(m_a + m_b)$

9. Change of relative velocity :

$$\Delta\mathbf{u} = u\sin\theta\mathbf{n} - 2\sin^2(\theta/2)\mathbf{u} \quad (\sin^2(\theta/2) = b_0{}^2/(b_0{}^2 + b^2))$$

10. Change of velocity of species a : $\Delta\mathbf{v}_a = -4\pi b_0^2 \Delta\phi_b \mathbf{u} \dfrac{m_{ab}}{m_a} \displaystyle\int_0^{\lambda_D} \dfrac{b}{b^2 + b_0^2} db$

11. Coulomb logarithm : $\ln\Lambda \equiv \ln(\lambda_D/b_0)$

5-6 Fokker-Planck equation: statistics of soft Coulomb collision

1. Integral equation of velocity distribution function for Markov process:

$$f_a(\mathbf{v}, \mathbf{t}) = \int d\Delta\mathbf{v} f_a(\mathbf{v} - \Delta\mathbf{v}, t - \Delta t) P(\mathbf{v} - \Delta\mathbf{v}; \Delta\mathbf{v}, \Delta t)$$

2. Collision term for Markov process :

$$C(f_a) = -\frac{\partial}{\partial\mathbf{v}} \cdot \left(\frac{\langle\Delta\mathbf{v}\rangle}{\Delta t} f_a\right) + \frac{\partial^2}{\partial\mathbf{v}\partial\mathbf{v}} : \left(\frac{\langle\Delta\mathbf{v}\Delta\mathbf{v}\rangle}{2\Delta t} f_a\right)$$

3. Expression for changing rate of velocity :

$$\left\langle\frac{\Delta\mathbf{v}_a}{\Delta t}\right\rangle = -\frac{e_a^2 e_b^2 \ln\Lambda}{4\pi m_a^2 \varepsilon_o^2}\left(1 + \frac{m_a}{m_b}\right)\int \frac{\mathbf{u}}{u^3} f_b(\mathbf{v}_b) d\mathbf{v}_b$$

4. Expression for changing rate of perp. velocity :

$$\left\langle \frac{\Delta v_\perp^2}{\Delta t} \right\rangle = \frac{e_a^2 e_b^2}{4\pi m_a^2 \varepsilon_o^2}\left(\frac{1}{2} + \ln\Lambda\right)\int \frac{1}{u} f_b(\mathbf{v}_b) d\mathbf{v}_b$$

5. Expression for changing rate of para velocity : $\left\langle \frac{\Delta v_{//}^2}{\Delta t} \right\rangle = \frac{e_a^2 e_b^2}{16\pi m_a^2 \varepsilon_o^2}\int \frac{1}{u} f_b(v_b) d\mathbf{v}_b$

6. Slowing down rate : $\left\langle \frac{\Delta \mathbf{v}_a}{\Delta t} \right\rangle = -\frac{e_a^2 e_b^2 \ln\Lambda}{4\pi m_a^2 \varepsilon_o^2} \frac{\partial h_a(\mathbf{v}_a)}{\partial v_a}$,

$$h_a(\mathbf{v}_a) = \left(1 + \frac{m_a}{m_b}\right)\int \frac{f_b(\mathbf{v}_b)}{u} d\mathbf{v}_b$$

7. Velocity space diffusion tensor :

$$\left\langle \frac{\Delta \mathbf{v}_a \Delta \mathbf{v}_a}{2\Delta t} \right\rangle = \frac{e_a^2 e_b^2 \ln\Lambda}{8\pi m_a^2 \varepsilon_o^2}\int \frac{u^2 \mathbf{I} - \mathbf{uu}}{u^3} f_b(v_b) d\mathbf{v}_b = \frac{e_a^2 e_b^2 \ln\Lambda}{8\pi m_a^2 \varepsilon_o^2} \frac{\partial^2 g_a(\mathbf{v}_a)}{\partial \mathbf{v}_a \partial \mathbf{v}_a}, \; g_a(v_a) = \int u f_b(v_b) d\mathbf{v}_b$$

8. Collision term using Rosenbluth potentials :

$$C(f_a) = \frac{e_a^2 e_b^2 \ln\Lambda}{4\pi m_a^2 \varepsilon_o^2}\left[-\frac{\partial}{\partial \mathbf{v}_a} \cdot \left(\frac{\partial h_a}{\partial \mathbf{v}_a} f_a \right) + \frac{1}{2} \frac{\partial^2}{\partial \mathbf{v}_a \partial \mathbf{v}_a} : \left(\frac{\partial^2 g_a}{\partial \mathbf{v}_a \partial \mathbf{v}_a} f_a \right) \right]$$

9. Landau form of collision integral :

$$C(f_a) = \frac{e_a^2 e_b^2 \ln\Lambda}{8\pi \varepsilon_o^2 m_a} \frac{\partial}{\partial \mathbf{v}_a} \cdot \int d\mathbf{v}_b \mathbf{U} \cdot \left[\frac{f_b(\mathbf{v}_b)}{m_a} \frac{\partial f_a(\mathbf{v}_a)}{\partial \mathbf{v}_a} - \frac{f_a(\mathbf{v})}{m_b} \frac{\partial f_b(\mathbf{v}_b)}{\partial \mathbf{v}_b} \right]$$

10. Balescu-Lenard collision term :

$$C(f_a) = \frac{e_a^2 e_b^2}{8\pi \varepsilon_o^2 m_a} \frac{\partial}{\partial \mathbf{v}_a} \cdot \int d\mathbf{v}_b \mathbf{K}_{ab}(\mathbf{v}_a, \mathbf{v}_b) \cdot \left[\frac{f_b}{m_a} \frac{\partial f_a}{\partial \mathbf{v}_a} - \frac{f_a}{m_b} \frac{\partial f_b}{\partial \mathbf{v}_b} \right]$$

$$K_{ab}(\mathbf{v}_a, \mathbf{v}_b) = \int d\mathbf{k} \delta(\mathbf{k} \cdot (\mathbf{v}_a - \mathbf{v}_b)) \frac{\mathbf{kk}}{k^4 |\kappa(\mathbf{k}, \mathbf{k} \cdot \mathbf{v}_a)|^2}$$

$$\kappa(\mathbf{k}, \omega) = 1 + \frac{e_b^2}{\varepsilon_o m_b k^2}\int d\mathbf{v} \frac{\mathbf{k} \cdot \partial f_b / \partial \mathbf{v}}{\omega - \mathbf{k} \cdot \mathbf{v}}$$

5–7 Drift Kinetic and Gyro Kinetic Equations

1. Kinetic equation : $\frac{\partial f}{\partial t} + \mathbf{v} \cdot \frac{\partial f}{\partial \mathbf{x}} + (\mathbf{E} + \mathbf{v} \times \mathbf{B}) \cdot \frac{\partial f}{\partial \mathbf{v}} = C(f)$

2. Guiding center Poisson bracket :

$$\{X, Y\} = \frac{e_a}{m_a}\left(\frac{\partial X}{\partial \vartheta}\frac{\partial Y}{\partial \mu} - \frac{\partial X}{\partial \mu}\frac{\partial Y}{\partial \vartheta}\right) - \frac{\mathbf{b}}{e_a B^*_{/\!/}} \cdot \nabla X \times \nabla Y + \frac{\mathbf{B}^*}{m_a B^*_{/\!/}}\left(\nabla X \frac{\partial Y}{\partial v_{/\!/}} - \frac{\partial X}{\partial v_{/\!/}} \nabla Y\right)$$

3. Orbit equation in guiding center coordinates $\mathbf{z} = (\mathbf{r}, v_{/\!/}, \mu, \vartheta)$:

$$\frac{d\mu}{dt} = \{\mu, H\} = 0, \quad \frac{d\vartheta}{dt} = \{\vartheta, H\}$$

$$\frac{dv_{/\!/}}{dt} = \{v_{/\!/}, H\} = -\frac{\mathbf{B}^*}{m_a B^*_{/\!/}} \nabla H$$

$$\frac{d\mathbf{r}}{dt} = \{\mathbf{r}, H\} = \frac{\mathbf{b}}{e_a B^*_{/\!/}} \times \nabla H + \frac{\mathbf{B}^*}{m_a B^*_{/\!/}} \frac{\partial H}{\partial v_{/\!/}}$$

4. Drift Kinetic equation : $\dfrac{\partial F}{\partial t} + \{F, H\} = C(F)$ or $\dfrac{\partial F}{\partial t} + \dot{\mathbf{r}} \cdot \dfrac{\partial F}{\partial \mathbf{r}} + \dot{v}_{/\!/} \dfrac{\partial F}{\partial v_{/\!/}} = C(F)$

5. Perturbed electrostatic and vector potentials : $(\delta\varphi, \delta\mathbf{A})$

6. Perturbed Lagrangian : $\delta \mathcal{L} dt = e_a \delta_\star \mathbf{A} \cdot (d\mathbf{r} + d\boldsymbol{\rho}) - e_a \delta_\star \varphi dt = -\delta H dt$

$$\delta_\star \mathbf{A} = \delta \mathbf{A}(\mathbf{r} + \boldsymbol{\rho}), \ \delta_\star \varphi = \delta\varphi(\mathbf{r} + \boldsymbol{\rho})$$

7. Perturbed Hamiltonian : $\delta H = e_a \delta_\star \varphi - e_a \delta_\star \mathbf{A} \cdot \mathbf{v}$

8. Coordinate transformation : $\mathbf{z} = (\mathbf{r}, v_{/\!/}, \mu, \vartheta) \Rightarrow \bar{\mathbf{z}} = (\bar{\mathbf{r}}, \bar{v}_{/\!/}, \bar{\mu}, \bar{\vartheta})$

9. Perturbation expansion of Hamiltonian : $\overline{H} = \overline{H}_0 + \overline{H}_1 + \overline{H}_2 + \cdots$

$$\overline{H}_0 = \frac{1}{2} m_a \bar{v}_{/\!/}^2 + \bar{\mu} B(\bar{\mathbf{r}}) + e_a \overline{\Phi}(\bar{\mathbf{r}}, t)$$

$$\overline{H}_1 = \delta H - \frac{dS_1}{dt}, \ \overline{H}_2 = \frac{e_a^2}{2m_a} |\delta_\star \mathbf{A}|^2 - \frac{1}{2}\{S_1, \delta H\} - \frac{dS_2}{dt}$$

10. Solution of $\overline{H} = \overline{H}_0 + \overline{H}_1 + \overline{H}_2 + \cdots$: $\overline{H}_1 = e_a \langle \delta_\star \varphi \rangle - e_a \langle \delta_\star \mathbf{A} \rangle \cdot \mathbf{b} v_{/\!/} - e_a \langle \delta_\star \mathbf{A} \cdot \mathbf{v}_\perp \rangle$

$$\overline{H}_2 = \frac{e_a^2}{2m_a} \langle |\delta_\star \mathbf{A}|^2 \rangle - \frac{1}{2} \langle \{S_1, \delta H\} \rangle$$

11. Solution of coordinate transformation : $\bar{z}_a = z_a + \{S_1, z_a\} + e_a \delta_\star \mathbf{A} \cdot \{\mathbf{r} + \boldsymbol{\rho}, z_a\} + \cdots$

12. Gyro Kinetic equation : $\dfrac{\partial \overline{F}}{\partial t} + \{\overline{F}, \overline{H}\} = \overline{C}(\overline{F})$ or $\dfrac{\partial \overline{F}}{\partial t} + \dot{\bar{\mathbf{r}}} \cdot \dfrac{\partial \overline{F}}{\partial \bar{\mathbf{r}}} + \dot{\bar{v}}_{/\!/} \dfrac{\partial \overline{F}}{\partial \bar{v}_{/\!/}} = \overline{C}(\overline{F})$

13. Gyro Kinetic orbit equations :

$$\frac{d\bar{v}_{/\!/}}{dt} = \{\bar{v}_{/\!/}, \overline{H}\} = -\frac{\mathbf{B}^*}{m_a B^*_{/\!/}} \nabla \overline{H}, \quad \frac{d\bar{\mathbf{r}}}{dt} = \{\bar{\mathbf{r}}, \overline{H}\} \ \frac{\mathbf{b}}{e_a B^*_{/\!/}} \times \nabla \overline{H} + \frac{\mathbf{B}^*}{m_a B^*_{/\!/}} \frac{\partial \overline{H}}{\partial \bar{v}_{/\!/}}$$

Chapter 6: Magneto hydrodynamic stability

6-1 General framework of stability

1. System evolution equation : $d\mathbf{X}/dt = N(\mathbf{X})$
2. Linearized evolution equation : $L\xi = L\xi \ (L = N'(\mathbf{X}_0),\ \ \xi = \mathbf{X} - \mathbf{X}_0)$
3. Regular matrix : $\mathbf{LL}^* = \mathbf{L}^*\mathbf{L}$
4. Unitary transformation : $\mathbf{U}^{-1}\mathbf{LU}$
5. Self-adjoint matrix : $\mathbf{L}^* = \mathbf{L}$
6. Position operator (w. continuous spectrum) : $\mathbf{Au}(x) = \lambda\mathbf{u}(x)$
7. Eigen value equation : $\mathbf{Au} = \lambda\mathbf{u}$
8. Inverse operator of eigen value equation : $(\lambda\mathbf{I} - \mathbf{A})^{-1}$

6-2 Action principle of ideal magneto fluid and Hermite operator

1. Action integral of ideal MHD equation : $S = \int_{t_1}^{t_2} \mathcal{L} dt$

   Lagrangian : $\mathcal{L} = \int \left[\frac{1}{2}\rho\mathbf{v}^2 - \frac{P}{\gamma - 1} - \frac{\mathbf{B}^2}{2\mu_0}\right] dV$

2. Perturbed MHD relations : $\delta\mathbf{v} = \mathbf{v}\cdot\nabla\xi - \xi\cdot\nabla\mathbf{v} + \partial\xi/\partial t$

   $\delta\rho = -\nabla\cdot(\rho\xi)$

   $\delta P = -\gamma P\nabla\cdot\xi - \xi\cdot\nabla P$

   $\delta\mathbf{B} = \nabla\times(\xi\times\mathbf{B})$

3. Variation of action integral : $\delta S = -\int_{t_1}^{t_2} dt \int dv\,\delta\xi\cdot\left[\frac{\partial(\rho\mathbf{v})}{\partial t} + \nabla\cdot(\rho\mathbf{vv}) + \nabla P - \mathbf{J}\times\mathbf{B}\right]$

4. Action integral of toroidal equilibrium : $S = \int L dV = \int\left[\frac{B^2}{2\mu_0} + \frac{P}{\gamma - 1}\right] dV$

5. Variation of action integral for equilibrium : $\delta S = -\int \xi\cdot\left[\mu_0^{-1}(\nabla\times\mathbf{B})\times\mathbf{B} - \nabla P\right] dV$

6. Linearized ideal MHD equation :

$$\rho\frac{\partial^2\xi}{\partial t^2} = \mathbf{F}(\xi) = \delta\mathbf{J}\mathrm{x}\mathbf{B} + \mathbf{J}\mathrm{x}\delta\mathbf{B} - \nabla\delta P$$

$$= \mu_0^{-1}\{\nabla\times[\nabla\times(\xi\times\mathbf{B})]\}\times\mathbf{B}\mu_0^{-1}(\nabla\times\mathbf{B})\times[\nabla\times(\xi\times\mathbf{B})] + \nabla[\gamma P\nabla\cdot\xi + \xi\cdot\nabla P]$$

7. Hermitian property of MHD operator : $\int \boldsymbol{\eta}\cdot F(\xi)dV=\int \xi\cdot F(\boldsymbol{\eta})dV$

6–3 Energy principle and spectrum

1. Energy conservation law : $\frac{1}{2}\int\rho\left(\frac{\partial\xi}{\partial t}\right)^2 dv=\frac{1}{2}\int\xi\cdot\mathbf{F}(\xi)dv$

2. Kinetic energy : $\delta K=(1/2)\int\rho(\partial\xi/\partial t)^2 dv$

3. Potential energy : $\delta W=-(1/2)\int\xi\cdot F(\xi)dv$

2. Energy integral by Furth : $\delta W(\xi)=\int dV[\delta W_{SA}+\delta W_{MS}+\delta W_{SW}+\delta W_{IC}+\delta W_{KI}]$

shear Alfven wave energy : $\delta W_{SA}=B_1^2/2\mu_0$,

magneto sonic wave energy : $\delta W_{MS}=B^2(\nabla\cdot\boldsymbol{\xi}_\perp+2\boldsymbol{\xi}_\perp\cdot\kappa)^2/2\mu_0$,

sound wave energy : $\delta W_{SW}=\gamma p(\nabla\cdot\boldsymbol{\xi})^2/2$,

ballooning free energy : $\delta W_{EX}=(\boldsymbol{\xi}_\perp\cdot\nabla p)(\boldsymbol{\xi}_\perp\cdot\kappa)/2$,

kink free energy : $\delta W_{KI}=-J_{/\!/}\mathbf{b}\cdot(\mathbf{B}_{1\perp}\times\boldsymbol{\xi}_\perp)/2,\ \mathbf{B}_1=\nabla\times(\boldsymbol{\xi}\,\mathbf{x}\mathbf{B})$

3. Eigen value : $\omega^2=-\int\xi^*\cdot\mathbf{F}(\xi)dV/\int\rho\left|\xi\right|^2 dV$

4. Orthogonality of eigen-function : $(\omega_m^2-\omega_n^2)\int\rho\,\boldsymbol{\xi}_m\cdot\boldsymbol{\xi}_n dV=0$

5. Laplace transformed linear MHD equation : $[\lambda-\mathbf{F}/\rho]\boldsymbol{\xi}=\mathbf{a}$

6. Eigen mode equation of linear MHD equation : $\boldsymbol{\xi}=[\lambda-\mathbf{F}/\rho]^{-1}\mathbf{a}$

6–4 Euler-Lagrange equation: Newcomb equation in ideal magneto fluid
Newcomb equation for cylindrical plasma

1. Energy integral of cylindrical plasma : $W=\frac{\pi}{2\mu_0}\int_0^a\left[f\left|\frac{d\xi}{dr}\right|^2+g|\xi|^2\right]dr+W_a+W_v$

$$:f=\frac{r(kB_z+(m/r)B_\theta)^2}{k^2+(m/r)^2},$$

$$:g=\frac{1}{r}\frac{r(kB_z-(m/r)B_\theta)^2}{k^2+(m/r)^2}+r(kB_z+(m/r)B_\theta)^2-\frac{2B_\theta}{r}\frac{d(rB_\theta)}{dr}-\frac{d}{dr}\left(\frac{k^2B_z^{\ 2}-(m/r)^2B_\theta^{\ 2}}{k^2+(m/r)^2}\right)$$

$$:\boldsymbol{\zeta}_0\left(\xi,\frac{d\xi}{dr}\right)=\frac{r}{k^2r^2+m^2}\left[(krB_\theta-mB_z)\frac{d\xi}{dr}-(krB_\theta+mB_z)\frac{\xi}{r}\right]$$

2. Newcomb equation (EL equation) : $\frac{d}{dr}\left(f\frac{d\xi}{dr}\right)-g\xi=0$

3. Suydam criterion : $q'(r)/q(r))^2 + 8\mu_0 p'(r)/rB_z^2 > 0$

4. Mercier criterion : $r(d\ln q/dr)^2/4 + 2\mu_0(dp/dr)(1-q^2)/B_z^2 > 0$

5. Magnetic shear : $s = r(dq/dr)$

Newcomb equation for axi-symmetric plasma

6. GS equation for $r = [2R_0 \int_0^{\psi}(q/F)d\psi]^{1/2}$:

$$\frac{\partial}{\partial r}\left[r\frac{d\psi}{dr}|\nabla r|^2\right] + \frac{\partial(\nabla r\cdot\nabla\theta)}{\partial\theta}\frac{d\psi}{dr} = -\mu_0 R^2\frac{dp}{d\psi} - F\frac{dF}{d\psi}$$

7. Energy integral : $W_p = \dfrac{\pi}{2\mu_0}\int_0^a dr\int_0^{2\pi} d\theta\,\mathcal{L}\left(X, \dfrac{\partial X}{\partial\theta}, \dfrac{\partial X}{\partial r}, V, \dfrac{\partial V}{\partial\theta}\right)$

8. Euler-Lagrange equation for V : $\dfrac{\partial}{\partial\theta}\left[\dfrac{\partial\mathcal{L}}{\partial(\partial V/\partial\theta)}\right] - \dfrac{\partial\mathcal{L}}{\partial V} = 0$

9. Solvability condition : $\int_0^{2\pi}\dfrac{\partial\mathcal{L}}{\partial V}d\theta = 0$

10. Reduced 1D energy integral : $W_p = \dfrac{\pi^2}{\mu_0}\int_0^a \mathcal{L}\left(\mathbf{X}, \dfrac{d\mathbf{X}}{dr}\right)dr$

11. Euler-Lagrange equation : $\dfrac{d}{dr}\dfrac{\partial\mathcal{L}}{\partial(d\mathbf{X}/dr)} - \dfrac{\partial\mathcal{L}}{\partial\mathbf{X}} = 0$

12. 2D Newcomb equation : $\dfrac{d}{dr}\mathbf{f}\dfrac{d\mathbf{X}}{dr} + \mathbf{g}\dfrac{d\mathbf{X}}{dr} + \mathbf{hX} = 0$

6–5 Tension of magnetic field: Kink and tearing

1. Energy integral in Tokamak ordering :

$$W_p = \frac{\pi^2 B_\zeta^2}{\mu_0 R_0}\left\{\int_0^a\left[\left(r\frac{d\xi}{dr}\right)^2 + (m^2-1)\xi^2\right]\left(\frac{n}{m} - \frac{1}{q}\right)^2 r\,dr\right\}$$

$$: W_v = \frac{\pi^2 B_\zeta^2}{\mu_0 R_0}\left[\frac{2}{q_a}\left(\frac{n}{m} - \frac{1}{q_a}\right) + (1+m\lambda)\left(\frac{n}{m} - \frac{1}{q_a}\right)^2\right]a^2\xi_a^2$$

$$\lambda = (1+(a/b)^{2m})/(1-(a/b)^{2m})$$

2. Ohm's law : $\gamma B_r - \dfrac{B_\theta}{r}(m-nq)iv_r = \dfrac{\eta}{\mu_0}\dfrac{d^2B_r}{dr^2}$

3. Diffusion equation for helical flux : $\dfrac{\partial\psi}{\partial t} = \dfrac{\eta}{\mu_0}\dfrac{\partial^2\psi}{\partial r^2}$

4. Rutherford equation $: \frac{dw}{dt} = 1.66 \frac{\eta}{\mu_0} (\Delta'(w) - \alpha w)$

5. Newcomb equation for ψ in Tokamak ordering :

$$\frac{1}{r}\frac{d}{dr}\left(r\frac{d\psi}{dr}\right) - \frac{m^2}{r^2}\psi - \frac{\mu_0 dJ/dr}{B_\theta(1-nq/m)}\psi = 0$$

6–6 Curvature of magnetic field: ballooning and quasi-mode expansion

1. Expression of displacement by stream function $: \xi_\perp = \frac{i\mathbf{B}\times\nabla\Phi}{B^2}$

2. Eikonal form of stream function $: \Phi = F(\psi, \theta) e^{-in\alpha}, \alpha = \zeta - q\theta$

   Magnetic field in Crebsch coordinates $: \mathbf{B} = \nabla\alpha \times \nabla\psi$

3. Shear Alfven term for ballooning modes $: \delta W_{SA} = \frac{B_1^2}{2\mu_0} \sim \frac{(\nabla\alpha)^2}{2\mu_0 B^2} |\mathbf{B}\cdot\nabla F|^2$

4. Ballooning term for ballooning modes :

$$\delta w_{EX} = (\xi_\perp \cdot \nabla p)(\xi_\perp \cdot \boldsymbol{\kappa})/2 \sim P'(\psi)\,[(\mathbf{B}\times\nabla\alpha)\cdot\boldsymbol{\kappa}/B^2]\,|F|^2$$

5. Energy integral for ballooning modes :

$$W_p = \frac{1}{2\mu_0}\int\left[\frac{|\nabla\alpha|^2}{B^2}(\mathbf{B}\cdot\nabla F)^2 - 2\mu_0 P'(\psi)\kappa_w F^2\right]dV$$

6. Euler-Lagrange equation for ballooning modes $: J^{-1}\frac{\partial}{\partial\theta}\left[\frac{|\nabla\alpha|^2}{JB^2}\frac{\partial F}{\partial\theta}\right] + \mu_0 P'(\psi)\kappa_w F = 0$

7. Quasi-mode expansion of F $: F(\psi, \theta) = \sum_{N=-\infty}^{\infty} F_2(\theta - 2\pi N)$

8. Euler-Lagrange equation for quasi-mode :

$$J^{-1}\frac{\partial}{\partial y}\left[\frac{|\nabla\alpha|^2}{JB^2}\frac{\partial F_2(y)}{\partial y}\right] + \mu_0 P'(\psi)\boldsymbol{\kappa}_w F_2(y) = 0$$

9. Clebsch coordinates $: (\psi, \theta, \alpha)\ (\alpha = \theta - q\zeta)$

6–7 Flow: Non Hermitian Frieman-Rotenberg equation

1. Flow relation $: \mathbf{u}\times\mathbf{B} = -\nabla\psi$, where $\psi = \Omega(\psi)\nabla\psi$

$$: \mathbf{u} = \frac{\Phi_M}{\rho}\mathbf{B} + R^2\Omega\nabla\zeta$$

2. Surface quantities : $F = F(\psi),\ p(\psi, R) = p_0(\psi)\exp\left[\frac{M}{2T}R^2\Omega^2\right]$
where $\mathbf{B} = \nabla\zeta\times\nabla\psi + F\ \nabla\zeta$

3. Grad-Shafranov equation with toroidal flow : $\Delta^*\psi = -\mu_0 R^2 \partial P(\psi, R)/\partial\psi - FF'(\psi)$

4. Action integral for ideal MHD with flow : $S = \int \mathcal{L} dVdt$

: $\mathcal{L} = \frac{1}{4}\rho\dot{\boldsymbol{\xi}}^2 - \rho\boldsymbol{\xi}\cdot(\mathbf{u}\cdot\nabla)\dot{\boldsymbol{\xi}} + \frac{1}{2}\rho\boldsymbol{\xi}\cdot\mathbf{F}(\xi)$

5. Generalized momentum : $\boldsymbol{p} \equiv \partial\mathcal{L}/\partial\dot{\boldsymbol{\xi}} = \rho(\partial\boldsymbol{\xi}/\partial t) + \rho\mathbf{u}\cdot\nabla\boldsymbol{\xi}$

6. Hamiltonian for flow MHD : $\mathcal{H} = \frac{1}{2\rho}[\boldsymbol{p} - \rho\mathbf{u}\cdot\nabla\boldsymbol{\xi}]^2 - \frac{1}{2}\rho\boldsymbol{\xi}\cdot\mathbf{F}(\xi)$

7. Hamilton equation : $d\boldsymbol{p}/dt = -\ \partial\mathcal{H}/\partial\boldsymbol{\xi}$

: $d\boldsymbol{p}/dt = \mathbf{F}(\boldsymbol{\xi}) - \rho\mathbf{u}\cdot\nabla[(\boldsymbol{p}/\rho) - \mathbf{u}\cdot\nabla\boldsymbol{\xi}]$

8. Frieman-Rotenberg equation : $\rho\frac{\partial^2\boldsymbol{\xi}}{\partial t^2} + 2\rho(\mathbf{u}\cdot\nabla)\frac{\partial\boldsymbol{\xi}}{\partial t} = \mathbf{F}(\boldsymbol{\xi})$

$\mathbf{F}(\boldsymbol{\xi}) = \mathbf{F}_s(\boldsymbol{\xi}) + \mathbf{F}_d(\boldsymbol{\xi})$

$\mathbf{F}_s(\boldsymbol{\xi}) = \nabla[\boldsymbol{\xi}\cdot\nabla p + \gamma p\nabla\cdot\boldsymbol{\xi}] + (\nabla\times\mathbf{B}_1)\times\mathbf{B} + \mathbf{J}\times\mathbf{B}_1$

$\mathbf{F}_d(\boldsymbol{\xi}) = \nabla\cdot[\rho\boldsymbol{\xi}(\mathbf{u}\cdot\nabla)u - \rho\mathbf{u}(\mathbf{u}\cdot\nabla)\boldsymbol{\xi}]$

$\mathbf{B}_1 = \nabla\times(\boldsymbol{\xi}\times\mathbf{B})$

Chapter 7: Plasma Wave Dynamics

7-1 Dynamics of wave propagation

1. Eikonal equation : $\omega = -\frac{\partial\zeta}{\partial t}$,

$\mathbf{k} = \frac{\partial\zeta}{\partial\mathbf{x}}$

2. Eikonal relation : $\frac{\partial\mathbf{k}}{\partial t} = -\frac{\partial\omega}{\partial\mathbf{x}}$

3. Dispersion relation and group velocity : $\omega = \Omega(\mathbf{k}, \mathbf{x}, t)$

: $\frac{\partial\omega}{\partial\mathbf{x}} = \mathbf{v}_g\cdot\frac{\partial\mathbf{k}}{\partial\mathbf{x}} + \left.\frac{\partial\Omega}{\partial\mathbf{x}}\right|_{\mathbf{k}}$

4. Hamilton equation for wave propagation : $\frac{d\mathbf{x}}{dt} = \left(\frac{\partial\Omega}{\partial k}\right)_{\mathbf{x}}$

$$\frac{d\mathbf{k}}{dt} = -\left(\frac{\partial \Omega}{\partial \mathbf{x}}\right)_{\mathbf{k}}$$

5. Ohm's law : $\hat{\mathbf{J}} = \sigma \hat{\mathbf{E}}$

6. Dielectric tensor : $\varepsilon(\omega, \mathbf{k}) = \mathbf{I} + \frac{\mathbf{i}\sigma}{\varepsilon_0 \omega}$

4. Electric field equation : $\mathbf{M} \cdot \hat{\mathbf{E}} = 0$

: $\mathbf{M} = (\mathbf{kk} - k^2\mathbf{I})/k_0^2 + \mathbf{K},\ \mathbf{K} = \mathbf{I} + \frac{\mathbf{i}\sigma}{\varepsilon_0 \omega},\ k_0 = \omega/c$

5. Poynting theorem ($\mathbf{S} = \mathbf{E} \times \mathbf{B}/\mu_0$) : $\frac{\partial}{\partial t}\left(\frac{\mathbf{B}^2}{2\mu_0} + \frac{\varepsilon_0 \mathbf{E}^2}{2}\right) = -\mathbf{J} \cdot \mathbf{E} - \nabla \cdot \mathbf{S}$

6. Wave energy equation : $\frac{\partial \mathcal{E}}{\partial t} + \nabla \cdot \hat{\mathbf{S}} = Q$

7. Wave energy : $\mathcal{E} = \frac{1}{2}\left(\varepsilon_0 \hat{\mathbf{E}}^* \cdot \frac{\partial(\omega \varepsilon_h)}{\partial \omega} \cdot \hat{\mathbf{E}} + \frac{1}{\mu_0} \mathbf{B}^* \cdot \mathbf{B}\right)$ or

$$\mathcal{E} = \frac{\varepsilon_0}{2} \hat{\mathbf{E}}^* \cdot \frac{\partial(\omega \mathbf{M}_h)}{\partial \omega} \cdot \hat{\mathbf{E}}$$

: $\boldsymbol{\varepsilon}_h = (\boldsymbol{\varepsilon} + \boldsymbol{\varepsilon}^+)/2,\ \mathbf{M}_h = (\mathbf{M} + \mathbf{M}^+)/2,\ \boldsymbol{\sigma}_h = (\boldsymbol{\sigma} + \boldsymbol{\sigma}^+)/2$

: $Q = \hat{\mathbf{E}}^* \cdot \boldsymbol{\sigma}_h \cdot \hat{\mathbf{E}}$

: $\hat{\mathbf{S}} = \mathrm{Re}(\hat{\mathbf{E}}^* \times \hat{\mathbf{B}})/\mu_0$

7. Wave energy and action : $\varepsilon = \omega \mathcal{J}$

8. Wave action : $\mathcal{J} = \frac{\varepsilon_0}{2} \hat{\mathbf{E}}^* \cdot \frac{\partial \mathbf{M}_h}{\partial \omega} \cdot \hat{\mathbf{E}}$

7-2 Lagrange wave dynamics : and-dissipative system and dissipcfive system

1. Action principle for wave packet : $S = \int dt \int \mathcal{L} d\mathbf{x}$

$$\mathcal{L} = \mathcal{L}_M(\mathbf{A}, \Phi) + \sum_a \mathcal{L}_a(\xi_a, \mathbf{A}, \Phi)$$

$$\mathcal{L}_M(\mathbf{A}, \Phi) = \varepsilon_0 \left[\frac{\partial \mathbf{A}}{\partial t} + \nabla \Phi\right]^2 - \frac{1}{\mu_0}(\nabla \mathrm{x} \mathbf{A})^2$$

$$\mathcal{L}_a(\xi_a, \mathbf{A}, \Phi) = n_a\left[\frac{m_a}{2}\dot{\xi}_a^2 + e_a(\dot{\xi}_a \cdot \mathbf{A}(\mathbf{x} + \xi_a, t) - \Phi(\mathbf{x} + \xi_a, t))\right]$$

2. Lagrangian for linear wave : $[\mathcal{L}]_{lin} = \varepsilon_0 \hat{\mathbf{E}}^* \cdot \mathbf{M} \cdot \hat{\mathbf{E}}$

3. Euler Lagrange equation $: \frac{\partial}{\partial t}\left[\frac{\partial \mathcal{L}}{\partial \omega}\right]+\frac{\partial}{\partial \mathbf{x}}\cdot\left[\frac{\partial \mathcal{L}}{\partial \mathbf{k}}\right]=0$

4. Momentum conjugate to eikonal $: \mathcal{J}=\frac{\partial \mathcal{L}}{\partial \omega}=\frac{\partial \mathcal{L}}{\partial \dot{\zeta}}=\varepsilon_0 \hat{\mathbf{E}}^* \cdot \frac{\partial \mathbf{M}}{\partial \omega}\cdot \hat{\mathbf{E}}$

5. Number conservation in a wave packet $: \frac{\partial \mathcal{J}}{\partial t}+\frac{\partial}{\partial \mathbf{x}}\cdot(\mathbf{v}_g \mathcal{J})=0$

Hamilton dynamics using conjugate variables

9. Dissipative system equation $: \frac{d\mathbf{x}}{dt}=\mathbf{f}(\mathbf{x}, t)$

10. Lagrangian for dissipative system with extended phase space :

$$\mathcal{L}=\mathbf{p}\cdot\left(\frac{d\mathbf{x}}{dt}-\mathbf{f}\right)=\mathbf{p}\cdot\frac{d\mathbf{x}}{dt}-\mathcal{H}$$

11. Hamiltonian $: \mathcal{H}=\mathbf{p}\cdot\mathbf{f}(\mathbf{x}, t)$

12. Hamilton equation $: \frac{d\mathbf{x}}{dt}=\frac{\partial \mathcal{H}}{\partial \mathbf{p}}=\mathbf{f}(\mathbf{x}, t)$

$$\frac{d\mathbf{p}}{dt}=-\frac{\partial \mathcal{H}}{\partial \mathbf{x}}=\frac{\partial \mathbf{f}(\mathbf{x}, t)}{\partial \mathbf{x}}\cdot\mathbf{p}$$

7-3 Dispersion relation, resonance and cut-off of plasma wave

1. Dielectric tensor for cold wave $: \boldsymbol{\varepsilon}=\begin{bmatrix} S & -iD & 0 \\ iD & S & 0 \\ 0 & 0 & P \end{bmatrix}$

$$S=1-\sum_a \frac{\omega_{pa}^2}{\omega^2-\Omega_a^2},\ D=\sum_a \frac{\Omega_a}{\omega}\frac{\omega_{pa}^2}{\omega^2-\Omega_a^2},$$

$$P=1-\sum_a \frac{\omega_{pa}^2}{\omega^2},\quad \omega_{pa}^2=\frac{n_a e_a^2}{\varepsilon_0 m_a},\quad \Omega_a=\frac{e_a B}{m_a}$$

2. Refractive index $: n=kc/\omega$

3. Dispersion relation $: [S\sin^2\theta+P\cos^2\theta]n^4-[RL\sin^2\theta+PS(1+\cos^2\theta)]n^2+PRL=0$

$$R=\frac{S+D}{2},\ L=\frac{S-D}{2}$$

4. Cut-off $(n=0)$ condition $: PRL=0$

5. Resonance $(n=\infty)$ condition $: \tan^2\theta=-\frac{P}{S}$

6. Time symmetry of cold wave dielectric tensor : $\boldsymbol{\varepsilon}(-\omega) = \varepsilon^*(\omega)$

7. Onsager symmetry of cold wave dielectric tensor : $\boldsymbol{\varepsilon}(-\mathbf{B}) = \boldsymbol{\varepsilon}^t(\mathbf{B})$

8. Hermite symmetry of cold wave dielectric tensor : $\boldsymbol{\varepsilon} = \boldsymbol{\varepsilon}^+$

Causality and time's arrow

9. Principle of superposition, translational invariance :

$$\mathbf{J}(\mathbf{x}, t) = \frac{1}{2\pi}\iint dx'dt'\,\sigma(\mathbf{x}-\mathbf{x}', t-t')\mathbf{E}(\mathbf{x}', t')$$

10. Space time Fourier transform of above eq. : $\mathbf{J}(\omega, \mathbf{k}) = \sigma(\omega, \mathbf{k})\mathbf{E}(\omega, \mathbf{k})$

11. Kramers-Kronig relation : $\sigma_r(\omega) = \frac{1}{\pi}P\int\frac{\sigma_i(\omega')d\omega'}{\omega'-\omega}, \ \sigma_i(\omega) = -\frac{1}{\pi}P\int\frac{\sigma_r(\omega')d\omega'}{\omega'-\omega}$

7-4 Alfven wave resonance in non-uniform plasma

1. Perpendicular refractive index : $n_\perp^2 = \frac{(R-n_{/\!/}^2)(L-n_{/\!/}^2)}{S-n_{/\!/}^2}$

2. Alfven wave resonance condition : $\omega = k_{/\!/}V_A$

3. Cold plasma wave equation : $\frac{c^2}{\omega^2}\frac{d^2E}{dx^2} + \frac{(R-n_{/\!/}^2)(L-n_{/\!/}^2)}{S-n_{/\!/}^2}E = 0$

4. Wave equation near resonance : $\frac{d^2E}{dy^2} + \frac{\lambda^2(y^2-1)}{y+i\varepsilon}E = 0$, where $\lambda^2 = \left|\frac{D^3\omega^2}{c^2(dS(0)/dx)^2}\right|$

5. Dispersion relation of Kinetic Alfven Wave :

$$\omega^2 = k_{/\!/}^2V_A^2\left[1 + k_\perp^2\rho_i^2\left(\frac{3}{4}+\frac{T_e}{T_i}\right)\right] \quad ((k_\perp\rho_i)^2 \ll 1)$$

7-5 Universal wave in confined plasma : drift wave

1. Dispersion relation of simple drift wave : $\omega(\omega-\omega_*) = k_{/\!/}^2C_s^2$

2. Sound velocity : $C_s = (T_e/m_i)^{1/2}$,

3. Diamagnetic drift frequency : $\omega_* = -\frac{k_\perp T_e}{eB}\frac{d\ln n_e}{dr}$

4. Dispersion relation of ITG drift wave : $\omega(\omega-\omega_*) = k_{/\!/}^2C_s^2\left[\frac{5}{3}\tau + 1 + \tau\frac{\omega_*}{\omega}\left(\eta - \frac{2}{3}\right)\right]$

5. Critical temperature for ITG (example) : $\omega^2 \sim -\frac{k_{/\!/}^2C_s^2}{\tau}\left(\eta - \frac{2}{3}\right)$ where $\eta = \frac{d\ln T_i}{d\ln n_e}$

6. Polarization drift : $\mathbf{v}_{pa} = -\frac{m_a}{eB^2}\frac{d\mathbf{E}}{dt}$

7. Boltzmann relation for electron : $\frac{\tilde{n}_e}{n_e} = \frac{e\tilde{\Phi}}{T_e}$

8. Drift wave dispersion with polarization drift : $\omega^2(1+\tau k_\perp^2\rho_i^2/2) - \omega\omega_* = k_{/\!/}^2 C_s^2$

9. Hasegawa-Mima equation : $\frac{\partial \Phi_k(t)}{\partial t} + i\omega_{k*}\Phi_k(t) = \sum_{k=k_1+k_2} V_{k_1,k_2}\Phi_{k_1}(t)\Phi_{k_2}(t)$

$$\omega_{k*} = \frac{\omega_*}{1+\tau k_\perp^2\rho_i^2/2},\ V_{\mathbf{k}_1,\mathbf{k}_2} = \frac{\rho_s^2}{(1+\tau k^2\rho_s^2)B}(\mathbf{k}_1\times\mathbf{k}_2)\cdot\mathbf{e}_z\,[k_2^2-k_1^2],\ \rho_s = (T_e/m_i)^{1/2}/\Omega_i$$

Chapter 8: Collisional transport in closed magnetic system

8-1 Moment equation

1. Momentum balance equation : $m_a n_a\frac{d\mathbf{u}_a}{dt} = e_a n_a(\mathbf{E}+\mathbf{u}_a\times\mathbf{B}) - \nabla P_a - \nabla\cdot\mathbf{\Pi}_a + \mathbf{F}_{a1} + \mathbf{M}_a$

2. Heat flux balance equation : $m_a\frac{\partial}{\partial t}\left(\frac{\mathbf{q}_a}{T_a}\right) = \frac{e_a}{T_a}\mathbf{q}_a\times\mathbf{B} - \frac{5}{2}n_a\nabla T_a - \nabla\cdot\mathbf{\Theta}_a + \mathbf{F}_{a2} + \mathbf{Q}_a$

3. CGL expression of viscous tensor : $\mathbf{\Pi}_a = (P_{/\!/a} - P_{\perp a})\left(\mathbf{bb} - \frac{1}{3}\mathbf{I}\right) + O(\delta^2)$

4. CGL expression of heat viscous tensor : $\mathbf{\Theta}_a = (\Theta_{/\!/a} - \Theta_{\perp a})\left(\mathbf{bb} - \frac{1}{3}\mathbf{I}\right) + O(\delta^2)$

5. First order perpendicular flow : $\mathbf{u}_{\perp a}^{(1)} = \frac{\mathbf{E}\times\mathbf{B}}{B^2} + \frac{\mathbf{b}\times\nabla P_a}{m_a n_a\Omega_a}$

6. First order perpendicular heat flow : $\mathbf{q}_{\perp a}^{(1)} = \frac{5}{2}P_a\frac{\mathbf{b}\times\nabla T_a}{m_a\Omega_a}$

7. Averaged parallel momentum balance : $\langle \mathbf{B}\cdot\nabla\cdot\mathbf{\Pi}_a\rangle = \langle \mathbf{B}\cdot\mathbf{F}_{a1}\rangle + e_a n_a\langle \mathbf{B}\cdot\mathbf{E}\rangle + \langle \mathbf{B}\cdot\mathbf{M}_a\rangle$

8. Averaged parallel heat flux balance : $\langle \mathbf{B}\cdot\nabla\cdot\mathbf{\Theta}_a\rangle = \langle \mathbf{B}\cdot\mathbf{F}_{a2}\rangle + \langle \mathbf{B}\cdot\mathbf{Q}_a\rangle$

9. Particle density : $n_a \equiv \int f_a(\mathbf{x},\mathbf{v},t)\,d\mathbf{v}$

10. Flow : $\mathbf{u}_a \equiv \frac{1}{n_a}\int \mathbf{v} f_a(\mathbf{x},\mathbf{v},t)\,d\mathbf{v}$

11. Heat flow : $\mathbf{q}_a \equiv \int (\mathbf{v}-\mathbf{u}_a)\frac{m_a}{2}|\mathbf{v}-\mathbf{u}_a|^2 f_a(\mathbf{x},\mathbf{v},t)\,d\mathbf{v}$

12. Pressure $: P_a \equiv \int \frac{m_a}{3} |\mathbf{v}-\mathbf{u}_a|^2 f_a(\mathbf{x}, \mathbf{v}, t)\, d\mathbf{v}$

13. Viscous stress tensor $: \boldsymbol{\Pi}_a \equiv \int m_a \left(\mathbf{vv} - \frac{1}{3} v^2 \mathbf{I}\right) f_a(\mathbf{x}, \mathbf{v}, t)\ d\mathbf{v}$

14. Heat viscous tensor $: \boldsymbol{\Theta}_a \equiv \int m_a \left(\mathbf{vv} - \frac{1}{3} v^2 \mathbf{I}\right)\left(\frac{m_\alpha v^2}{2T_a} - \frac{5}{2}\right) f_a(\mathbf{x}, \mathbf{v}, t)\, d\mathbf{v}$

15. Friction force $: \mathbf{F}_{a1} \equiv \int m_a \mathbf{v} C(f_a)\, d\mathbf{v}$

16. Heat friction $: \mathbf{F}_{a2} \equiv \int m_a \mathbf{v} \left(\frac{m_\alpha v^2}{2T_a} - \frac{5}{2}\right) C(f_a)\, d\mathbf{v}$

17. Parallel flow $: v_{/\!/} \equiv \mathbf{b}\cdot\mathbf{v},\ \ u_{/\!/a} \equiv \mathbf{b}\cdot\mathbf{u}$

18. Parallel pressure $: P_{/\!/a} \equiv \int m_a (v_{/\!/} - u_{/\!/a})^2 f_a(\mathbf{x}, \mathbf{v}, t)\, d\mathbf{v}$

19. Perpendicular pressure $: P_{\perp a} \equiv \int \frac{m_a}{2} (\mathbf{v}_\perp - \mathbf{u}_{\perp a})^2 f_a(\mathbf{x}, \mathbf{v}, t)\, d\mathbf{v}$

20. Parallel heat viscosity $: \Theta_{/\!/a} \equiv \int m_a (v_{/\!/} - u_{/\!/a})^2 \left(\frac{m_\alpha v^2}{2T_a} - \frac{5}{2}\right) f_a(\mathbf{x}, \mathbf{v}, t)\, d\mathbf{v}$

21. Perpendicular heat viscosity $: \Theta_{\perp a} \equiv \int \frac{m_2}{2} (\mathbf{v}_\perp - \mathbf{u}_{\perp a})^2 \left(\frac{m_\alpha v^2}{2T_a} - \frac{5}{2}\right) f_a(\mathbf{x}, \mathbf{v}, t)\, d\mathbf{v}$

22. Laguerre expansion of distribution function: $f_a(\mathbf{v}) = f_{aM}(\mathbf{v}) + f_{a1}(\mathbf{v}) + f_{a2}(\mathbf{v})$

$$f_{aM}(\mathbf{v}) = \frac{n_a(\psi)}{\pi^{3/2} v_{Ta}^3} \exp(-v^2/v_{Ta}^2),\ f_{a1}(\mathbf{v}) = \frac{2\mathbf{v}}{v_{Ta}^2} \cdot \left[\mathbf{u}_a - \left(1 - \frac{2}{5} x_a^2\right) \frac{\mathbf{q}_\alpha}{P_a}\right] f_{aM}(\mathbf{v}),$$

$$f_{a2}(\mathbf{v}) = 2 \frac{\mathbf{vv} - \frac{v^2}{3}\mathbf{I}}{m_a n_a v_{Ta}^4} : \left[\boldsymbol{\Pi}_a + (\boldsymbol{\Theta}_a + \boldsymbol{\Pi}_a)\left(1 - \frac{2x_a^2}{7}\right)\right] f_{aM}(\mathbf{v})$$

8-2 First order flows on the flux surface

1. First order perpendicular flow $: \mathbf{u}_{\perp a}^{(1)} = \frac{1}{B}\left[\frac{d\Phi}{d\psi} + \frac{1}{e_a n_a} \frac{dP_a}{d\psi}\right] \mathbf{b}\times\nabla\psi$

$: q_{\perp a}^{(1)} = \frac{5P_a}{2e_a B} \frac{dT_a}{d\psi} \mathbf{b}\times\nabla\psi$

2. First order perpendicular flow is on the flux surface $: \mathbf{u}_{\perp a}^{(1)} \cdot \nabla\psi = 0,\ \ \mathbf{q}_{\perp a}^{(1)} \cdot \nabla\psi = 0$

3. First order flow $: \mathbf{u}_a^{(1)} = \mathbf{u}_{\perp a}^{(1)} + u_{/\!/a} \mathbf{b}$

$$\mathbf{q}_a^{(1)} = \mathbf{q}_{\perp a}^{(1)} + q_{/\!/a}\mathbf{b}$$

4. Poloidal flow
$$: \frac{\mathbf{u}_a^{(1)} \cdot \nabla\theta}{\mathbf{B} \cdot \nabla\theta} = u_{a\theta}^{*}(\psi)$$

$$\frac{\mathbf{q}_a^{(1)} \cdot \nabla\theta}{\mathbf{B} \cdot \nabla\theta} = q_{a\theta}^{*}(\psi)$$

5. Flow relation
$$: Bu_{a\theta}^{*}(\psi) = u_{/\!/a} - V_{1a}$$

$$Bq_{a\theta}^{*}(\psi) = q_{/\!/a} - \frac{5}{2} P_a V_{2a}$$

6. Thermodynamic forces
$$: V_{1a} = -\frac{\mathbf{u}_{\perp a}^{(1)} \cdot \nabla\theta}{\mathbf{b} \cdot \nabla\theta} = -\frac{F(\psi)}{B}\left(\frac{d\Phi}{d\psi} + \frac{1}{e_a n_a}\frac{dP_a}{d\psi}\right)$$

$$: V_{2a} = -\frac{2}{5P_a}\frac{\mathbf{q}_{\perp a}^{(1)} \cdot \nabla\theta}{\mathbf{b} \cdot \nabla\theta} = -\frac{F(\psi)}{e_a B}\frac{dT_a}{d\psi}$$

7. Expression for first order flows
$$: \mathbf{u}_a^{(1)} = u_{/\!/a}\mathbf{b} + \mathbf{u}_{\perp a}^{(1)} = u_{/\!/a}\mathbf{b} + \frac{BV_{1a}}{F(\psi)}\frac{\nabla\psi \times \mathbf{b}}{B}$$

$$: \mathbf{q}_a^{(1)} = q_{/\!/a}\mathbf{b} + \mathbf{q}_{\perp a}^{(1)} = q_{/\!/a}\mathbf{b} + \frac{5P_a}{2}\frac{BV_{2a}}{F(\psi)}\frac{\nabla\psi \times \mathbf{b}}{B}$$

7. 1 Corollary
$$: \mathbf{u}_a^{(1)} = u_{a\theta}^{*}(\psi)\mathbf{B} + \frac{BV_{1a}}{F(\psi)} R^2 \nabla\zeta$$

$$: \mathbf{q}_a^{(1)} = q_{a\theta}^{*}(\psi)\mathbf{B} + \frac{5P_a}{2}\frac{BV_{2a}}{F(\psi)} R^2 \nabla\zeta$$

9. Toroidal flows
$$: u_{a\zeta}^{(1)} = q_{a\theta}^{*}(\psi) B_\zeta + \frac{BV_{1a}}{F(\psi)} R$$

$$: q_{a\zeta}^{(1)} = q_{a\theta}^{*}(\psi) B_\zeta + \frac{5P_a}{2}\frac{BV_{2a}}{F(\psi)} R$$

10. Flux surface averaged flow relation
$$: \langle B^2 \rangle u_{a\theta}^{*}(\psi) = \langle Bu_{/\!/a} \rangle - \langle BV_{1a} \rangle$$

$$: \langle B^2 \rangle q_{a\theta}^{*}(\psi) = \langle Bq_{/\!/a} \rangle - \frac{5P_a}{2}\langle BV_{2a} \rangle$$

11. Expression for local toroidal flows
$$: u_{a\zeta}^{(1)} = \frac{B_\zeta}{\langle B^2 \rangle}\langle Bu_{/\!/a} \rangle + \left[1 - \frac{B_\zeta^2}{\langle B^2 \rangle}\right]\frac{BV_{1a}}{B_\zeta}$$

$$: q_{a\zeta}^{(1)} = \frac{B_\zeta}{\langle B^2 \rangle}\langle Bq_{/\!/a} \rangle + \frac{5P_a}{2}\left[1 - \frac{B_\zeta^2}{\langle B^2 \rangle}\right]\frac{BV_{2a}}{B_\zeta}$$

8-3 Viscous and friction coefficients

1. Friction-flow relations
$$:\begin{bmatrix}\mathbf{F}_{a1}\\ \mathbf{F}_{a2}\end{bmatrix}=\sum_b\begin{pmatrix}l_{11}^{ab} & -l_{12}^{ab}\\ -l_{21}^{ab} & l_{22}^{ab}\end{pmatrix}\begin{bmatrix}\mathbf{u}_b^{(1)}\\ 2\mathbf{q}_b^{(1)}/5P_b\end{bmatrix}$$

2. Friction coefficient
$$:l_{ij}^{ab}=\frac{m_a n_a}{\tau_{aa}}\left[\left(\sum_k\frac{\tau_{aa}}{\tau_{ak}}M_{ak}^{i-1,j-1}\right)\delta_{ab}+\frac{\tau_{aa}}{\tau_{ab}}N_{ab}^{i-1,j-1}\right]$$

$$M_{ab}^{00}=-\left(1+\frac{m_a}{m_b}\right)(1+x_{ab}^2)^{-3/2},\ M_{ab}^{11}=-\left(\frac{13}{4}+4x_{ab}^2+\frac{15}{2}x_{ab}^4\right)(1+x_{ab}^2)^{-5/2}$$

$$M_{ab}^{01}=-\frac{3}{2}\left(1+\frac{m_a}{m_b}\right)(1+x_{ab}^2)^{-5/2},\ M_{ab}^{12}=-\left(\frac{69}{16}+6x_{ab}^2+\frac{63}{4}x^4{}_{ab}\right)(1+x_{ab}^2)^{-7/2}$$

$$M_{ab}^{02}=-\frac{15}{8}\left(1+\frac{m_a}{m_b}\right)(1+x_{ab}^2)^{-7/2},\ N_{ab}^{11}=\frac{27}{4}\frac{T_a}{T_b}x_{ab}^2(1+x_{ab}^2)^{-5/2}$$

$$N_{ab}^{12}=\frac{225}{16}\frac{T_a}{T_b}x_{ab}^4(1+x_{ab}^2)^{-7/2},\ x_{ab}^2=\frac{m_a T_b}{m_b T_a},\ \tau_{ab}=\frac{3\pi^{3/2}\varepsilon_o^2 m_a^2 v_{Ta}^3}{n_b e_a^2 e_b^2 \ln\Lambda},\ v_{Ta}=\sqrt{\frac{2T_a}{m_a}}$$

3. Symmetry relations of friction coefficient $:l_{ij}^{ab}=l_{ji}^{ba}$

$$M_{ab}^{ij}=M_{ab}^{ji},\ N_{ab}^{j0}=-M_{ab}^{j0},\ N_{ab}^{ij}=\frac{T_a v_{Ta}}{T_b v_{Tb}}M_{ba}^{ji}$$

4. Viscous force-flow relation :

$$\begin{bmatrix}\langle\mathbf{B}\cdot\nabla\cdot\mathbf{\Pi}_a\rangle\\ \langle\mathbf{B}\cdot\nabla\cdot\mathbf{\Theta}_a\rangle\end{bmatrix}=\langle B^2\rangle\begin{bmatrix}\mu_{a1} & \mu_{a2}\\ \mu_{a2} & \mu_{a3}\end{bmatrix}\begin{bmatrix}u_{a\theta}^{*}(\psi)\\ 2q_{a\theta}^{*}(\psi)/5P_a\end{bmatrix}$$

5. Viscosity coefficients $:\mu_{a1}=K_{11}^a$

$$\mu_{a2}=K_{12}^a-\frac{5}{2}K_{11}^a$$

$$\mu_{a3}=K_{22}^a-5K_{12}^a+\frac{25}{4}K_{11}^a$$

6. Velocity partitioned viscosity coefficient $:K_{ij}^a=\frac{m_a n_a}{\tau_{aa}}\frac{f_t}{f_c}\{x_a^{2(i+j-2)}\nu_{tot}^a(v)\tau_{aa}\}$

$$\{A(v)\}=\frac{8}{3\pi^{1/2}}\int_0^\infty \exp(-x_a^2)x_a^4 A(x_a v_a)dx_a$$

$$\nu_{tot}^a(v)=\frac{\nu_D^a(v)}{[1+2.48\nu_a^{*}\nu_D^a(v)\tau_{aa}/x_a][1+1.96\nu_T^a(v)/x_a\omega_{Ta}]}$$

$$\nu_T^a(v)=3\nu_D^a(v)+\nu_E^a(v),\ x_a=v/v_{Ta},\ \omega_{Ta}=v_{Ta}/L_c$$

6. Collisionality : $\nu_a^* \equiv \dfrac{1}{\varepsilon^{1.5}\omega_{Ta}\tau_{aa}} \sim \left(\dfrac{R}{r}\right)^{1.5} \dfrac{Rq}{v_{Ta}\tau_{aa}}$

7. Circulating particle fraction : $f_c = \dfrac{3\langle B^2\rangle}{4} \displaystyle\int_0^{1/B_{max}} \dfrac{\lambda d\lambda}{\langle\sqrt{1-\lambda B}\rangle}$

8. Parallel momentum and heat flow balance equation :

$$\begin{bmatrix} \mu_{a1} & \mu_{a2} \\ \mu_{a2} & \mu_{a3} \end{bmatrix} \begin{bmatrix} \langle Bu_{/\!/a}\rangle - BV_{1a} \\ \langle 2Bq_{/\!/a}/5P_a\rangle - BV_{2a} \end{bmatrix} = \sum_b \begin{bmatrix} l_{11}^{ab} & -l_{12}^{ab} \\ -l_{21}^{ab} & l_{22}^{ab} \end{bmatrix} \begin{bmatrix} \langle Bu_{/\!/b}\rangle \\ \langle 2Bq_{/\!/b}/5P_b\rangle \end{bmatrix} + \begin{bmatrix} e_a n_a \langle BE_{/\!/}\rangle \\ 0 \end{bmatrix} + \begin{bmatrix} \langle BM_{a/\!/}\rangle \\ \langle BQ_{a/\!/}\rangle \end{bmatrix}$$

8-4 Generalized Ohm's law

1. Parallel momentum and heat flow balance equation (Matrix form):

$$\mathbf{M}(\mathbf{U}_{/\!/} - \mathbf{V}_\perp) = \mathbf{L}\mathbf{U}_{/\!/} + \mathbf{E}^* + \mathbf{S}_{/\!/}$$

$$\mathbf{L} = \begin{bmatrix} l_{11}^{ee} & l_{11}^{ei} & l_{11}^{eI} & -l_{12}^{ee} & -l_{12}^{ei} & -l_{12}^{eI} \\ l_{11}^{ie} & l_{11}^{ii} & l_{11}^{iI} & -l_{12}^{ie} & -l_{12}^{ii} & -l_{12}^{iI} \\ l_{11}^{Ie} & l_{11}^{Ii} & l_{11}^{II} & -l_{12}^{Ie} & -l_{12}^{Ii} & -l_{12}^{II} \\ -l_{21}^{ee} & -l_{21}^{ei} & -l_{21}^{eI} & l_{22}^{ee} & l_{22}^{ei} & l_{22}^{eI} \\ -l_{21}^{ie} & -l_{21}^{ii} & -l_{21}^{iI} & l_{22}^{ie} & l_{22}^{ii} & l_{22}^{iI} \\ -l_{21}^{Ie} & -l_{21}^{Ii} & -l_{21}^{II} & l_{22}^{Ie} & l_{22}^{Ii} & l_{22}^{II} \end{bmatrix}, \quad \mathbf{M} = \begin{bmatrix} \mu_{e1} & 0 & 0 & \mu_{e2} & 0 & 0 \\ 0 & \mu_{i1} & 0 & 0 & \mu_{i2} & 0 \\ 0 & 0 & \mu_{I1} & 0 & 0 & \mu_{I2} \\ \mu_{e2} & 0 & 0 & \mu_{e3} & 0 & 0 \\ 0 & \mu_{i2} & 0 & 0 & \mu_{i3} & 0 \\ 0 & 0 & \mu_{I2} & 0 & 0 & \mu_{I3} \end{bmatrix}$$

$$\mathbf{U}_{/\!/} = \begin{bmatrix} \langle Bu_{/\!/e}\rangle \\ \langle Bu_{/\!/i}\rangle \\ \langle Bu_{/\!/I}\rangle \\ 2\langle Bq_{/\!/e}\rangle/5P_e \\ 2\langle Bq_{/\!/i}\rangle/5P_i \\ 2\langle Bq_{/\!/I}\rangle/5P_I \end{bmatrix}, \quad \mathbf{V}_\perp = \begin{bmatrix} BV_{1e} \\ BV_{1i} \\ BV_{1I} \\ BV_{2e} \\ BV_{2i} \\ BV_{2I} \end{bmatrix}, \quad \mathbf{E}^* = \langle BE_{/\!/}\rangle \begin{bmatrix} -en_e \\ eZ_i n_i \\ eZ_I n_I \\ 0 \\ 0 \\ 0 \end{bmatrix}, \quad \mathbf{S}_{/\!/} = \begin{bmatrix} \langle BM_e\rangle \\ \langle BM_i\rangle \\ \langle BM_I\rangle \\ \langle BQ_e\rangle \\ \langle BQ_i\rangle \\ \langle BQ_I\rangle \end{bmatrix}$$

2. Parallel flow − thermodynamical force relation :

$$\mathbf{U}_{/\!/} = (\mathbf{M} - \mathbf{L})^{-1}\mathbf{M}\mathbf{V}_\perp + (\mathbf{M} - \mathbf{L})^{-1}\mathbf{E}^* + (\mathbf{M} - \mathbf{L})^{-1}\mathbf{S}_{/\!/}$$

$$U_{/\!/a} = \sum_b (\alpha_{ab} V_{\perp b} + c_{ab}(E_b^* + S_{/\!/b}))$$

3. Generalized Ohm's law :

$$\langle \mathbf{B}\cdot\mathbf{J}\rangle = \sum_{a=e,i,I} e_a n_a \langle \mathbf{B}\cdot\mathbf{u}_a\rangle$$

$$= \sum_{a=e,i,I} e_a n_a \left\{ \sum_{b=1}^{6} [(\mathbf{M} - \mathbf{L})^{-1}\mathbf{M}]_{ab} V_{\perp b} + \sum_{b=1}^{3} [(\mathbf{M} - \mathbf{L})^{-1}]_{ab} e_b n_b \langle BE_{/\!/}\rangle + \sum_{b=1}^{6} [(\mathbf{M} - \mathbf{L})^{-1}]_{ab} S_{/\!/b} \right\}$$

or

$$\langle \mathbf{B}\cdot\mathbf{J}\rangle = \sum_{a=e,i,I} e_a n_a \langle \mathbf{B}\cdot\mathbf{u}_a\rangle = -F(\psi)n_e(\psi)\sum_{a=e,i,I}\frac{1}{|Z_a|}\left[\frac{L_{31}^a}{n_a(\psi)}\frac{dP_a(\psi)}{d\psi}+L_{32}^a\frac{dT_a(\psi)}{d\psi}\right]$$

$$+\sigma_{/\!/}^{NC}\langle BE_{/\!/}\rangle + \langle BJ_{/\!/}\rangle_{NBCD} + \langle BJ_{/\!/}\rangle_{RFCD}$$

4. Neoclassical electrical conductivity $: \sigma_{/\!/}^{NC} = \sum_{a=e,i,I}\sum_{b=e,i,I} e_a n_a e_b n_b [(\mathbf{M}-\mathbf{L})^{-1}]_{ab}$

5. Spitzer electrical conductivity $: \sigma_{/\!/}^{Spitzer} = \frac{n_e e^2 \tau_{ee}}{m_e}\frac{3.4(1.13+Z_{eff})}{Z_{eff}(2.67+Z_{eff})}$

$$Z_{eff} = \frac{1}{n_e}\sum_{b=i,I} n_b Z_b^2,\ \tau_{ee} = \frac{6\sqrt{2}\pi^{3/2}\varepsilon_o^2 m_e^{1/2} T_e^{3/2}}{n_e e^4 \ln\Lambda} = 2.74\text{x}10^{-4}\frac{T_e[\text{keV}]^{3/2}}{n_e[\text{m}^{-3}]\ln\Lambda}[\text{sec}]$$

6. Hirshman-Hawryluk-Birge NC electrical conductivity :

$$\sigma_{/\!/}^{NC} = \sigma_{/\!/}^{Spitzer}\left[1-\frac{f_t}{1+\xi\nu_e^*}\right]\left[1-\frac{C_R f_t}{1+\xi\nu_e^*}\right]$$

$$: C_R(Z_{eff}) = \frac{0.56}{Z_{eff}}\frac{3-Z_{eff}}{3+Z_{eff}},\ \xi(Z_{eff}) = 0.58+0.2Z_{eff}$$

$$: f_t = 1-\frac{(1-\varepsilon)^2}{(1+1.46\varepsilon^{1/2})\sqrt{1-\varepsilon^2}}$$

8-5 Bootstrap current

1. Bootstrap current expression :

$$\langle \mathbf{B}\cdot\mathbf{J}\rangle_{bs} = -F(\psi)n_e(\psi)\sum_{b=e,i,I}\frac{1}{|Z_a|}\left[L_{31}^a\frac{1}{n_a(\psi)}\frac{dp_a(\psi)}{d\psi}+L_{32}^a\frac{dT_a(\psi)}{d\psi}\right]$$

8-6 Collisional cross-field transport

1. Cross field transport flux $: \begin{bmatrix}\langle n_a\mathbf{u}_{a\perp}\cdot\nabla\psi\rangle \\ \left\langle \frac{\mathbf{q}_{a\perp}}{T_a}\cdot\nabla\psi\right\rangle\end{bmatrix} = \begin{bmatrix}\Gamma_a^{cl} \\ \frac{q_a^{cl}}{T_a}\end{bmatrix} + \begin{bmatrix}\Gamma_a^{NC} \\ \frac{q_a^{NC}}{T_a}\end{bmatrix}$

2. Classical flux $: \begin{bmatrix}\Gamma_a^{cl} \\ \frac{q_a^{cl}}{T_a}\end{bmatrix} = \left\langle \frac{\mathbf{B}\times\nabla\psi}{e_a B^2}\cdot\begin{bmatrix}\mathbf{F}_{a1} \\ \mathbf{F}_{a2}\end{bmatrix}\right\rangle$

3. Neoclassical flux : $\begin{bmatrix} \Gamma_a^{NC} \\ \dfrac{q_a^{NC}}{T_a} \end{bmatrix} = \left\langle \dfrac{\mathbf{B}\times\nabla\psi}{e_a B^2} \cdot \begin{bmatrix} \nabla P_a + \nabla\cdot\mathbf{\Pi}_a - e_a n_a \mathbf{E} \\ \dfrac{5}{2} n_a \nabla T_a + \nabla\cdot\mathbf{\Theta}_a \end{bmatrix} \right\rangle$

4. NC particle flux : $\Gamma_a^{NC} = -\dfrac{F(\psi)}{e_a}\left\langle \left(\dfrac{1}{B^2} - \dfrac{1}{\langle B^2\rangle}\right)\mathbf{B}\cdot\mathbf{F}_{a1}\right\rangle - \dfrac{F(\psi)}{e_a\langle B^2\rangle}\langle \mathbf{B}\cdot\nabla\cdot\mathbf{\Pi}_a\rangle + \Gamma_a^E$

5. Electrical flux : $\Gamma_a^E = \dfrac{F(\psi)\langle n_a \mathbf{B}\cdot\mathbf{E}\rangle}{\langle B^2\rangle} - \langle R^2\nabla\zeta\cdot n_a \mathbf{E}_A\rangle,\ \mathbf{E}_A = -\dfrac{\partial \mathbf{A}}{\partial t}$

6. NC heat flux : $\dfrac{q_a^{NC}}{T_a} = -\dfrac{F(\psi)}{e_a}\left\langle \left(\dfrac{1}{B^2} - \dfrac{1}{\langle B^2\rangle}\right)\mathbf{B}\cdot\mathbf{F}_{a2}\right\rangle - \dfrac{F(\psi)}{e_a\langle B^2\rangle}\langle \mathbf{B}\cdot\nabla\cdot\mathbf{\Theta}_a\rangle$

7. Classical flux by thermodynamic force :

$$\begin{bmatrix} \Gamma_a^{cl} \\ \dfrac{q_a^{cl}}{T_a} \end{bmatrix} = \left\langle \dfrac{|\nabla\psi|^2}{B^2} \right\rangle \sum_b \dfrac{1}{e_a e_b} \begin{bmatrix} l_{11}^{ab} & -l_{12}^{ab} \\ -l_{21}^{ab} & l_{22}^{ab} \end{bmatrix} \begin{bmatrix} (P_b'(\psi)/n_b \\ T_b'(\psi) \end{bmatrix}$$

8. Pfirsch-Schlüter flux : $\begin{bmatrix} \Gamma_a^{ps} \\ \dfrac{q_a^{ps}}{T_a} \end{bmatrix} = -\dfrac{F(\psi)}{e_a}\left\langle \left(\dfrac{1}{B^2} - \dfrac{1}{\langle B^2\rangle}\right) \begin{bmatrix} \mathbf{B}\cdot\mathbf{F}_{a1} \\ \mathbf{B}\cdot\mathbf{F}_{a2} \end{bmatrix} \right\rangle$

9. Pfirsch-Schlüter flux by thermodynamic force :

$$\begin{bmatrix} \Gamma_a^{ps} \\ \dfrac{q_a^{ps}}{T_a} \end{bmatrix} = \dfrac{F(\psi)^2}{e_a}\left(\left\langle \dfrac{1}{B^2}\right\rangle - \dfrac{1}{\langle B^2\rangle}\right) \sum_b \dfrac{1}{e_b} \begin{bmatrix} l_{11}^{ab} & -l_{12}^{ab} \\ -l_{21}^{ab} & l_{22}^{ab} \end{bmatrix} \begin{bmatrix} P_b'(\psi)/n_b \\ T_b'(\psi) \end{bmatrix}$$

10. Banana-Plateau flux : $\begin{bmatrix} \Gamma_a^{bp} \\ \dfrac{q_a^{bp}}{T_a} \end{bmatrix} = -\dfrac{F(\psi)}{e_a\langle B^2\rangle} \begin{pmatrix} \mathbf{B}\cdot\nabla\cdot\Pi_a \\ \mathbf{B}\cdot\nabla\cdot\Theta_a \end{pmatrix}$

11. Banana-Plateau flux by thermodynamic force :

$$\begin{bmatrix} \Gamma_a^{bp} \\ \dfrac{q_a^{bp}}{T_a} \end{bmatrix} = -\sum_{b=e,i,I} \begin{bmatrix} K_{11}^{ab} & K_{12}^{ab} \\ K_{21}^{ab} & K_{22}^{ab} \end{bmatrix} \begin{bmatrix} P_a'(\psi)/n_a \\ T_a'(\psi) \end{bmatrix} + \begin{bmatrix} g_{1a} \\ g_{2a} \end{bmatrix} \langle BE_{//}\rangle$$

8–7 Neoclassical ion thermal diffusivity

1. Classical&Pfirsch-Schlüter flux :

$$\begin{bmatrix} \Gamma_a^{c+ps} \\ \dfrac{q_a^{c+ps}}{T_a} \end{bmatrix} = \left(\langle R^2\rangle - \dfrac{F(\psi)^2}{\langle B^2\rangle}\right) \dfrac{m_a n_a}{e^2\psi'(\rho)\tau_{aa}} \sum_b \dfrac{1}{Z_a Z_b} \begin{bmatrix} \hat{l}_{11}^{ab} & -\hat{l}_{12}^{ab} \\ -\hat{l}_{21}^{ab} & \hat{l}_{22}^{ab} \end{bmatrix} \begin{bmatrix} (dP_b/d\rho)/n_b \\ dT_b/d\rho \end{bmatrix}$$

2. Minor radius defined using toroidal flux $: \rho = (\phi/\phi_a)^{1/2} a$

3. Normalized friction coefficient $: \hat{l}_{ij}^{ab} = \frac{\tau_{aa}}{m_a n_a} l_{ij}^{ab}$

4. Ion thermal diffusivity for classical&PS :

$$\chi_a^{bp} = -\frac{\langle q_{a\perp}^{bp} \cdot \nabla\rho \rangle}{\langle |\nabla\rho|^2 \rangle n_a dT_a/d\rho} = \sqrt{\varepsilon}\rho_{pa}^2 \nu_{aa} \hat{K}_{2a}^{bp}$$

$$\rho_{pa} = \frac{m_a v_{Ta}}{e_a B_{p1}},\ B_{p1}^2 = \frac{B_0^2}{F(\psi)^2}|\nabla\psi|^2, \hat{K}_{2a}^{cps} = \frac{B_0^2(\hat{l}_{21}^{aa} - \hat{l}_{22}^{aa})}{2\sqrt{\varepsilon}\langle B^2 \rangle}\left(\frac{\langle R^2 \rangle \langle B^2 \rangle}{F(\psi)^2} - 1\right)$$

5. Ion thermal diffusivity for classical&PS inc. impurity collision:

$$\hat{K}_{2a}^{cps} = \frac{B_0^2}{2\sqrt{\varepsilon}\langle B^2 \rangle}\left(\frac{\langle R^2 \rangle \langle B^2 \rangle}{F(\psi)^2} - 1\right)\sum_{b=i,I}\frac{Z_a}{Z_b}(\hat{l}_{21}^{ab} - \hat{l}_{22}^{ab})$$

6. Ion thermal diffusivity for classical&PS inc. impurity channel loss:

$$\chi_{i(tot)}^{cps} = \frac{\langle (\mathbf{q}_{i\perp} + \mathbf{q}_{I\perp}) \cdot \nabla\rho \rangle}{\langle |\nabla\rho|^2 \rangle (n_i + n_I) dT_a/d\rho} = \sqrt{\varepsilon}\rho_{pi}^2 \nu_{ii} [f_i \hat{K}_{2i}^{cps} + (1 - f_i)\alpha \hat{K}_{2I}^{cps}]$$

$$f_i = n_i/(n_i + n_I),\ \alpha = Z_I^2 n_I / Z_i^2 n_i$$

7. Ion thermal diffusivity for banana-plateau :

$$\chi_a^{bp} = -\frac{\langle \mathbf{q}_{a\perp}^{bp} \cdot \nabla\rho \rangle}{\langle |\nabla\rho|^2 \rangle n_a dT_a/d\rho} = \sqrt{\varepsilon}\rho_{pa}^2 \nu_{aa} \hat{K}_{2a}^{bp}$$

$$\hat{K}_{2a}^{bp} = \frac{B_0^2(\hat{\mu}_{3a}(1 - \alpha_{a+3,a} + \alpha_{a+3,a+3}) + \hat{\mu}_{2a}(1 + \alpha_{a,a} - \alpha_{a,a+3}))}{2\sqrt{\varepsilon}\langle B^2 \rangle},$$

$$\hat{\mu}_{3a} = \frac{\tau_{aa}}{m_a n_a}\mu_{3a},\ \hat{\mu}_{2a} = \frac{\tau_{aa}}{m_a n_a}\mu_{2a},\ \alpha_{ij} = [(\mathbf{M} - \mathbf{L})^{-1}\mathbf{M}]_{ij}$$

8. Neoclassical ion thermal diffusivity $: \chi_a^{NC} = \sqrt{\varepsilon}\rho_{pa}^2 \nu_{aa} \hat{K}_{2a}^{NC}, \hat{K}_{2a}^{NC} = \hat{K}_{2a}^{cps} + \hat{K}_{2a}^{bp}$

9. Neoclassical thermal diffusivity inc. impurity channel loss:

$$\chi_{i(tot)}^{cps} = \frac{\langle (\mathbf{q}_{i\perp} + \nabla\mathbf{q}_{I\perp}) \cdot \nabla\rho \rangle}{\langle |\nabla\rho|^2 \rangle (n_i + n_I) dT_a/d\rho} \sqrt{\varepsilon}\rho_{pi}^2 \nu_{ii} [f_i \hat{K}_{2i}^{cps} + (1 - f_i)\alpha \hat{K}_{2I}^{cps}]$$

Chapter 9: Nonlinear dynamics and turbulence in plasma

9-1 Concepts in nonlinear dynamics : dynamical system and attractor

1. 2nd order linear dynamics $: \frac{d^2X}{dt^2} + b\frac{dX}{dt} + cX = 0$

2. Addition of nonlinear term produces limit cycle : $\frac{d^2X}{dt^2}-\mu\frac{dX}{dt}+X+\left(\frac{dX}{dt}\right)^3=0$

9-2 Turbulent heat transport and critical temperature gradient: Self Organized Criticality

1. Hydrodynamic equation to produce Bernard cell :

$$\frac{\partial u}{\partial t}+\frac{1}{P_r}(u\cdot\nabla u)=-\frac{1}{P_r}\nabla p+\nabla^2 u+RkT$$

$$P_r\frac{\partial T}{\partial t}+(u\cdot\nabla)T=\nabla^2 T,\quad \nabla\cdot u=0$$

$R=(g\alpha d^4/\kappa\nu)\,|\Delta T/\Delta z|$: Rayleigh number, $P_r=\kappa/\nu$: Prandtl number, g: gravity constant, α: thermal expansion coefficient, κ: thermal conductivity, ν: kinematic viscosity, d: vertical height, $\Delta T/\Delta z=(T_1-T_2)/d$

9-3 3-wave interaction in drift wave and chaos attractor

1. Wave number relation in 3−wave interaction : $\mathbf{k}=\mathbf{k}_1+\mathbf{k}_2$

2. Hasegawa-Mima equation : $(1-\rho_s^2\nabla^2)\frac{\partial\tilde{\Phi}}{\partial t}+v_{de}\frac{\partial\tilde{\Phi}}{\partial y}-[\tilde{\Phi},\rho_s^2\nabla^2\tilde{\Phi}]=0$

$$\rho_s^2=\frac{m_i T_e}{e^2B^2},\ [\tilde{\Phi},\tilde{\Psi}]=\mathbf{e}_z\cdot\nabla\tilde{\Phi}\times\nabla\tilde{\Psi}$$

3. Nonlinear drift wave equation with dissipation :

$$(1+\mathcal{L})\frac{\partial\tilde{\Phi}}{\partial t}+v_{de}\frac{\partial\tilde{\Phi}}{\partial y}+\hat{\gamma}_i\tilde{\Phi}+[\tilde{\Phi},\mathcal{L}\tilde{\Phi}]=0$$

$$\mathcal{L}=\mathcal{L}_h+\mathcal{L}_{ah}=-\nabla^2+\delta_0(c_0+\nabla^2)\frac{\partial}{\partial y}$$

4. Amplitude and phase equations for 3−wave interaction :

$$\frac{da_j(t)}{dt}=\gamma_j a_j-Aa_k a_l(F_j\cos\zeta+G_j\sin\zeta)$$

$$\frac{d\zeta}{dt}=-\Delta\omega+A\sum_{jkl}\frac{a_k a_l}{a_j}(F_j\sin\zeta-G_j\cos\zeta)$$

5. Kolmogolov spectrum for 3D uniform turbulence : $F(k)=Ck^{-5/3}$

9-4 Shear flow suppression of Turbulence and zonal flow

1. Modulational instability to excite zonal flow : $\tilde{\Phi}_{ZF}(\mathbf{x}, t) = \exp(iq_r r - i\Omega t)\tilde{\varphi}_{ZF} + c.c.$

$$\tilde{\Phi}_{+}(\mathbf{x}, t) = \exp(-in\zeta - i\omega_0 t + iq_r r - i\Omega t)\sum_m \tilde{\varphi}_{+}(m - nq)\exp(im\theta) + c.c.$$

$$\tilde{\Phi}_{-}(\mathbf{x}, t) = \exp(-in\zeta + i\omega_0 t + iq_r r - i\Omega t)\sum_m \tilde{\varphi}_{-}(m - nq)\exp(im\theta) + c.c.$$

2. Zonal flow evolution eq. : $\dfrac{\partial V_{\theta, ZF}}{\partial t} = \dfrac{\partial}{\partial r}\langle \tilde{v}_\theta \tilde{v}_r \rangle - \gamma_{damp} V_{\theta, ZF}$

$V_{\theta ZF}$: velocity of zonal flow

$\tilde{v}_\theta \tilde{v}_r$: poloidal and radial fluctuating velocity

γ_{damp}: damping rate of zonal flow

Vector formulae

1. $\nabla \times \nabla\phi = 0$
2. $\nabla \cdot (\nabla \times \mathbf{a}) = 0$
3. $\nabla \cdot (\nabla\phi \times \nabla\psi) = 0$
4. $\mathbf{a} \cdot (\mathbf{b} \times \mathbf{c}) = \mathbf{b} \cdot (\mathbf{c} x \mathbf{a}) = \mathbf{c} \cdot (\mathbf{a} \times \mathbf{b})$
5. $\mathbf{a} \times (\mathbf{b} \times \mathbf{c}) = \mathbf{b}(\mathbf{a} \cdot \mathbf{c}) - \mathbf{c}(\mathbf{a} \cdot \mathbf{b})$
6. $(\mathbf{a} \times \mathbf{b}) \cdot (\mathbf{c} \times \mathbf{d}) = (\mathbf{a} \cdot \mathbf{c})(\mathbf{b} \cdot \mathbf{d}) - (\mathbf{a} \cdot \mathbf{d})(\mathbf{b} \cdot \mathbf{c})$
7. $\nabla \cdot (\phi\mathbf{a}) = \phi\nabla \cdot \mathbf{a} + \mathbf{a} \cdot \nabla\phi$
8. $\nabla \times (\phi\mathbf{a}) = \nabla\phi \times \mathbf{a} + \phi\nabla \times \mathbf{a}$
9. $\nabla(\mathbf{a} \cdot \mathbf{c}) = \mathbf{c} \cdot \nabla\mathbf{a} + \mathbf{c} \times (\nabla \times \mathbf{a}) + \mathbf{a} \cdot \nabla\mathbf{c} + \mathbf{a} \times (\nabla \times \mathbf{c})$
10. $\nabla(\mathbf{a} \cdot \mathbf{c}) = \mathbf{c} \cdot \nabla\mathbf{a} + \mathbf{c} \times \nabla \times \mathbf{a}$ (If $\mathbf{c}$ is constant)
11. $\nabla \cdot (\mathbf{a} \times \mathbf{b}) = \mathbf{b} \cdot (\nabla \times \mathbf{a}) - \mathbf{a} \cdot (\nabla \times \mathbf{b})$
12. $\nabla \times (\mathbf{a} \times \mathbf{b}) = \mathbf{a}(\nabla \cdot \mathbf{b}) - \mathbf{b}(\nabla \cdot \mathbf{a}) + (\mathbf{b} \cdot \nabla)\mathbf{a} - (\mathbf{a} \cdot \nabla)\mathbf{b}$
13. $\nabla \times (\nabla \times \mathbf{a}) = \nabla(\nabla \cdot \mathbf{a}) - \nabla^2\mathbf{a}$

図版等の出典先・著作権者一覧

0.1a) （左図）	写真提供：京都大学基礎物理学研究所湯川記念館史料室
0.1a) （右図）	AEA Director General Dr. Mohamed ElBaradei. (IAEA, Vienna, Austria, 23 August 2002). ©Dean Calma/IAEA
0.1b)	写真提供：独立行政法人日本原子力研究開発機構
0.1c)	写真提供：自然科学研究機構 核融合科学研究所
0.1d)	写真提供：大阪大学レーザーエネルギー学研究センター
1.1) （左図）	http://physics.pateo.net/items/27/
1.1) （右図）	http://ja.wikipedia.org/wiki/ベルンハルト・リーマン
1.4a)	http://chemistry.pateo.net/items/37/
10.2b)	写真提供：Chinese Academy of Sciences Institute of Plasma Physics
10.2c)	写真提供：National Fusion Research Institute, Korea
10.2d) （上図）（下図）	©Max-Planck-Institut für Plasmaphysik
10.2e)	写真・画像提供：大阪大学レーザーエネルギー学研究センター
10.3)	ITERの許可を得て公表

索　引

1　人名索引

H. Alfven（ハンス・アルベン）　2, 122
Per Bak（パー・バク）　187, 193
R. Balescu（R. バレスク）　112, 115, 119
H. J. Bhabha（ホミ J. バーバ）　2
N. Bohr（ニールス・ボーア）　17–19, 33
L. Boltzmann（ルードウィッヒ・ボルツマン）　6, 63, 102, 104, 112
A. Boozer（アラン・ブーザ）　61
De Broglie（ド・ブロイ）　27
G. Cantor（ゲオルグ・カントール）　64
E. Cartin（エリ・カルタン）　89
S. Chandrasekhar（S. チャンドラセッカール）　21
S. Chapmann（S. チャップマン）　21
J. Connor（ジャック・コナー）　137, 142
C. Cowan（C. カワン）　33
W. Crookes（W. クルックス）　20
Lene Descartes（ルネ・デカルト）　50
A. Eddington（アーサー・エディントン）　17, 103
A. Einstein（アルバート・アインシュタイン）　5, 12–15, 23, 44, 89
M. ElBaradei（モハメッド・エルバラダイ）　3
Empedocles（エンペドクレス）　20
M. Faraday（マイケル・ファラデー）　20, 44
J. Freidberg（ジェフェリー・フライドバーグ）　126, 142
A. Friedmann（アレクサンドル・フリードマン）　12
H. Furth（ハロルド・ファース）　127, 142
J. W. Gibbs（J. W. ギブス）　98
M. Gorbachev（M. ゴルバチョフ書記長）　20
H. Grad（ハロルド・グラッド）　68, 71
S. Hamada（浜田繁雄）　60, 61
W. Hamilton（W. ハミルトン）　54
W. D. Harkins（W. D. ハーキンズ）　34
A. Hasegawa（長谷川晃）　158, 188, 193
S. Hayakawa（早川幸男）　2
C. Hayashi（林忠四郎）　12
W. Heisenberg（ウェルナー・ハイゼンベルク）　17, 23
S. P. Hirshman（S. P. ハーシュマン）　70, 71, 160, 166, 171, 172, 180
C. Keeling（チャールズ・キーリング）　197
A. N. Kolmogorov（A. N. コルモゴロフ）　142
M. D. Kruskal（M. D. クルスカル）　69, 125
R. M. Kulsrud（R. M. クルスラッド）　95, 142
I. Kurchatov（イゴーリ・クルチャトフ）　18, 19, 45
L. D. Landau（L. D. ランダウ）　95, 108, 115
I. Langmuir（アービン・ラングミュア）　20–22
J. D. Lawson（J. D. ローソン）　199
S. Lie（ソフス・リー）　90
J. Liouville（J. リウビル）　46
J. N. Lockeyer（ジョゼフ・ロッキヤー）　37
A. M. Lyapunov（A. M. リャプノフ）　122
J. C. Maxwell（J. C. マックスウェル）　101
K. Mima（三間圀興）　158
G. Miyamoto（宮本悟郎）　2
A. I. Morozov（A. I. モロゾフ）　81, 82, 95

T. Mukaibo（向坊隆） 2
A. Newcomb（A. ニューカム） 67, 130, 131, 142
E. Noether（エミー・ネータ） 76, 219
H. C. Oersted（H. C. エルステッド） 44
M. Oliphant（マーク・オリファント） 31
W. E. Pauli（W. E. パウリ） 33
C. F. Pawell（C. F. パウエル） 30
Max Planck（マックス・プランク） 27
J. H. Poincare（アンリ・ポアンカレ） 47, 103
S. D. Poisson（S. D. ポアソン） 122
I. Prigogine（イリヤ・プリゴージン） 8
J. Purkynie 20
R. Reagan（レーガン大統領） 20
F. Reines（F. ライナス） 33
B. Riemann（ベルンハルト・リーマン） 13, 14
M. N. Rosenbluth（マーシャル・N. ローゼンブルース） 114
H. N. Russel（ヘンリー・ノリス・ラッセル） 17
E. Rutherford（アーネスト・ラザフォード） 17, 18, 34
P. H. Rutherford（ポール・H. ラザフォード） 17, 18, 34
M. N. Saha（M. N. サハ） 20, 21
A. Sakharov（アンドレイ・サハロフ） 18, 20, 45
E. Schrodinger（エルビン・シュレディンガー） 5, 25–28, 37
K. Schwarzschild（カール・シュヴァルツシルト） 14
V. D. Shafranov（V. D. シャフラノフ） 66
D. J. Sigmar（D. J. シグマール） 160, 166, 172, 180
S. L. Solovev（L. S. ソロビエフ） 81–83, 221, 222
L. Spitzer（ライマン・スピッツアー） 21
T. H. Stix（トーマス・H. スティックス） 149
I. Tamm（イゴーリ・タム） 18
E. Teller（エドワード・テラー） 2, 18, 25
J. J. Thomson（J. J. トムソン） 20
S. Tokuda（徳田伸二） 130, 142, 158
J. S. E. Townsend（J. S. E. タウンゼント） 20
H. C. Urey（H. C. ユーリー） 28
Van Kampen（ファン・カンペン） 119
A. Vlasov（A. ブラゾフ） 104, 108
Von Engel（フォン・エンゲル） 20
M. von Laue（M. フォン・ラウエ） 146
J. von Neumann（J. フォン・ノイマン） 129
R. White（ロスコー・ホワイト） 137
G. B. Witham（G. B. ウイットハム） 158
H. Yukawa（湯川秀樹） 1–3, 9, 28–30
L. E. Zakharov（L. E. ザハロフ） 138
E. Zermelo（エルンスト・ツェルメロ） 103

2 事項索引

◆ア行

アイコナル 6, 136, 143–145, 147, 148
　アイコナル方程式 6, 143, 144
アインシュタインの関係式 15
圧力の交換エネルギー 127, 137
アトラクター 6–8, 181, 182, 184, 188
アルファ粒子加熱 7
アルベン共鳴 143, 152–154
アルベン固有モード 154
アルベン連続減衰 123
アンサンブル（集団） 98
安全係数 57, 67, 138, 186, 191
イオン温度勾配モード 155
閾値反応 32
位相混合 97, 102, 106, 109, 129
一様等方性乱流 189

◆カ行

◆サ行

◆タ行

◆ナ行

◆ハ行

◆ワ行

◆欧文

[著者略歴]

菊池　満（きくち　みつる）

1954年生まれ．九州大学工学部応用原子核工学科卒，東京大学工学系研究科博士課程修了（工学博士），九州大学応用力学研究所，1983年より日本原子力研究所／日本原子力研究開発機構．先進プラズマ研究開発ユニット長を経て2008年より同上級研究主席
京都大学客員教授，大阪大学招聘教授，原子力委員会専門委員，文科省専門委員，英国物理学会フェロー（Fellow, Institute of Physics），Nuclear Fusion誌（IAEA）編集ボード議長，プリンストンプラズマ物理研究所科学諮問委員，マックスプランク研究所科学諮問委員，IAEA核融合エネルギー国際会議国際プログラム委員・国際プログラム委員長などを歴任．
専門分野：プラズマ物理・核融合

物理学と核融合

2009年12月20日　初版第一刷発行

著者　菊池　満
発行人　加藤重樹
発行所　京都大学学術出版会
京都市左京区吉田河原町15-9
京大会館内（〒606-8305）
電話（075）761-6182
FAX（075）761-6190
URL http://www.kyoto-up.or.jp
振替 01000-8-64677

ISBN 978-4-87698-931-7
Printed in Japan
印刷・製本 ㈱クイックス東京
定価はカバーに表示してあります